高职高专教育“十二五”规划建设教材

动物生物化学

李京杰　主编

中国农业大学出版社
·北京·

内 容 简 介

全书共分8章，第一、二章主要介绍蛋白质、核酸、酶与辅酶的组成、结构、性质和主要生物学功能；第三、四、五、六、七章介绍动物体内糖、脂肪、蛋白质、核酸代谢的基本过程和规律；第八章介绍了物质代谢的相互关系和调控理论。教材还根据高职教育的特点安排了生物化学实验基本技术和十项具体技能训练，供使用者选用。

本教材主要供高职高专动物类各专业使用，也可供其他生物类专业和相关人员参考。

图书在版编目(CIP)数据

动物生物化学/李京杰主编. —北京：中国农业大学出版社，2011.3(2021.6 重印)
ISBN 978-7-5655-0244-6

Ⅰ.①动… Ⅱ.①李… Ⅲ.①动物学：生物化学 Ⅳ.①Q5

中国版本图书馆 CIP 数据核字(2011)第 038004 号

书　名　动物生物化学
作　者　李京杰　主编

策划编辑　康昊婷　　　　责任编辑　李　楠　田树君
封面设计　郑　川　　　　责任校对　陈　莹　王晓凤
出版发行　中国农业大学出版社
社　址　北京市海淀区圆明园西路2号　　　　邮政编码　100193
电　话　发行部 010-62818525,8625　　　　读者服务部 010-62732336
　　　　编辑部 010-62732617,2618　　　　出　版　部 010-62733440
网　址　http://www.cau.edu.cn/caup　　　　**E-mail** cbsszs @ cau.edu.cn
经　销　新华书店
印　刷　北京时代华都印刷有限公司
版　次　2011年3月第1版　2021年6月第9次印刷
规　格　787×980　16开本　16.25印张　294千字
定　价　35.00元

编 审 人 员

主　编	李京杰	山东畜牧兽医职业学院
副主编	陆　辉	江苏畜牧兽医职业技术学院
	曹凤云	黑龙江农业工程职业学院
参　编	葛　鑫	黑龙江农业经济职业学院
	杨艳玲	商丘职业技术学院
	郭　嫔	山东畜牧兽医职业学院
	李雪莲	新疆农业职业技术学院
	赵　丽	郑州牧业工程高等专科学校
主　审	张曼夫	中国农业大学

前言

随着科学技术的发展，生物化学已成为现代生命科学的基础和前沿。说它是基础，是由于生命科学发展到分子水平，必须借助生物化学的理论和方法来探讨各种生命现象，包括生长、繁殖、遗传、变异、生殖、病理、生命起源和进化等，因此它是生命科学各学科的共同语言；说它是前沿，是因为生命科学的进一步发展要取得更大的进展或突破，在很大程度上有赖于生物化学及分子生物学研究的进展及所取得的成就。本书主要针对畜牧、兽医等专业较系统地阐述了动物的基本代谢规律。在编写中注重理论与实践相结合，多样性与普遍性相结合，科学性与灵活性相结合。着重介绍生物化学的基本知识和某些新进展，力求做到简明扼要、由浅入深、循序渐进、学以致用。

本教材共分 8 章，以生物物质的代谢为中心内容。每章前有知识目标，每章后有思考与练习，便于学生学习与教师教学。教材最后附有实验技能训练。为体现高职教育特色，教材在编写中尽可能突出基础性、实用性和应用性的特点。

本书主要供畜牧、兽医类专业使用和其他生物技术类专业选用。

本书各章节编写分工：第一章、技能训练一由曹凤云编写；第二章由郭嫔编写；第三章和技能训练四、技能训练五由葛鑫编写；陆辉编写第四章和生化实验基本技术；杨艳玲编写第五章和技能训练九；赵丽编写第六章和技能训练六；李京杰编写绪论、第七章和技能训练二、技能训练三；李雪莲编写第八章和技能训练七、技能训练八、技能训练十；全书由李京杰统稿。

本书在编写过程中中国农业大学张曼夫教授给予了关心和指导，并担任主审，同时各编写学校及有关专家也给予大力支持，在此表示衷心感谢。

由于编者水平有限，书中不妥之处在所难免，敬请广大读者和同行专家多提宝贵意见。

目录

绪　论

一、生物化学的概念及研究内容

(一)生物化学的概念

生物化学(biochemistry)也叫生命的化学。是以生物体为研究对象,在分子水平上研究生命现象的化学本质的一门科学。我们知道,生物体是由各种不同的化学物质组成的。组成生物体的这些化学物质在体内又是不断变化的。正是存在于生物体内的这些化学物质的不断变化和相互作用导致了生物体的生、长、病、老、死、传代等生命现象。生物化学的研究目的就是探讨构成生物的各种物质(特别是生物大分子)是怎样表现出生命活动现象的。并且与细胞生物学、分子遗传学等密切联系,研究和阐明生长、分化、遗传、变异、衰老和死亡等基本生命活动的规律。是生命科学的重要基础学科之一。其中以动物体为研究对象的又叫动物生物化学。

(二)生物化学研究的主要内容

1. 生物体的物质组成　高等生物体主要由蛋白质、核酸、糖类、脂类以及水、无机盐等组成,此外还含有一些低分子物质,如维生素、激素、氨基酸、多肽、核苷酸及一些分解产物。

2. 物质代谢　生物体与其外环境之间的物质交换过程就称为物质代谢或新陈代谢。物质代谢的基本过程主要包括三大步骤:消化、吸收→中间代谢→排泄。其中,中间代谢过程是在细胞内进行的,最为复杂的化学变化过程,它包括合成代谢、分解代谢、物质代谢调控、能量代谢几方面的内容。

3. 生物分子的结构与功能　根据现代生物化学及分子生物学研究还原论的观点,要想了解细胞及亚细胞的结构和功能,必先了解构成细胞及亚细胞的生物分子的结构和功能。因此,研究生物分子的结构和功能之间的关系,代表了现代生物化学与分子生物学发展的方向。

二、生物化学的发展

生物化学发展到现在只有100多年的历史。在许多前人工作的基础上,德国化学家李比希初创了生理化学，在他的著作中首次提出了“新陈代谢”一词。后来德国的 E. F. Hoppe-seyler 将生理化学建成一门独立科学，并于 1877 年命名为“Biochemistry”即生物化学。生物化学的发展大致经过了三个阶段。

(一)静态生物化学阶段

从 19 世纪中叶到 20 世纪初，这一阶段主要完成了各种生物体化学组成的分析研究，发现了生物体主要由糖、脂、蛋白质和核酸四大类有机物质组成。

(二)动态生物化学阶段

从 20 世纪初到 20 世纪 50 年代。此阶段对各种化学物质的代谢途径有了一定的了解。

其中主要的有：1932 年，英国科学家 Krebs 建立了尿素合成的鸟氨酸循环；1937 年，Krebs 又提出了各种化学物质的中心环节——三羧酸循环的基本代谢途径；1940 年，德国科学家 Embden 和 Meyerhof 提出了糖酵解代谢途径。当然，这些问题的解决依赖于 20 世纪初人们在生物体内发现了两种重要的生物物质——酶和维生素。

(三)现代生物化学阶段

1953 年，Watson 和 Crick 提出了 DNA 的双螺旋结构模型，这是一个划时代的贡献，从此生物化学的发展进入了分子生物学阶段。20 世纪 50 年代后期人们揭示了蛋白质生物合成途径，确定了由合成代谢与分解代谢网络组成的“中间代谢”概念。此后，对 DNA 的复制机制、RNA 的转录过程以及各种 RNA 在蛋白质合成中的作用进行了深入的研究；提出了遗传信息传递的中心法则，破译了 RNA 分子中的遗传密码等。1965 年我国采用人工方法合成了具有生物活性的胰岛素；20 世纪 70 年代重组 DNA 技术的建立(基因工程)；80 年代(1981 年)我国又成功地合成了酵母丙氨酸 tRNA；核酶的发现补充了人们对生物催化剂本质的认识；聚合酶链反应(PCR)技术的发明，使人们在体外能够高效率地扩增 DNA；1990 年开始实施人类基因组计划，并在此基础上，进入后基因组计划，进一步深入研究各种基因的功能与调节。

近 20 年来，几乎每年的诺贝尔医学和生理学奖以及一些诺贝尔化学奖都授予从事生物化学和分子生物学的科学家。这个事实本身充分说明生物化学和分子生物学在生命科学中的重要地位和作用。

需要说明的是，以上生物化学发展的三个阶段并不是截然分开的，但它反映了人们对生命活动认识的深化过程。

三、生物化学与其他学科的关系

生物化学是介于生物学与化学的一门边缘科学，它与生物科学的许多分支学科均有密切关系。

首先，它与生理学是特别密切的姊妹学科。例如动物生理学，它是研究动物生命活动原理的一门科学。动物的生命活动包括许多方面，其中有机物代谢是重要的方面，这本身也属于生物化学的内容。因此，在动物生理学的教科书中也包括部分生物化学内容。

生物化学与遗传学也有密切关系，现已知核酸是一切生物遗传信息载体，而遗传信息的表达，则是通过核酸所携带的遗传信息翻译为蛋白质得以实现的。因此，核酸和蛋白质的结构、代谢与功能，同时是生物化学与遗传学的内容。

生物化学也与微生物学有关，目前所积累的生物化学知识，有相当部分是用微生物为研究材料获得的，如大肠杆菌是被生物化学广泛应用的材料。

生物化学与分类学也有关系，由于蛋白质在进化上是较少变化的，因此，近代利用某些蛋白质结构的研究作为分类的依据。此外，农业科学、生物技术、食品科学、医药卫生及生态环境等科学，都需要生物化学的基础。

四、生物化学的主要应用

21 世纪是以信息科学和生命科学为前沿科学的时代。生物化学在生命科学中居于基础地位，也是畜牧、兽医、农学、林学和食品科学等专业必修的基础课。生物化学在生产生活中的应用主要体现在医疗、农业和食品行业等方面。在医学上，人们根据疾病的发病机理以及病原体与人体在代谢和调控上的差异，设计或筛选出各种高效低毒的药物。比如最早的抗生素——磺胺类药物就是竞争性抑制使细菌不能合成叶酸而死亡。依据免疫学知识人们设计研制出各种疫苗，使人类从传染病中得以幸免。艾滋病疫苗的研制工作也在不断取得进步。通过生物技术改良农作物以提高产量和质量的技术已得到广泛的应用。利用生物技术可以获得高产优质的畜禽产品和提高畜禽的抗病能力。生物技术不仅能加快畜禽的繁殖和生长速度，而且能改良畜禽的品质。生物技术可以培育抗病的畜禽品种，减少饲养业的风险。

现代生命科学技术还可以大大加快人类的进化历程并改变某些物种，从而影响到整个自然界的发展历程。科技的每一小步前进都会带来社会的深刻变化。正如网络的出现促成了虚拟社区的形成，而这虚拟的世界却又实实在在地影响着人们的现实生活。总的来说，科技的进步给人类带来更多的是利益，生命科学领域的工作者们正在努力实现使生命更完美的目标。没有疾病的困扰，胎儿在发育之前已对其缺陷基因进行了彻底的修复；不必杀生，人工合成的蛋白质取代了动物肉类；200 岁被定为青年，衰老的器官被人工合成的新器官所移植……这就是生命科学的未来，她将营造出一个健康、繁荣和幸福的生命世界！

五、生物化学的学习方法

生物化学与数学、物理、化学不同，它还没有进入定量科学的阶段，还处在定性科学阶段，不可能像物理、数学那样通过公式、定理推出一个准确的结论。所以生物化学的学习还是以概念为主，当然也有规律和规则，学习时，应该以记忆为主，在记忆的基础上可以在一定限度内进行推理。

生物化学的另一个特点是没有绝对，到目前为止，所有的结论都在被一些例外打破，这或许也是生物多样性的一个方面。但也有一些一般规则。所以学习时既要记住一般规则，也要注意个别例外。

像其他学科一样，学习时，应该前后左右联系，前后联系就是在学了后面的内容后要返回到前面进行比较、分析，才能将整个内容贯穿一体。左右联系就是要把生物化学与其他学科，如动物学、植物学、生理学、细胞学、遗传学、微生物学，以及化学、物理学等进行联系，使生物化学与整个生物学融为一体。

第一章　蛋白质与核酸的化学

知识目标：

- 了解氨基酸、多肽及核苷酸的基本结构和性质。
- 掌握蛋白质和核酸生物分子的空间结构、理化性质。
- 掌握蛋白质的分离、提纯和核酸的变性、复性及杂交技术。

蛋白质(protein)是生物体中广泛存在的生物大分子，约占人体干重的45%，在肝、脾、心、肺、肾、肌肉等器官可达60%～80%，机体中的每一个细胞和所有重要组成部分都有蛋白质参与。核酸(nucleic acid)存在于所有动物、植物细胞、微生物体内，生物体内的核酸常与蛋白质结合形成核蛋白。蛋白质与核酸的分子结构复杂，性质和功能各异。

第一节　蛋白质的分子组成

蛋白质参与体内各种物质代谢，包括物质的消化吸收、分解与合成、物质转运与利用以及各种化学变化，肌肉收缩、神经兴奋传导、遗传信息传递以及对机体自身防御作用(如免疫反应)等重要的生命过程也都离不开蛋白质，它承担着强大的功能。

蛋白质的种类繁多，组成及结构复杂，在分类上呈现多样性，通常分类方法有2种。

1. 按蛋白质的分子组成分类　根据蛋白质的分子组成特点，可将蛋白质分为单纯蛋白质和结合蛋白质两大类。分子中除氨基酸构成的多肽蛋白成分外，没有任何非蛋白成分，称为单纯蛋白质，包括清蛋白、球蛋白、精蛋白、组蛋白、硬蛋白、谷蛋白、醇溶蛋白。结合蛋白质的分子组成中，除蛋白质部分外，还包含非蛋白部分(称为辅基)；根据辅基的不同，结合蛋白又可分为核蛋白(含核酸)、糖蛋白(含多糖)、脂蛋白(含脂类)、色蛋白(含色素，如血红蛋白含血红素)和磷蛋白(含磷酸)。

2. 按蛋白质的分子形状分类　根据蛋白质分子形状的不同，可将蛋白质分为球状蛋白质和纤维状蛋白质两大类。球状蛋白质分子外形似球状，较易溶解，酶及免疫球蛋白等功能蛋白质均属此类。纤维蛋白质形状似纤维，不溶于水，结缔组织中的胶原蛋白、毛发中的角蛋白等结构蛋白均属此类。

一、蛋白质的元素组成

尽管蛋白质的种类繁多，结构各异，但元素组成相似，主要有碳、氢、氧、氮、硫。不同蛋白质各元素的含量也略有不同（表1－1）。

表1－1　蛋白质中元素含量

元素种类	C	H	O	N	S
元素含量	50%～55%	6%～8%	20%～23%	15%～18%	0～4%

有些蛋白质中还含有少量的磷元素或金属元素铁、铜、锌、锰、钴、钼等，个别蛋白质还含有碘。各种蛋白质的含氮量十分接近且恒定，一般在16%左右。

生物样品含氮量测定比蛋白质含量测定容易得多。用微量凯氏定氮法测定生物样品中氮的含量，再按每克蛋白氮相当于6.25 g的蛋白质，即可推算出蛋白质的含量。

二、蛋白质的基本结构单位

蛋白质的相对分子质量都很大，但其基本结构是由α－氨基酸按照一定的序列通过酰胺键（或肽键）缩合而成的，是具有较稳定构象和一定生物功能的生物大分子。

（一）氨基酸的结构与构型

自然界存在的氨基酸有300多种，但构成天然蛋白质的氨基酸仅有20种（又称标准氨基酸）[1]，其他氨基酸多以游离形态或多肽形式出现，它们虽然不构成蛋白质，但其生物功能往往也是非常重要的。

标准氨基酸中除脯氨酸外，均为α－氨基酸（图1－1），即羧酸分子α－碳原子上的氢原子被氨基（$—NH_2$）取代生成的化合物。

共同结构部分：含一个碱性的α－NH_2和一个酸性的α－COOH的结构，所以，α－氨基酸是两性电解质，能够进行两性电离。

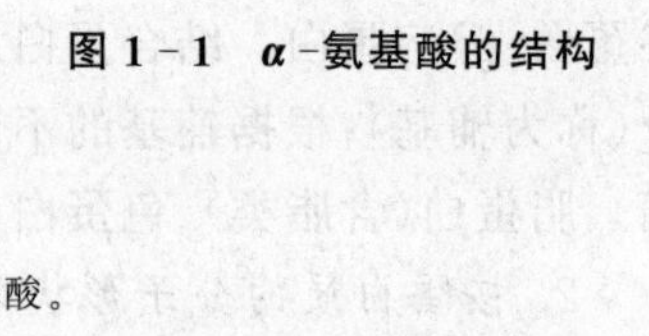

图1－1　α－氨基酸的结构

[1]　少数蛋白质中还发现一种硒代半胱氨酸，又称第21种氨基酸。

不同的侧链 R 部分：19 种 α－氨基酸的区别就在侧链上，侧链结构不同会使氨基酸产生不同的性质，使其所构成的蛋白质具有了更多的性质。

除甘氨酸外，其他氨基酸的 α－碳原子所连接的 4 个原子或基团互不相同，为手性碳原子（不对称碳原子），因此，它们具有旋光异构现象，左旋体用“－”表示，右旋体用“＋”表示。若以甘油醛的构型为参照，这两种异构体还可用 *D*－型和 *L*－型来表示，将羧基写在 α－碳原子上端，氨基在左侧为 *L*－型，在右侧为 *D*－型，组成天然蛋白质的氨基酸是 *L*－型。

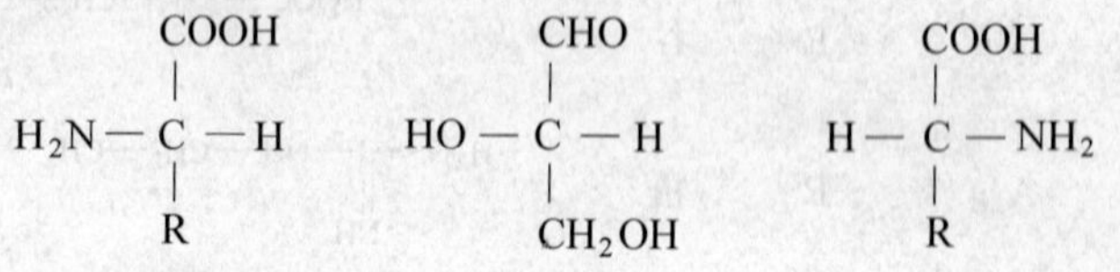

L-α-氨基酸　　*L*-甘油醛　　*D*-α-氨基酸

（二）氨基酸的分类

1. 根据侧链 R 结构分类　侧链 R 为链状的称为脂肪族氨基酸，侧链 R 含有苯环的称为芳香族氨基酸，侧链 R 含有杂环化合物的称为杂环氨基酸，侧链 R 基团极性强弱分为极性氨基酸和非极性氨基酸（表 1－2）。

表 1－2　组成蛋白质的 20 种氨基酸

分类	氨基酸名称	三字母符号	单字母符号	中文简称	结构式
脂肪族氨基酸	甘氨酸	Gly	G	甘	CH_2-COOH （CH_2 上连 NH_2）
	丙氨酸	Ala	A	丙	$CH_3-CH-COOH$ （CH 上连 NH_2）
	缬氨酸*	Val	V	缬	$CH_3-CH-CH-COOH$ （第一个 CH 上连 CH_3，第二个 CH 上连 NH_2）
	亮氨酸*	Leu	L	亮	$CH_3-CH-CH_2-CH-COOH$ （第一个 CH 上连 CH_3，第二个 CH 上连 NH_2）
	异亮氨酸*	Ile	I	异亮	$CH_3-CH_2-CH-CH-COOH$ （第一个 CH 上连 CH_3，第二个 CH 上连 NH_2）
	丝氨酸	Ser	S	丝	$HO-CH_2-CH-COOH$ （CH 上连 NH_2）

续表 1-2

分类	氨基酸名称	三字母符号	单字母符号	中文简称	结构式
脂肪族氨基酸	苏氨酸*	Thr	T	苏	$CH_3-CH(OH)-CH(NH_2)-COOH$
	天冬氨酸	Asp	D	天冬	$HOOC-CH_2-CH(NH_2)-COOH$
	谷氨酸	Glu	E	谷	$HOOC-CH_2-CH_2-CH(NH_2)-COOH$
	精氨酸	Arg	R	精	$H_2N-C(=NH)-NH-CH_2-CH_2-CH_2-CH(NH_2)-COOH$
	赖氨酸*	Lys	K	赖	$H_2N-CH_2-CH_2-CH_2-CH_2-CH(NH_2)-COOH$
	蛋氨酸*	Met	M	蛋	$CH_3-S-CH_2-CH_2-CH(NH_2)-COOH$
	半胱氨酸	Cys	C	半胱	$HS-CH_2-CH(NH_2)-COOH$
	天冬酰胺	Asn	N	天冬酰	$H_2N-C(=O)-CH_2-CH(NH_2)-COOH$
	谷胺酰胺	Gln	Q	谷胺酰	$H_2N-C(=O)-CH_2-CH_2-CH(NH_2)-COOH$
芳香族氨基酸	苯丙氨酸*	Phe	F	苯丙	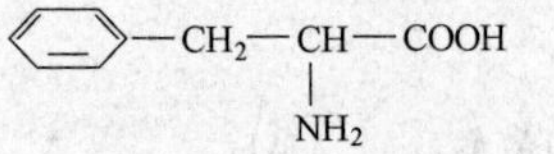
	酪氨酸	Tyr	Y	酪	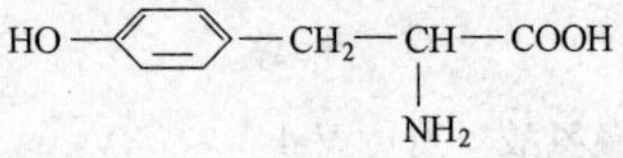
杂环氨基酸	组氨酸**	His	H	组	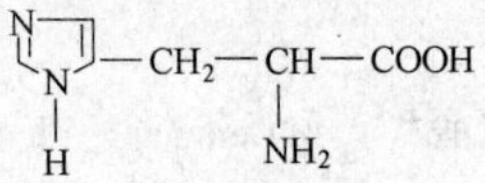
	色氨酸*	Trp	W	色	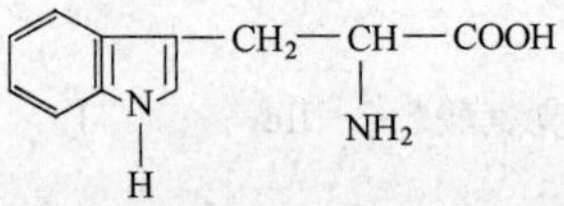
	脯氨酸	Pro	P	脯	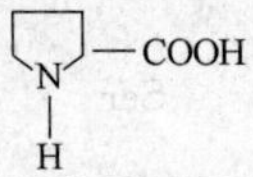

2. 营养学分类　将氨基酸分为必需氨基酸和非必需氨基酸。不能在体内合成，必须由食物提供的氨基酸，称为必需氨基酸。标准氨基酸中，只有赖氨酸、色氨酸、苯丙氨酸、蛋氨酸（甲硫氨酸）、苏氨酸、亮氨酸、异亮氨酸、缬氨酸是体内不能合成的，因此，称为必需氨基酸。对成人来说，必需氨基酸有 8 种（表 1-2，标记“*”的氨基酸）；对婴儿来说，组氨酸也是必需氨基酸（表 1-2，标记“**”），因此，组氨酸被称为半必需氨基酸。非必需氨基酸并不是说人体不需要这些氨基酸，而是人体可以自身合成或由其他氨基酸转化得到，不需要从食物直接摄取。有些非必需氨基酸如胱氨酸和酪氨酸如果供给充足，还可以节省必需氨基酸中甲硫氨酸和苯丙氨酸的需要量。

3. 根据氨基和羧基的个数分类　中性氨基酸（1 个氨基 1 个羧基氨基酸，如丙氨酸），碱性氨基酸（2 个氨基 1 个羧基氨基酸，如赖氨酸），酸性氨基酸（2 个羧基 1 个氨基氨基酸，如天冬氨酸）。

（三）氨基酸的理化性质

1. 物理性质　标准氨基酸为无色晶体，熔点高，一般在 200℃以上；其味因种类不同而异，如甘氨酸有甜味、谷氨酸单钠盐（味精的主要成分）有鲜味。

标准氨基酸侧链 R 结构有较大区别，因此，氨基酸在水中的溶解度差别也很大；氨基酸能溶于稀酸或稀碱中，但不能溶于有机溶剂，通常用酒精从溶液中沉淀氨基酸。

2. 两性解离和等电点　氨基酸分子中羧基（—COOH）能发生酸式电离（电离出 H^+），生成阴离子，氨基（$—NH_2$）、胍基、咪唑基等碱性基团，能发生碱式电离（结合 H^+），成为阳离子，因此，氨基酸是两性电解质，它电离的过程称为两性解离。氨基酸在溶液中以哪种离子形式存在，取决于分子中酸性基团与碱性基团的数量、比例及溶液的 pH。氨基酸两性解离过程：

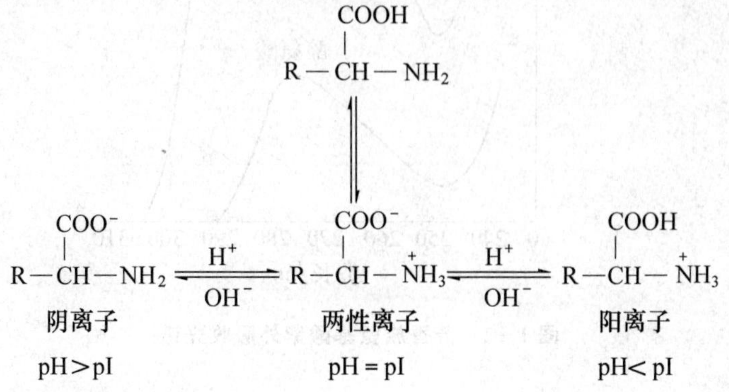

当氨基酸两性解离不平衡时,本身就会带有一定的电荷。通常 pH 增高会促进氨基酸分子带负电荷的机会,反之,pH 下降则会促进它带正电荷的趋势。在某 pH 溶液中,氨基酸分子所带正、负电荷的量相等时,被称为兼性离子(两性离子)。氨基酸以兼性离子状态存在时溶液的 pH 称为该氨基酸的等电点,用 pI 表示。等电点时,兼性离子静电荷为零,在电场中不会向阳极移动也不会向阴极移动,更不会产生同种电荷相斥的现象,因此,氨基酸的溶解度下降。利用这一性质可以分离混合的氨基酸样品。

3. 氨基酸的化学性质

(1)氨基酸的紫外吸收作用。氨基酸在可见光区没有光吸收,在紫外区也只有色氨酸、酪氨酸和苯丙氨酸(含有共轭双键)具有光吸收能力(图 1-2)。其中,色氨酸和酪氨酸在 280 nm 波长附近有最大吸收,苯丙氨酸的最大吸收波长在 260 nm 附近。因此,利用测定蛋白质溶液在 280 nm 光的吸收值,是分析溶液中蛋白质含量的快速而简便的方法。

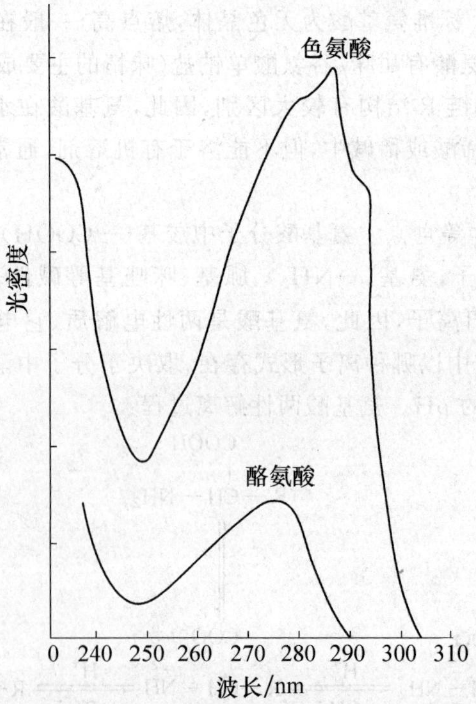

图 1-2 芳香族氨基酸紫外吸收光谱

(2)茚三酮反应。茚三酮在微酸性溶液中与 α-氨基酸(除脯氨酸)共热,生成蓝紫色化合物。

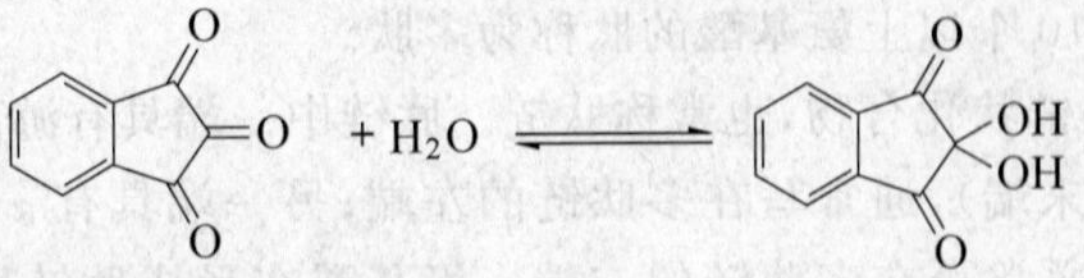

茚三酮　　　　　　　　　　水合茚三酮

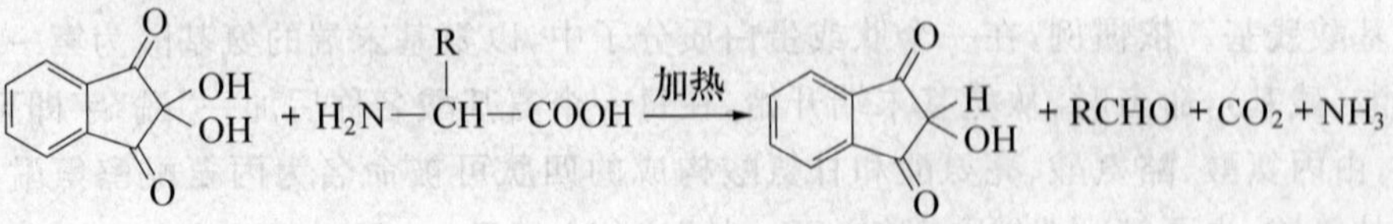

还原茚三酮

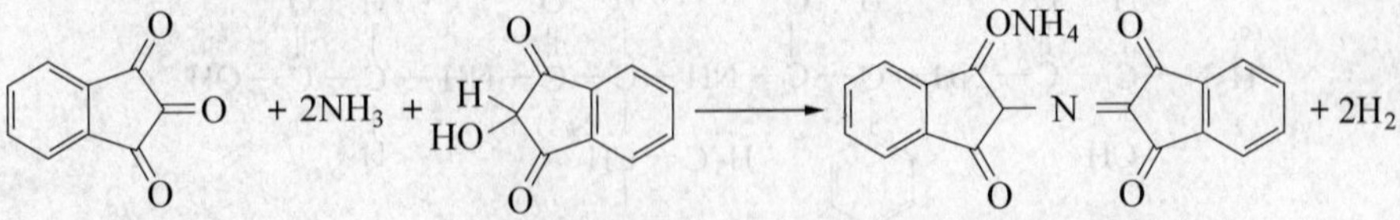

茚三酮　　　　　还原茚三酮　　　　　蓝紫色化合物

该蓝紫色化合物在 570 nm 处有最大吸收峰,并且,吸收峰值的大小与氨基酸释放出的氨量成正比,因此,可以定量测定氨基酸含量(脯氨酸与茚三酮反应呈黄色,可在波长 440 nm 处进行含量测定)。该颜色反应也常用于氨基酸的纸层析、薄层层析及电泳等显色。

第二节　蛋白质的分子结构

一、肽键与多肽链

(一)肽键与肽

1 mol 氨基酸的 α-羧基和 1 mol 氨基酸的 α-氨基脱去 1 mol 水,缩合成的酰胺键称为肽键。蛋白质分子中的氨基酸通过肽键连接。

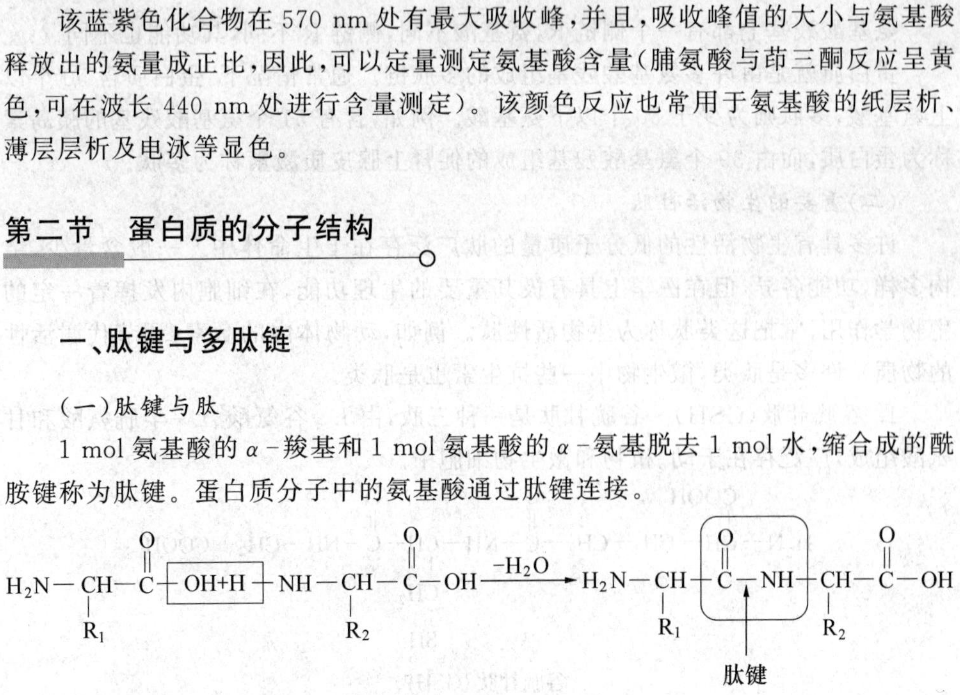

由 2 个以上氨基酸通过肽键连接起来的化合物称为肽。由 2 个氨基酸缩合形成的肽称为二肽，由 3 个氨基酸形成的肽称为三肽，习惯称含有少于 10 个氨基酸的肽称为寡肽，含有 10 个以上氨基酸的肽称为多肽。

多肽（或寡肽）是链状化合物，也常称肽链。肽链中一端具有游离的 α-氨基称为氨基末端（或称 N 末端），通常写在多肽链的左端；另一端具有 α-羧基，称为羧基末端（或 C 末端），通常写在多肽链的右端。氨基酸在形成肽链后，因有部分基团参加肽键的形成，不再是完整的氨基酸，故将蛋白质肽链中的每个氨基酸部分称为氨基酸残基。依惯例，在一个肽或蛋白质分子中，以氨基末端的氨基酸为第一个氨基酸（残基），命名时，从氨基末端开始，在每一个氨基酸名称后加一“酰”字即可。例如，由丙氨酸、酪氨酸、亮氨酸和甘氨酸构成的四肽可被命名为丙氨酰酪氨酰亮氨酰甘氨酸，也可简写为“丙 · 酪 · 亮 · 甘”或“Ala · Tyr · Leu · Gly”。

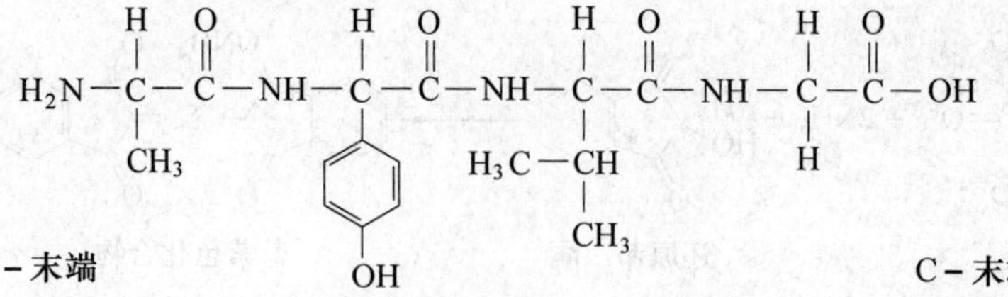

氨基酸残基上都有一个侧链 R，氨基酸不同，侧链 R 不同，其功能也不同。

蛋白质就是由许多氨基酸残基组成的多肽链。通常情况下，蛋白质含 50 个以上氨基酸，多肽则为少于 50 个以下氨基酸。例如，含有 51 个氨基酸残基的胰岛素称为蛋白质，而由 39 个氨基酸残基组成的促肾上腺皮质激素称为多肽。

（二）重要的生物活性肽

许多具有生物活性的低分子质量的肽广泛存在于生命体中。一般含量少，结构多样，功能各异，但在医学上具有极其重要的生理功能，在细胞内发挥着一定的生物学作用，常把这类肽称为生物活性肽。例如，动物体内的激素（调节代谢活性的物质），许多是肽类，微生物中一些抗生素也是肽类。

1. 谷胱甘肽（GSH）　谷胱甘肽是一种三肽，由 L-谷氨酸、L-半胱氨酸和甘氨酸组成，广泛存在于动、植物和微生物细胞中。

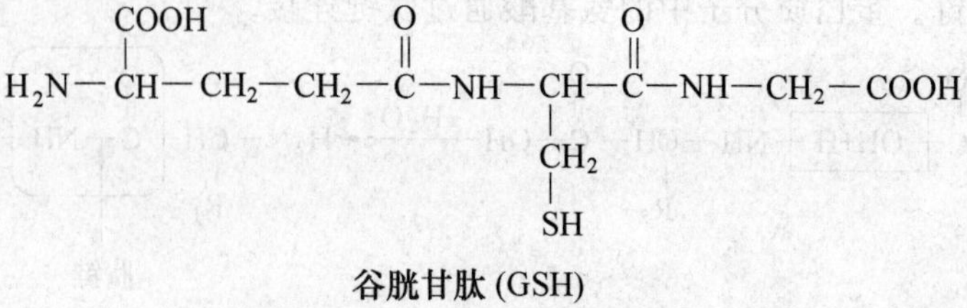

谷胱甘肽 (GSH)

谷胱甘肽因含有—SH(巯基),通常简写为 GSH。GSH 分子中的谷氨酸是由 γ-羧基生成肽键,而在其他肽和蛋白质分子中谷氨酸都是由 α-羧基生成肽键。

GSH 分子中的—SH 是该化合物的主要功能基团。巯基具有还原性,在生物体内作为重要的还原剂,参与细胞内氧化还原反应,例如:

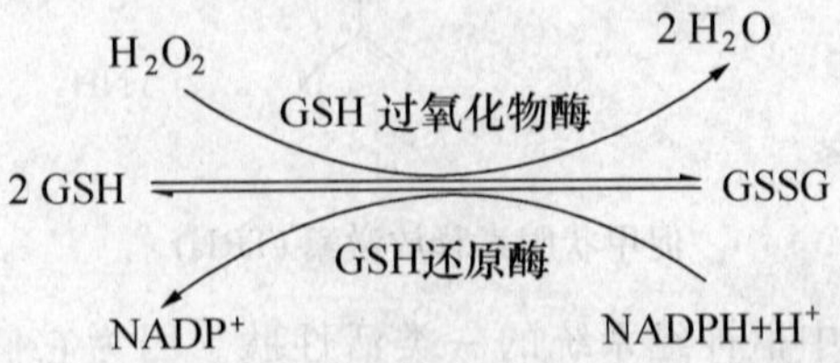

GSH 在谷胱甘肽过氧化物酶的催化下,将细胞内产生的 H_2O_2 还原生成 H_2O,防止过氧化物在体内的堆积,保护蛋白质、巯基酶中的巯基免遭氧化,自身被氧化成氧化型谷胱甘肽(GSSG),后者在谷胱甘肽还原酶催化下,再生成 GSH。

另外,GSH 的巯基具有亲核性,能与外源的亲电子毒物(如致癌物或药物)结合,从而阻断这些化合物与 DNA、RNA 或蛋白质结合,以保护机体免遭毒物侵害。

2. 激素肽 体内有许多激素属于寡肽或多肽,具有调节机体代谢的功能。

(1)催产素。由下丘脑视上核及室旁核的神经元合成的 9 肽,经脑垂体后叶分泌,具有使子宫和乳腺平滑肌收缩的功能。其氨基酸排列顺序为:

半胱—酪—异亮—谷酰—天酰—半胱—脯—亮—甘

Cys—Tyr—Ile—Gln—Asn—Cys—Pro—Leu—Gly

(2)抗利尿激素(ADH)。也是由下丘脑视上核及室旁核的神经元合成,生物合成为多肽,后再裂解为 ADH(9 肽),经神经轴突转移至垂体后叶贮存。当机体需要时释放入血液,能增加肾远曲小管及集合小管对水的再吸收,发挥抗利尿作用。由于 ADH 能广泛引起骨骼肌和内脏小动脉强烈收缩,外周阻力增高,血压升高,因此,又称为加压素(AVP)。其氨基酸排列顺序为:

半胱—酪—苯丙—谷酰—天酰—半胱—脯—赖—甘

Cys—Tyr—Phe—Gln—Asn—Cys—Pro—Lys—Gly

(3)促甲状腺素释放激素(TRH)。由下丘脑分泌的 3 肽,主要作用是促进垂体前叶分泌促甲状腺激素,它是一个特殊结构的三肽,其结构为:

TRH 的 N-末端谷氨酸环化成为焦谷氨酸,C-末端的脯氨酸残基酰化成为脯氨酰胺。

(4)促黄体生成素释放激素(LRH)。由下丘脑分泌的 10 肽,用于控制垂体黄体生成素和卵泡成熟激素的分泌。

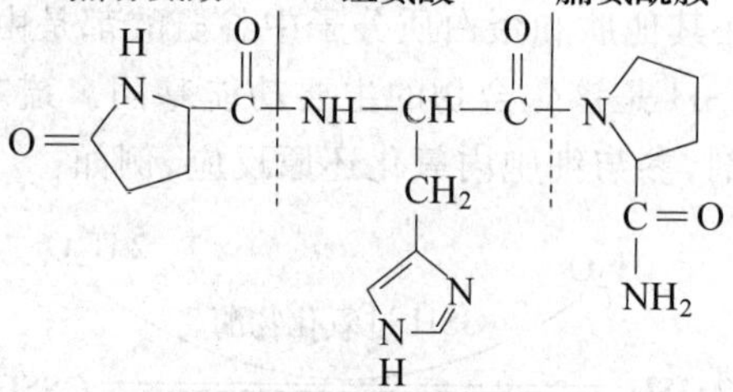

促甲状腺素释放激素(TRH)

还有主要存在于中枢神经系统的一类活性肽。因为它们与痛觉有关,且具有吗啡一样的镇痛作用,所以又将它们称为脑内产生的吗啡样肽(脑啡肽)或内源性吗啡样肽(内啡肽)。

3. 抗菌素肽　是一类具有抑制或杀灭细菌作用的肽类药物。从分子结构上看,抗菌素肽多具有 *D*-氨基酸和首尾相连的环状结构,以短杆菌肽为例,在其结构中还有鸟氨酸(通常氨基酸代谢的中间物)。环状抗菌素肽对革兰氏阴性细菌有杀害作用,主要作用于细胞膜或真核细胞的线粒体膜。

二、蛋白质的一级结构

蛋白质分子是由许多氨基酸通过肽键相连形成的生物大分子。因此,由氨基酸排列顺序及肽链的空间排布等构成的蛋白质分子结构,才真正体现蛋白质的个性,也是每种蛋白质具有独特生理功能的结构基础。但是,组成蛋白质的氨基酸有20种,且蛋白质的分子质量均较大,蛋白质的分子结构相当复杂,因此,有人建议将蛋白质复杂的分子结构分成4个层次,即一级、二级、三级和四级结构,后三者统称为高级结构或空间构象。

构成蛋白质的各种氨基酸在多肽链中的排列顺序,称为蛋白质分子的一级结构。多肽链中氨基酸的顺序是由基因中碱基排列顺序所决定。一级结构是蛋白质的基本结构,是蛋白质空间结构的基础。一级结构主要是肽键,有的蛋白质还含有二硫键(由2个半胱氨酸脱氢形成的化学键,表示为"—S—S—"),因为共价键的键能大,故蛋白质的一级结构稳定性较强。

在蛋白质一级结构研究中,胰岛素是第一个被阐明的结构(图1-3),它有A、B两条肽链,分别含有21和30个氨基酸残基。它们在内部通过3个二硫键连为一体,其中2个存在于A链和B链之间,帮助稳定蛋白质中肽链的空间结构,使其具有生物活力。如果二硫键受到破坏,蛋白质的生物活力就会消失。一般二硫键含量愈多,蛋白质结构的稳定性就愈强,例如,皮、角、毛、发的蛋白质中二硫键的数目就很高。

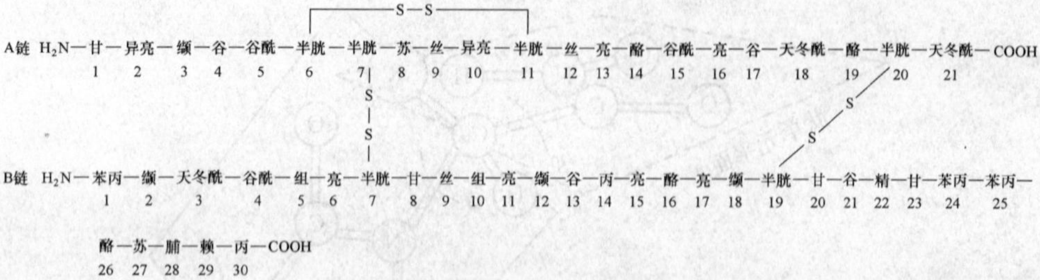

图 1-3 胰岛素一级结构

胰岛素是动物胰脏中胰岛 β 细胞分泌的一种相对分子质量较小的蛋白质激素,它能降低体内血糖含量。当胰岛素分泌不足时血糖浓度升高,从尿排出,形成糖尿病的症状,临床上可通过人工注射的方式来补充胰岛素。

三、蛋白质的空间结构

天然蛋白质具有一定的空间结构或构象,它决定着蛋白质的分子形状、理化性质和生物学活性。蛋白质构象分为主链构象和侧链构象,主链构象指多肽链上各原子的排布及相互关系;侧链构象是指各氨基酸侧链基团中原子的排布及彼此关系。主链构象决定侧链基团的排布,侧链构象影响主链构象的卷曲和折叠,二者相互依存,相互影响。

(一)蛋白质的二级结构

蛋白质的二级结构是指肽链主链盘旋、折叠形成的主链构象,即多肽链主链各原子在空间的排列方式。

构成肽链主链构象的基本单位是肽键平面,肽键中的 C、O、N、H 4 个原子和它们相邻的 2 个 α 碳原子共处于同一个平面上,此平面称为肽键平面(图 1-4)。

X 射线衍射分析证明,肽平面肽键长为 0.132 nm。如果是 C—N 单键,其键长为 0.149 nm,如果是双键则为 0.127 nm,所以,肽键介于两者之间,有一定的双键性质,C 与 N 不能以 C—N 为轴心自由旋转,与肽键相关的 6 个原子(C—N 结构及与其相连的 4 个原子)形成一个刚性平面,减少了蛋白质构象变化的可能性;而与肽键相连的 α 碳原子两侧单键都可以自由旋转,因此,2 个相邻的肽单元可绕连接它们的 α 碳原子旋转、折叠或卷曲,又使蛋白质呈现了一定的多样性。

多数天然蛋白质的二级结构有 α 螺旋、β 折叠、β 转角和不规则卷曲等几种形式。维持二级结构稳定的是主链原子形成的氢键。

1. α 螺旋 α 螺旋是指蛋白质分子中多个肽平面通过氨基酸的 α 碳原子沿长

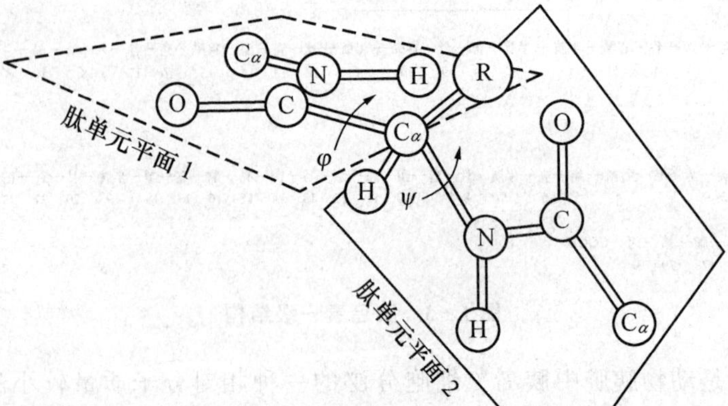

图 1-4 肽链平面示意

轴方向旋转，按一定规律形成的稳定的 α 螺旋构象(图 1-5)。

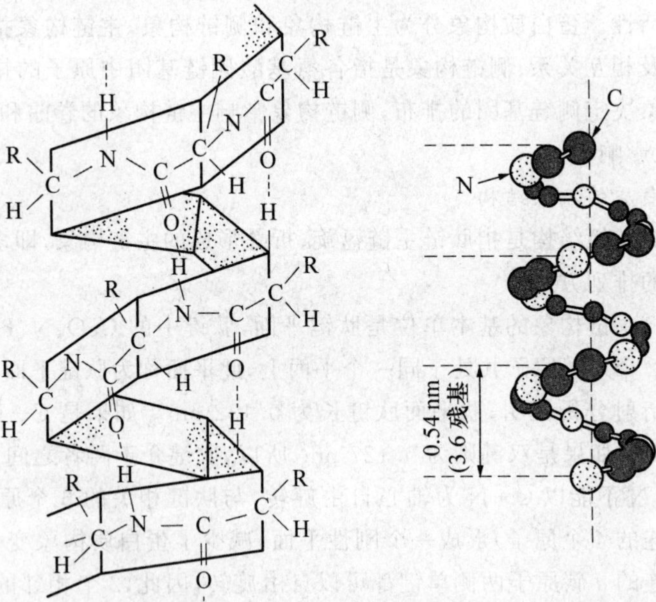

图 1-5 α 螺旋结构示意

白球代表氮原子；黑球代表碳原子

α 螺旋主要特征概括为以下 4 点：

(1)一般为右手螺旋，仅个别蛋白质分子中存在左手螺旋。

(2)每螺旋一周含 3.6 个氨基酸残基，螺距为 0.54 nm。

(3)螺旋圈之间通过肽键上的 N—H 与第 4 个肽键的羰基氧形成氢键，这是维持 α 螺旋结构稳定的主要次级键。

(4)肽链中氨基酸残基的 R 侧链均伸向螺旋外侧，其空间形状、大小及电荷对 α 螺旋的形成和稳定有重要影响。

各种蛋白质的结构和功能差异很大，其中 α 螺旋的百分含量也有较大的差异，在毛发的角蛋白、肌肉的肌球蛋白以及血凝块中的纤维蛋白，它们的多肽链几乎全都卷曲成 α 螺旋。数条 α 螺旋状的多肽链还可缠绕起来，形成缆索，从而增强了该蛋白质的机械强度，并具有伸缩性。

2. β 折叠　β 折叠使蛋白质肽链主链的肽平面折叠呈锯齿状，又称 β 片层结构(图 1-6)。

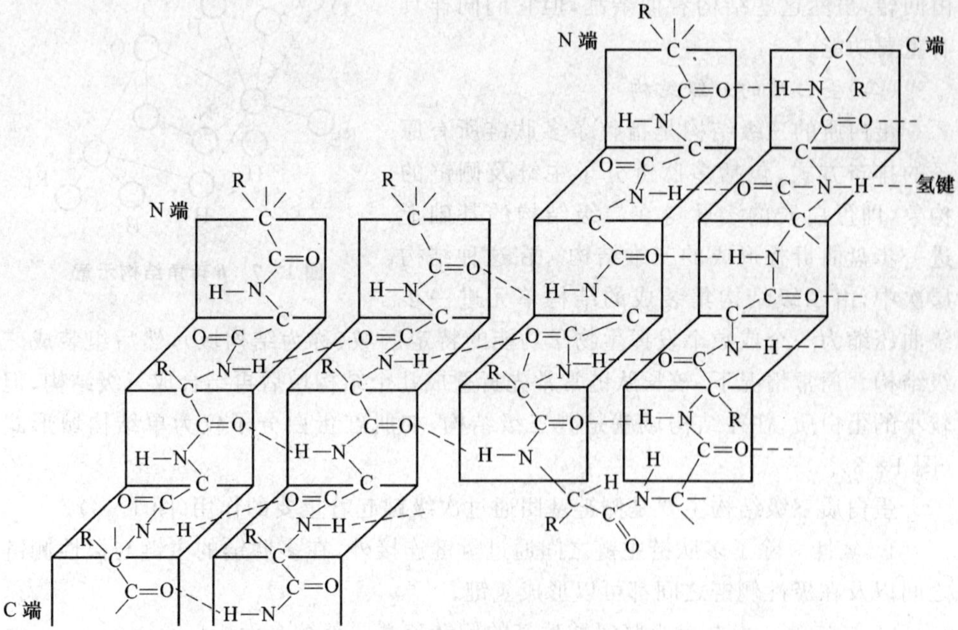

图 1-6　β 折叠结构示意

β 折叠的特点如下：

(1)肽链延伸，肽平面之间折叠成锯齿状。

(2)若干条多肽链或一条多肽链迂回,形成的若干肽段互相靠拢,平行排列,通过一条肽链上的N—H或羰基氧与另一条链上的羰基氧或N—H形成相应的氢键连接。

(3)相邻排列β折叠结构走向相同时,称为顺向平行,反之称为逆向平行。

β折叠的形成有一定条件,氨基酸残基的R较小时,才能使2条肽段彼此靠近。蚕丝蛋白几乎都是β折叠结构,该蛋白含有大量甘氨酸与丙氨酸残基,其质地柔软。

3. β转角　β转角也称β回折。它由多肽链上第1个氨基酸残基的羰基氧与第4个氨基酸残基的N—H之间形成氢键,造成肽链常出现180°回折的发夹结构(图1-7)。

4. 无规卷曲　既非α螺旋,又不是β折叠和β转角的松散肽链结构则称为无规卷曲或自由回转,虽然这些结构看似杂乱,但它们同样具有重要功能。

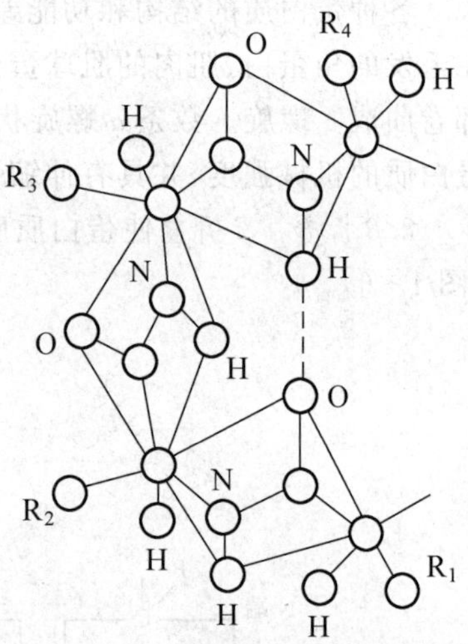

图1-7　β转角结构示意

(二)蛋白质的三级结构

蛋白质的三级结构是指整条多肽链所有原子的排布方式,包括多肽链分子主链及侧链的构象,即蛋白质的多肽链在二级结构的基础上进一步盘曲折叠形成的三维结构。在这种结构层次中,由二级结构集装成的结构单元进一步绕曲压缩为一个或数个发挥生物学功能的特定区域(称为结构域),然后组装成三级结构。通常情况下,较长肽链常常先折叠成几个结构域后再结合成三级结构,但较小的蛋白质,往往结构域就是其三级结构,如肌红蛋白分子仅为单结构域形式(图1-8)。

蛋白质三级结构主要是侧链基团通过次级键起着重要的作用(图1-9)。

1. 氢键　除了多肽链主链之间通过氢键连接外,在多肽链的主链与极性侧链之间以及在极性侧链之间都可以形成氢键。

2. 二硫键　由2个半胱氨酸残基的侧链巯基脱氢缩合而成。

3. 离子键　又称盐键,由蛋白质带正电荷的基团和带负电荷的基团形成。

4. 疏水基相互作用　又称疏水键,由缬氨酸、亮氨酸、异亮氨酸、苯丙氨酸等非极性疏水侧链之间的吸引力,形成疏水区。蛋白质三级结构中疏水键的数量最多,且往往居于球状蛋白质的内部。氨基酸侧链上含有一些特殊的结构,带有少量

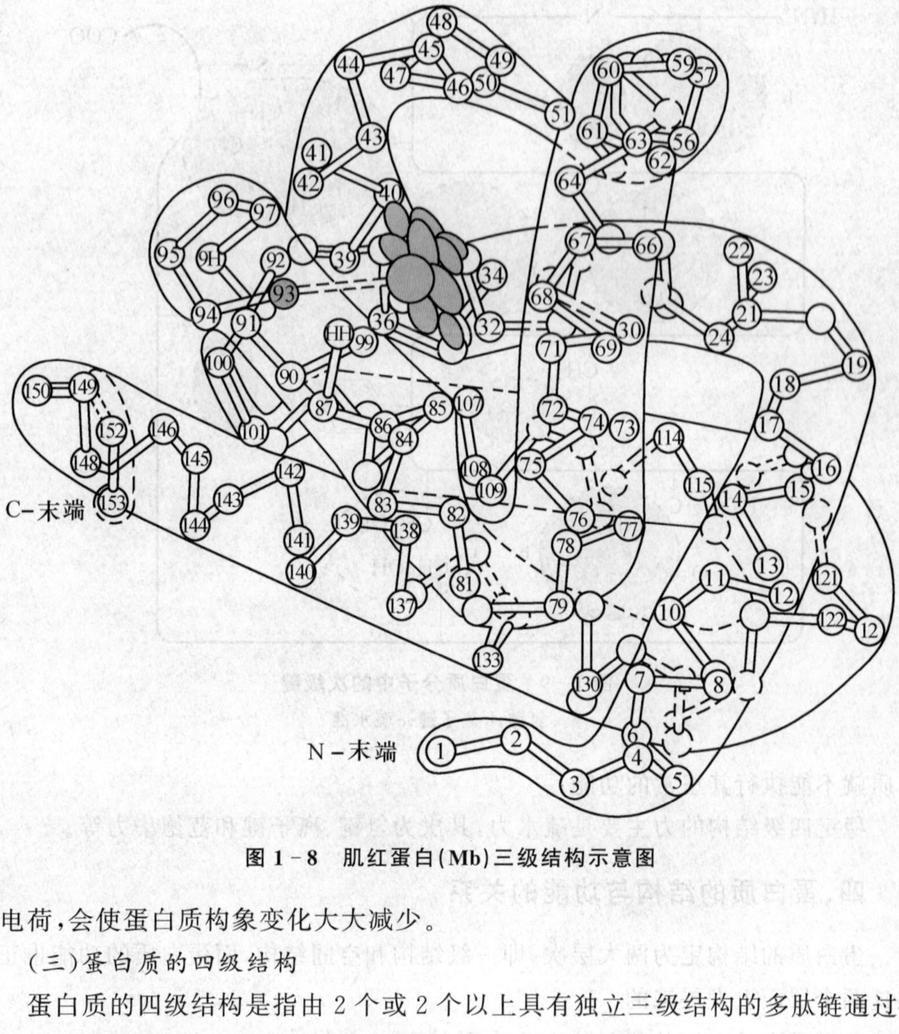

图 1-8　肌红蛋白(Mb)三级结构示意图

的电荷,会使蛋白质构象变化大大减少。

(三)蛋白质的四级结构

蛋白质的四级结构是指由 2 个或 2 个以上具有独立三级结构的多肽链通过次级键(氢键、疏水键、盐键)结合而形成的三维空间结构(图 1-10)。四级结构中每条具有独立三级结构的多肽链称为蛋白质亚基。

蛋白质可以由一条肽链,也可以由多条肽链构成。由一条肽链构成的蛋白质只有一级结构、二级结构和三级结构;由两条以上的肽链构成的蛋白质才有四级结构。

四级结构中的亚基可以相同,也可以不同。如过氧化氢酶是由 4 个相同的亚基构成均一四级结构,而血红蛋白是由 2 个 α 亚基和 2 个 β 亚基构成的非均一四级结构。具有四级结构的蛋白质有复杂生物学功能,而四级结构的亚基解聚后,蛋

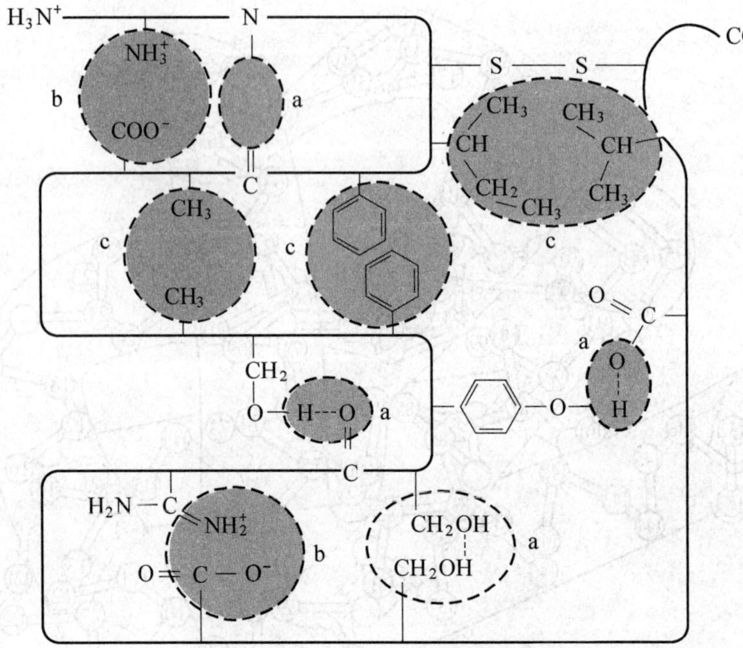

图 1-9 蛋白质分子中的次级键

a 氢键;b 离子键;c 疏水键

白质就不能执行其正常的功能。

稳定四级结构的力主要是疏水力,其次为氢键、离子键和范德华力等。

四、蛋白质的结构与功能的关系

蛋白质的结构定为两大层次,即一级结构和空间结构,而蛋白质的功能也正是在这两个层面上发展来的。

(一)蛋白质一级结构与功能的关系

如前所述,蛋白质的一级结构中包含决定其空间结构的因素,一些关键氨基酸残基对蛋白质功能的形成是至关重要的。

1. 一级结构相似的蛋白质具有相似的空间结构与功能　大量的实验结果表明,一级结构相似的蛋白质(或多肽),其空间构象和功能相似。例如,不同哺乳动物的胰岛素分子都是由 A 和 B 两条链组成,且二硫键的配对位置和空间构象也极相似,有一半以上的氨基酸种类是一样,而且有些氨基酸的位置还是固定不变的。正是由于这些氨基酸在序列上的一致,才保证了不同来源的胰岛素具有了相同的

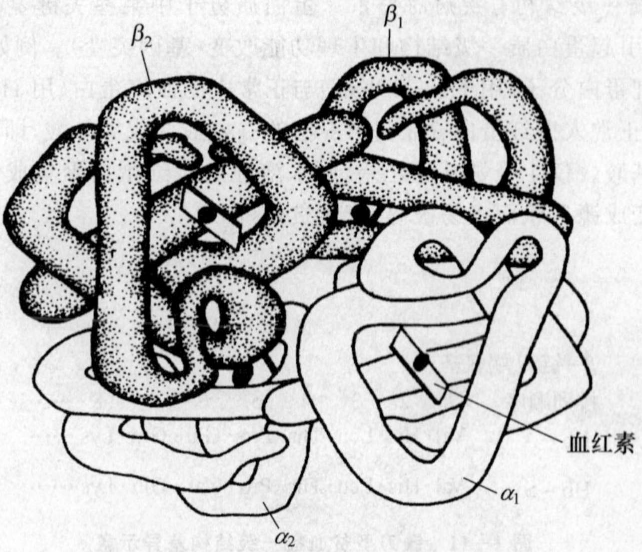

图 1-10 血红蛋白四级结构示意图

功能。该特点能用来确定亲缘关系的远近。当然,一级结构中还有一些氨基酸是可被替换掉而对蛋白质发挥相应的功能影响不大(表 1-3)。

表 1-3 不同来源的胰岛素氨基酸残基差异

胰岛素	氨基酸残基序号			
	A_5	A_6	A_{10}	A_{30}
人	Thr	Ser	Ile	Thr
猪	Thr	Ser	Ile	Ala
狗	Thr	Ser	Ile	Ala
兔	Thr	Gly	Ile	Ser
牛	Ala	Gly	Val	Ala
羊	Ala	Ser	Val	Ala
马	Thr	Ser	Ile	Ala

A:胰岛素 A 链;A_5:A 链第 5 位氨基酸,依此类推。

当然,前面所述的催产素和抗利尿激素,它们同属 9 肽激素,两者仅在第 3 位和第 8 位的氨基酸残基不同,因此,后者又具有不同于催产素的升高血压的功能(又称加压素)。

2. 蛋白质一级结构与疾病的关系　蛋白质分子中某些关键氨基酸残基的缺失或被代替，引起蛋白质一级结构和生理功能改变(基因突变)。例如，将镰刀型贫血病人的血红蛋白分子(用 Hb－S 表示)与正常人的血红蛋白(用 Hb－A 表示)相比的结果，是正常人血红蛋白 β 亚基第 6 位的谷氨酸变成缬氨酸，即碱性氨基酸代替了酸性氨基酸。仅 1 个氨基酸之差，原水溶性的血红蛋白聚集成丝，相互黏着，导致红细胞变成镰刀状而极易破碎，产生贫血(图 1－11)。

差异位

β－链 N 端氨基排列顺序	1	2	3	4	5	6	7	8 ……
Hb－A	Val ·	His ·	Leu ·	Thr ·	Pro ·	Glu ·	Glu ·	Lys ……
Hb－S	Val ·	His ·	Leu ·	Thr ·	Pro ·	Val ·	Glu ·	Lys ……

图 1－11　镰刀型贫血症一级结构差异示意

这种因蛋白质分子发生变异所导致的疾病，称为分子病。仅仅这一细微差异，就使患者的红细胞在氧气缺乏时易胀破溶血，运氧机能下降，导致病人产生头昏、胸闷症状。

(二)蛋白质空间结构与功能之间的关系

蛋白质的空间结构(即构象)直接决定其特定功能的表达。例如，酶是具有催化作用的蛋白质，若用一定方法将酶的正常空间结构破坏，尽管保留酶蛋白的一级结构，但酶的活性也可能丧失。当然，有些蛋白质的功能发挥仅与其某个部位的特定构象有关，通常将这特定构象称为蛋白质的功能区。只要蛋白质功能区的结构完整，即使分子中其他部位发生了变化，其蛋白质的功能也不受影响。例如，血红蛋白与 O_2 结合时，其亚基处于某种空间紧密构象(T 型)，与 O_2 的亲和力小，在需氧组织中，血红蛋白呈 T 型构象，致使血红蛋白可以快速脱氧，供组织利用；肺部氧丰富，血红蛋白转变成疏松构象(R 型)，此时与 O_2 的亲和力变大。因此，血红蛋白是通过其构象的变化调节与氧结合，实现对氧气的运输功能。

当然，一级结构中某些氨基酸残基是蛋白质功能区外的基团(必需基团)，这些氨基酸残基如果改变，蛋白质特定构象即被破坏，蛋白质的生物学活性也将丧失。因此，一级结构与空间结构对维持蛋白质的生物学活性均有重要作用。

第三节 蛋白质的理化性质

一、蛋白质的两性电离与等电点

蛋白质分子与氨基酸一样具有两性基团，因此，同样能够两性解离。蛋白质主链两端有 α -氨基和 α -羧基，蛋白质主链上还有许多侧链基团，如赖氨酸残基中的 ε -氨基、精氨酸残基上的胍基、组氨酸残基的咪唑基等可以解离出阳离子，而谷氨酸残基的 γ -羧基和天冬氨酸残基的 β -羧基都能解离出阴离子，其解离过程受溶液 pH 影响。因此，蛋白质解离程度是这些基团与溶液 pH 等整体作用的结果。

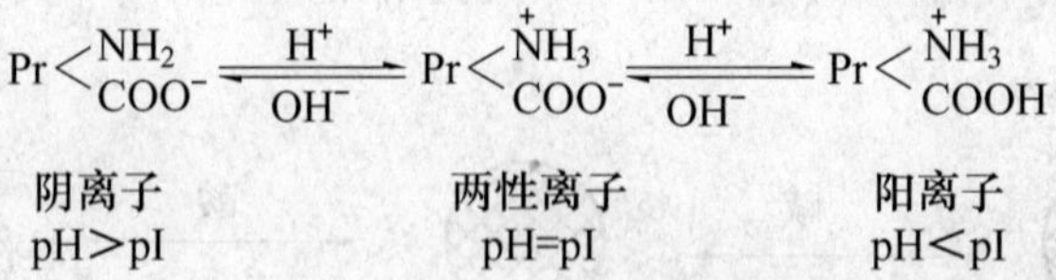

当蛋白质分子正负电荷相等，净电荷等于零时，蛋白质为两性离子，这时溶液的 pH 称为蛋白质等电点(pI)。这个值的大小取决于蛋白质分子本身所含有的酸性氨基酸和碱性氨基酸的相对含量，通常含碱性氨基酸较多的蛋白质，如组蛋白、鱼精蛋白等，它们的 pI 偏碱性；而含酸性氨基酸较多的蛋白质，如酪蛋白、胃蛋白等，它们的 pI 偏酸性。

蛋白质在溶液中的带电状态主要取决于溶液的 pH，当溶液的 pH 大于等电点时，蛋白质分子带负电荷，反之则带正电荷。血浆中绝大部分蛋白质的等电点在 pH5 左右，故在血浆 pH7.4 的生理情况下，血浆蛋白质以阴离子形式存在。

当溶液 pH 达到某一蛋白质等电点时，由于缺少了静电斥力的作用，该蛋白质的溶解度最小，易析出，使溶液呈混浊状态。可以根据这种现象来确定某些蛋白质的等电点，工业上也常利用这种性质在溶液中分离纯化蛋白质。

二、蛋白质的胶体性质

蛋白质是生物大分子，其分子颗粒直径一般在 1～100 nm，属于胶体颗粒的范围，所以蛋白质是胶体物质，溶液是亲水胶体溶液。

在水溶液中，蛋白质分子表面暴露着许多亲水基团，它们能与水发生水合作用，水分子受蛋白质分子极性基团的影响，定向排列在蛋白质分子的周围，形成水化层，将蛋白质颗粒分开，使其不能因轻易邻近相聚而沉淀；另一方面，蛋白质胶体常是处于非等电点状态，颗粒间往往带同种电荷，产生斥力可防止颗粒相聚沉淀，相同的电荷还与其周围电荷相反离子形成稳定的双电层，这些都使蛋白质分子稳定存在于水溶液中，而不至凝聚沉淀(图 1－12)。

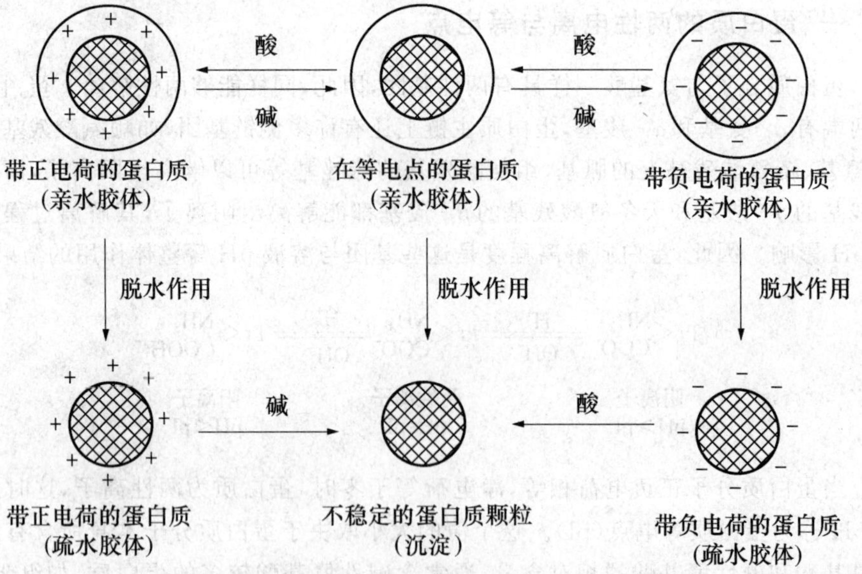

图 1－12　蛋白质颗粒的稳定因素及沉淀

蛋白质分子不能透过半透膜，因此，纯化蛋白质时可将蛋白质溶液放入半透膜，小分子物质透过半透膜，蛋白质分子保留在半透膜内，这种方法称为透析法，利用透析法可除去蛋白质溶液中的无机盐等小分子物质。

三、蛋白质的变性

蛋白质受物理或化学因素的影响，其分子中高度有规律的空间结构被破坏，使理化性质改变，生物活性丧失，这种现象称为蛋白质的变性。如酶失去催化活力，激素丧失活性。

引起蛋白质变性的原因可分为物理和化学因素两类。常见的物理因素有加热、加压、脱水、剧烈振荡或搅拌、紫外线照射、超声波作用等；化学因素有强酸、强碱、尿素、重金属盐、有机溶剂及生物碱试剂等。

蛋白质的变性是维系蛋白质空间结构的次级键被破坏，不涉及肽键的断裂，即蛋白质的一级结构未受到影响。因此，变性的蛋白质是多肽链的松散状态，其分子内部的疏水基团大量暴露于分子表面，破坏了水膜对蛋白质分子保护作用，使其呈现出溶解度下降，黏度升高，蛋白质易沉淀析出。不过，维系蛋白质胶体溶液稳定的因素除表面水化层外，还有表面的同种电荷，如果变性蛋白质溶液的 pH 远离其 pI，此时蛋白质仍不易沉淀；只有溶液的 pH 接近等电点时，变性的蛋白质才易聚集而沉淀。天然蛋白质结构紧凑，不易被酶水解，而变性蛋白质的肽键暴露易被水解，将食物煮熟后再吃，就是应用了变性蛋白质易于酶解，有利于人体对食物的吸收的原理。

变性蛋白质的主要特征是原有的生物活性丧失。如抗原—抗体的特异性反应，血红蛋白运输 O_2 和 CO_2 的功能，毒素的致毒作用等均可丧失。多数蛋白质变性后，不能恢复其天然状态；如果蛋白质变性过程不是过于剧烈，将变性因素除去时，有的蛋白质仍能恢复或部分恢复其原来的构象及功能，称为蛋白质的复性。如核糖核酸酶在脲和 β-巯基乙醇作用下，天然构象遭到破坏，失去生物学活性，去除脲和 β-巯基乙醇，该酶的活性还能渐渐恢复。

第四节　核酸的化学组成

1868 年瑞士化学家米斯彻(J. F. Miescher，1844—1895)从脓细胞核中分离出含磷很高的酸性化合物，当时称之为核素。当时它的重要性并不为人们所认识，直到 1953 年 Watson 和 Crick 揭示了 DNA 双螺旋结构模型，核酸的研究才成为生命科学研究中最活跃的领域之一。

研究表明，核酸是由核苷酸组成的具有复杂三维空间结构的大分子酸性化合物，是生物遗传的物质基础。核酸分为核糖核酸(RNA)和脱氧核糖核酸(DNA)两大类。

一、核酸的物质组成

核酸是许多核苷酸通过酯键缩合而成的生物大分子，在酸、碱或核酸酶作用下水解成核苷酸，核苷酸继续水解生成核苷和磷酸，核苷进一步水解生成碱基和戊糖(图 1 - 13)。DNA 的基本组成单位是脱氧核苷酸，而 RNA 的基本组成单位是核苷酸。

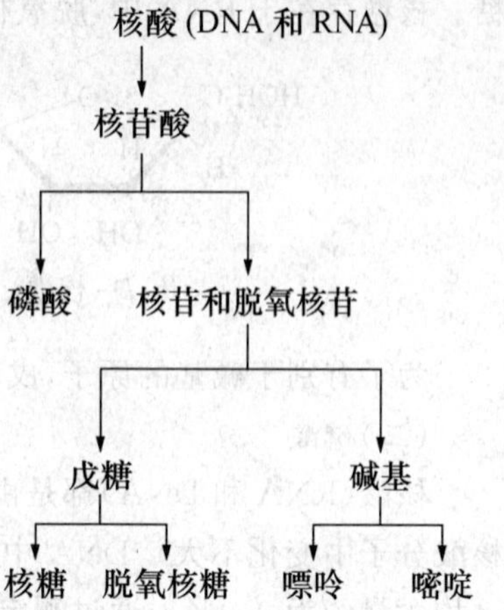

图 1 - 13　核酸水解产物示意图

(一)含氮碱基

碱基是构成核苷酸的基本组分之一。碱基是含氮的杂环化合物，可分为嘌呤碱和嘧啶碱两类。核酸中的嘌呤碱基主要有腺嘌呤和鸟嘌呤 2 种。此外，也包括一些修饰碱基，如次黄嘌呤、黄嘌呤等许多形式。嘌呤碱基结构如下。

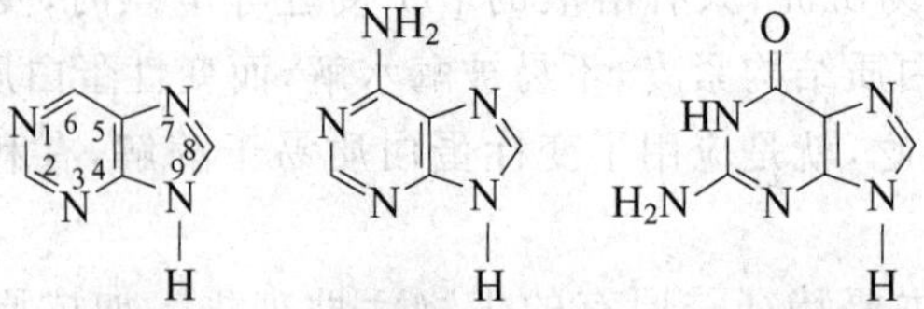

嘌呤　腺嘌呤　鸟嘌呤

嘧啶碱主要有胞嘧啶、尿嘧啶和胸腺嘧啶(5-甲基尿嘧啶)3 种。也含有一些重要的修饰碱基，如二氢尿嘧啶、4-硫尿嘧啶等多种碱基。嘧啶碱基结构如下。

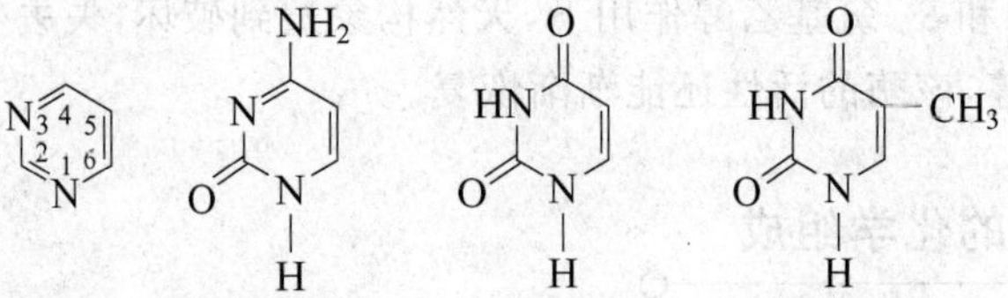

嘧啶　胞嘧啶　尿嘧啶　胸腺嘧啶

碱基常用英文名称开头大写字母进行表示，如腺嘌呤(adenine)为 A，鸟嘌呤(guanine)为 G，胞嘧啶(cytosine)为 C，尿嘧啶(uracil)为 U，胸腺嘧啶(thymine)为 T。

(二)戊糖

戊糖是构成核苷酸的另一基本组分。戊糖有 β-D-核糖和 β-D-2-脱氧核糖。核糖存在于 RNA 中，脱氧核糖存在于 DNA 中。

β-D-核糖　β-D-2-脱氧核糖

为了有别于碱基的原子，戊糖的碳原子标以 1′、2′、3′…。

(三)磷酸

核酸(RNA 和 DNA)都是由 C、H、O、N、P 等元素组成，其中磷元素的含量在核酸分子中变化不大。DNA 中磷元素的平均含量约为 9.2%，RNA 中磷元素的平均含量约为 9.0%。通过测定生物样品中核酸的磷元素含量，推算生物样品中核酸的含量。

核酸分子中磷元素是以磷酸（H_3PO_4）的形式存在，磷酸分子的羟基与戊糖分子5′或3′位羟基脱水缩合，通过磷酸酯键形成核苷酸。

（四）RNA与DNA物质组成的区别

两类核酸物质组成的区别见表1-4。

表1-4　RNA与DNA基本组成成分

核酸组成成分	RNA	DNA
嘌呤碱	腺嘌呤（A）、鸟嘌呤（G）	腺嘌呤（A）、鸟嘌呤（G）
嘧啶碱	胞嘧啶（C）、尿嘧啶（U）	胞嘧啶（C）、胸腺嘧啶（T）
戊糖	*β*-*D*-核糖	*β*-*D*-2-脱氧核糖
磷酸	H_3PO_4	H_3PO_4

某些RNA中也可能混有少量的结构类似物*β*-*D*-2-氧甲基核糖。

二、核酸的基本组成单位——单核苷酸

（一）核苷的形成方式、名称及表示方法

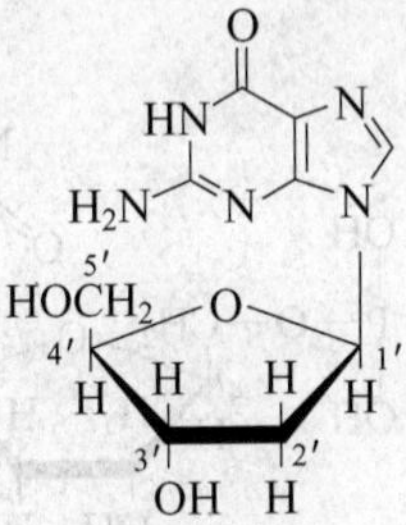

脱氧鸟苷(dG)

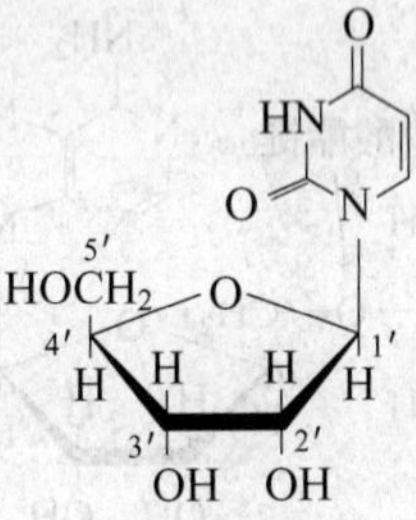

尿苷(U)

戊糖1′位碳原子上的羟基和嘌呤碱9位氮原子或嘧啶碱1位氮原子上的氢原子通过脱水缩合形成了N-糖苷键。脱氧核糖与碱基缩合形成的化合物称为脱氧核糖核苷，核糖与碱基缩合形成的化合物称为核糖核苷。根据核苷中的碱基和戊糖的名称命名核苷，如鸟嘌呤与脱氧核糖缩合生成的核苷称为脱氧鸟嘌呤核糖核苷，简称脱氧鸟苷（dG）；核糖与尿嘧啶形成的核苷称为尿嘧啶核糖核苷，简称尿苷（U）。常见的核苷种类、全称、简称及表示符号如表1-5所示。

表 1-5 常见的核苷名称及符号

碱基	RNA(含:核糖)			DNA(含:脱氧核糖)		
	全称	简称	符号	全称	简称	符号
腺嘌呤	腺嘌呤核苷	腺苷	A	腺嘌呤脱氧核苷	脱氧腺苷	dA
鸟嘌呤	鸟嘌呤核苷	鸟苷	G	鸟嘌呤脱氧核苷	脱氧鸟苷	dG
胞嘧啶	胞嘧啶核苷	胞苷	C	胞嘧啶脱氧核苷	脱氧胞苷	dC
尿嘧啶	尿嘧啶核苷	尿苷	U	—	—	—
胸腺嘧啶	—	—	—	胸腺嘧啶脱氧核苷	脱氧胸苷	dT

(二)核苷酸的形成方式、名称及表示方法

核苷分子中戊糖上的羟基磷酸酯化,形成核苷酸。根据戊糖的不同又将核苷酸分为核糖核苷酸和脱氧核糖核苷酸。从结构上看,核糖 5′、3′和 2′位共有 3 个自由羟基,这 3 个羟基可分别与磷酸酯化成 5′-核苷酸、3′-核苷酸和 2′-核苷酸 3 种形式;脱氧核糖只有 3′和 5′位 2 个自由羟基,因此,只能生成 3′-脱氧核苷酸和 5′-脱氧核苷酸两种形式。其中,5′-核苷酸和 5′-脱氧核苷酸为常见形式,通常简称为核苷酸和脱氧核苷酸。核苷酸的结构如图 1-14 所示。

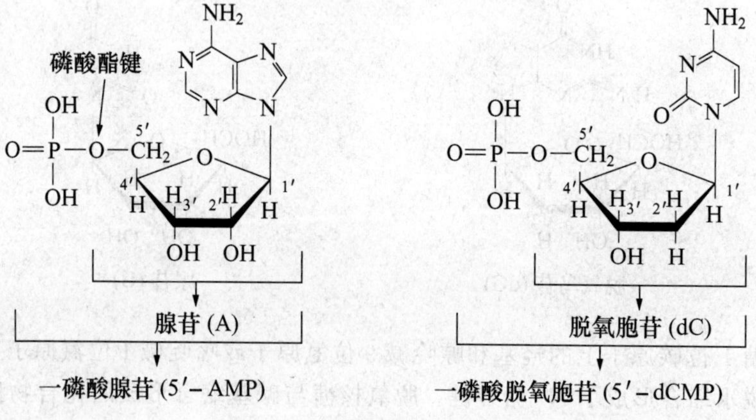

图 1-14 核苷酸的结构示意

核苷酸依据戊糖及碱基的名称命名。例如,腺苷一磷酸或一磷酸腺苷(AMP)、脱氧胞苷一磷酸或一磷酸脱氧胞苷(dCMP)。构成 RNA 的基本结构单位除 AMP 外,还有 GMP、CMP、UMP 三种核苷酸;构成 DNA 的基本结构单位除 dCMP 外,还有 dAMP、dGMP、dTMP 三种脱氧核苷酸。核糖核酸和脱氧核糖核酸中所含有的核苷酸种类、全称、简称及缩写符号不同,具体如表 1-6 所示。

表 1-6 核苷酸名称及符号

RNA(核糖核苷酸)			DNA(脱氧核糖核苷酸)		
全称	简称	代号	全称	简称	代号
腺嘌呤核苷酸	腺苷酸	AMP	腺嘌呤脱氧核苷酸	脱氧腺苷酸	dAMP
鸟嘌呤核苷酸	鸟苷酸	GMP	鸟嘌呤脱氧核苷酸	脱氧鸟苷酸	dGMP
胞嘧啶核苷酸	胞苷酸	CMP	胞嘧啶脱氧核苷酸	脱氧胞苷酸	dCMP
尿嘧啶核苷酸	尿苷酸	UMP	胸腺嘧啶脱氧核苷酸	脱氧胸苷酸	dTMP

核苷酸也可用核苷单字符加小写字母 p 表示，如 5′-胞苷酸可将单字符左侧加 p 表示为 pC，而加在右侧表示 3′-胞苷酸(Cp)。

三、细胞内游离的核苷酸

(一)多磷核苷酸

含有 1 个磷酸基的核苷酸统称为一磷酸核苷或核苷酸(NMP)。5′-核苷酸的磷酰基还能与 1 分子磷酸缩合，生成二磷酸核苷(NDP)；后者再与 1 分子磷酸缩合，生成为三磷酸核苷(NTP)，甚至连有更多磷酸残基的形式。例如，5′-腺苷酸(AMP)，结合 1 个磷酸生成二磷酸腺苷(ADP)，再结合 1 个磷酸生成三磷酸腺苷(ATP)。常见的多磷酸核苷简称及符号见表 1-7。

表 1-7 常见多磷酸核苷简称及符号

核苷		二磷酸核苷		三磷酸核苷	
简称	符号	简称	符号	简称	符号
腺苷	A	二磷酸腺苷	ADP	三磷酸腺苷	ATP
鸟苷	G	二磷酸鸟苷	GDP	三磷酸鸟苷	GTP
胞苷	C	二磷酸胞苷	CDP	三磷酸胞苷	CTP
尿苷	U	二磷酸尿苷	UDP	三磷酸尿苷	UTP
脱氧腺苷	dA	二磷酸脱氧腺苷	dADP	三磷酸脱氧腺苷	dATP
脱氧鸟苷	dG	二磷酸脱氧鸟苷	dGDP	三磷酸脱氧鸟苷	dGTP
脱氧胞苷	dC	二磷酸脱氧胞苷	dCDP	三磷酸脱氧胞苷	dCTP
脱氧胸苷	dT	二磷酸脱氧胸苷	dTDP	三磷酸脱氧胸苷	dTTP

多磷核苷酸在生物体细胞内具有重要的生理作用。例如，UTP 参与糖原合成，CTP 参与磷脂合成，GTP 参与蛋白质的生物合成，ADP 是构成辅酶(如 NAD^+、FAD、CoA)重要组成成分，ATP 在能量的贮存与释放中发挥重要作用。常见的多磷核苷酸的结构如图 1-15 所示。

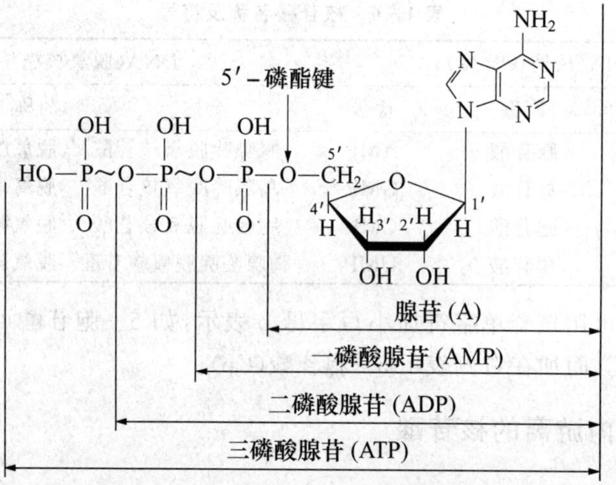

图 1-15　腺苷酸及其高能磷酸化合物

多磷核苷酸分子中含有高能磷酸键(用"～"表示),它的合成与释放直接影响生物体细胞对化学能的贮藏和利用。

(二)环化核苷酸

生物体内的核苷酸除了构成核酸外,还会以其他衍生物的形式参与各种物质代谢的调节和多种蛋白质功能的调节。例如,核苷酸的磷酰基与自身上的羟基酯化,生成环化核苷酸(主要有 3′,5′-环化腺苷酸和 3′,5′-环化鸟苷酸),其结构式如下:

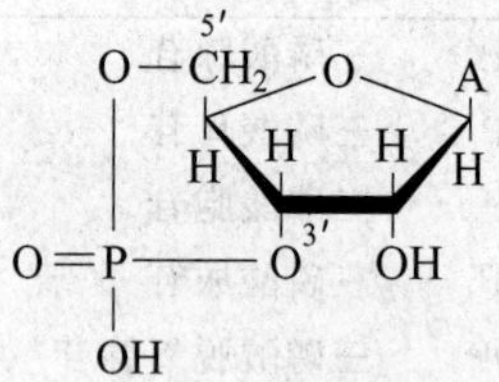

3′,5′-环化腺苷酸 (cAMP)

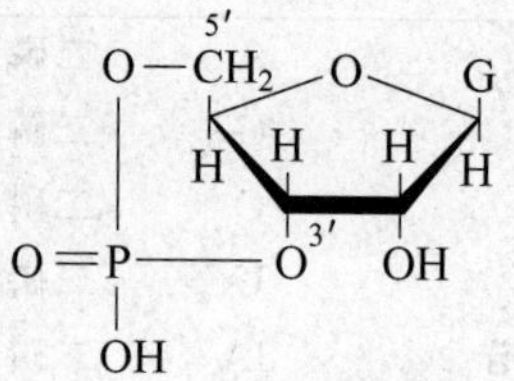

3′,5′-环化鸟苷酸 (cGMP)

上面 2 种环化核苷酸是在细胞内被誉为第二信使类物质的两种重要成员,执行着多种生理功能。cAMP 可接受来自于膜外第一信使传递的信息而起到转导作用,具有引起 Ca^{2+} 与骨骼肌的肌钙蛋白结合引起肌肉收缩、活化酶蛋白与非酶蛋白等功能。

第五节　核酸的分子结构

DNA 和 RNA 的结构大体上都可分为一级结构和高级结构。通常一级结构中包含着决定高级结构的因素，对生物种群亲缘关系的远近和先天性疾病的研究有重要帮助，而高级结构往往与其自我复制和转录关系密切。

一、核酸的一级结构

（一）核酸的形成方式

脱氧核苷酸 3′-碳原子上的羟基与另一个脱氧核苷酸 5′-碳原子上的磷酸基团缩合形成 3′,5′-磷酸二酯键，生成二聚脱氧核苷酸分子。二聚脱氧核苷酸分子仍保留着 5′-碳原子的磷酸基团和 3′-碳原子上的羟基，使该二聚脱氧核苷酸分子具有 5′-末端和 3′-末端之分的方向性；此 3′-碳原子上的羟基可以与第 3 个脱氧核苷酸 5′-碳原子的磷酸基团反应，形成第 2 个磷酸二酯键并生成三聚脱氧核苷酸分子。反应持续进行，即生成了由多个脱氧核苷酸构成、具有 5′→3′方向的线性大分子，即多聚脱氧核苷酸（图 1－16）。同样，多聚核苷酸是由多个核苷酸分子通过酯化反应形成、具有方向性的线性大分子（图 1－17）。

（二）核酸的表示方法

从多聚（脱氧）核苷酸片段的化学结构式可以看出，DNA 是脱氧核糖核酸链，由磷酸脱氧核糖组成的链是所有 DNA 的共同结构；RNA 是核糖核酸链，由磷酸核糖组成的链是所有 RNA 的共同结构。构成 DNA 的 4 种脱氧核苷酸为 dAMP、dGMP、dCMP 和 dTMP，构成 RNA 的 4 种核苷酸为 AMP、GMP、CMP 和 UMP。

核酸分子的方向性，规定了核苷酸或脱氧核苷酸的排列顺序和书写规则必须从 5′-末端到 3′-末端。图 1－16 所示的多聚脱氧核苷酸链可书写为 pA…pGpT-pC 或 pA…GTC，图 1－17 所示的多聚核苷酸链可书写为 pA…pCpGpU 或 pA…CGU。

（三）DNA 的核苷酸序列与遗传信息

核酸的一级结构是指构成核酸的核苷酸或脱氧核苷酸从 5′-末端到 3′-末端的排列顺序，也就是核苷酸序列。由于核苷酸之间的差异只是碱基的不同，因此，核酸的一级结构也就是核苷酸对应的碱基序列（图 1－18）。

DNA 是由 2 条反向平行的脱氧核糖核苷酸链组成，其中，1 条链为 3′→5′走向，另一条链为 5′→3′走向。2 条链上的碱基朝内，同一水平上的一对碱基以氢键互相连接，腺嘌呤与胸腺嘧啶以 2 个氢键配对连接（A＝T），鸟嘌呤与胞嘧啶以

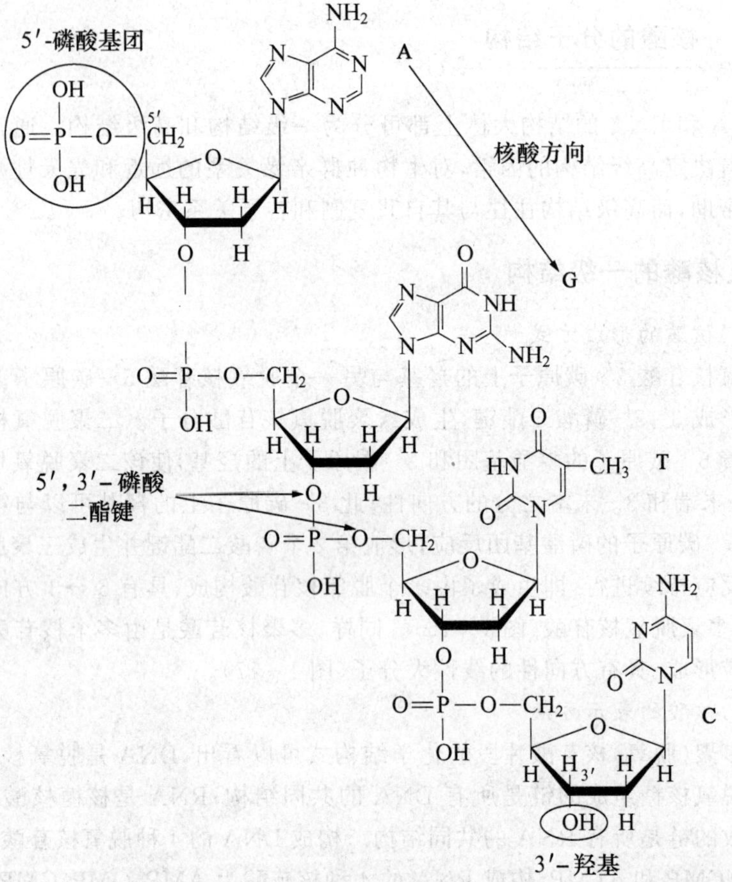

图 1-16　多聚脱氧核苷酸化学结构式

3 个氢键配对连接(G≡C)(图 1-19)。

构成碱基对的 2 个碱基称为互补碱基。DNA 分子中碱基互补配对的 2 条链彼此称为互补链。脱氧核糖和磷酸基团构成所有 DNA 分子骨架,因此,DNA 携带的遗传信息实质上就是分子中的碱基排列顺序。由 N 个脱氧核苷酸组成的 DNA,就会有 4^N 个碱基可能的排列方式,完全可以保证遗传信息编码能力。

二、DNA 的空间结构

DNA 分子中所有原子在三维空间具有确定的相对位置,称为 DNA 的空间结构。DNA 空间结构是在一级结构的基础上进一步折叠绕曲形成的二级和三级结

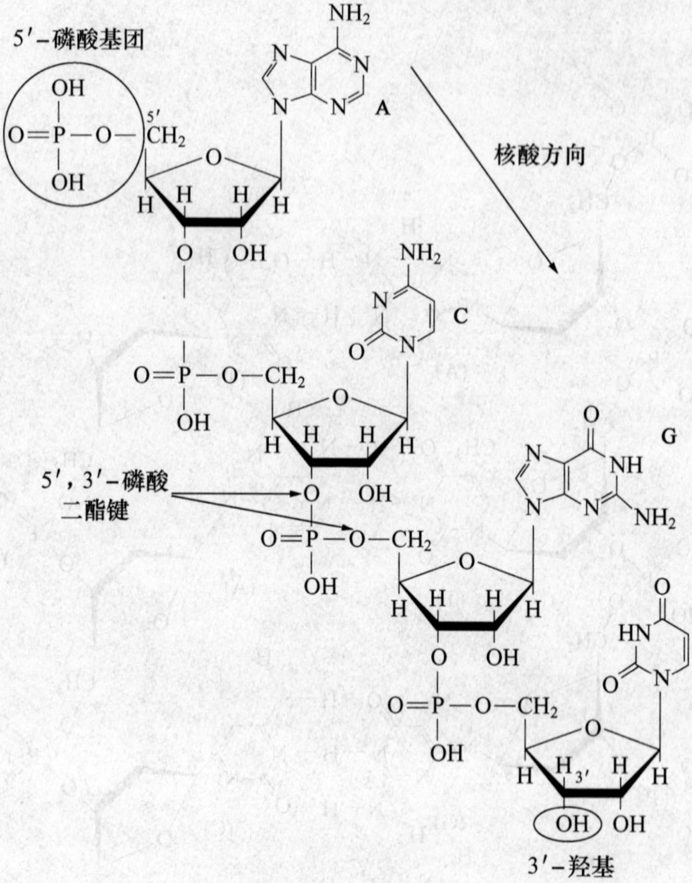

图 1-17 多聚核苷酸化学结构式

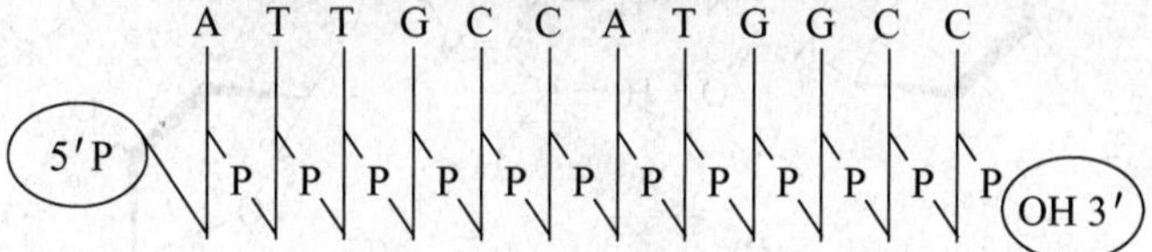

5′P-ApTpTpGpCpCpApTpGpGpCpC-OH 3′

5′ATTGCCATGGCC 3′

ATTGCCATGGCC

图 1-18 核酸一级结构及书写方式

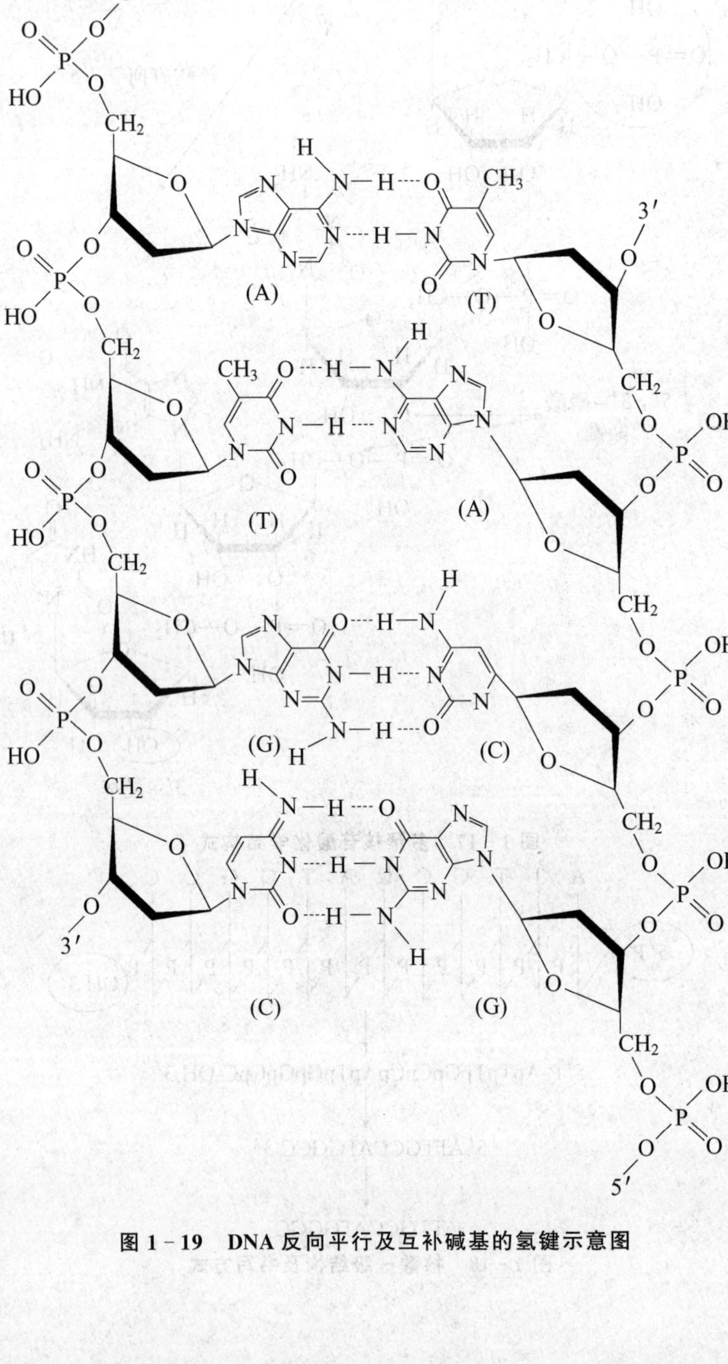

图 1－19　DNA 反向平行及互补碱基的氢键示意图

构，也称为双螺旋结构和超螺旋结构。

1953 年，J. Watson 和 F. Crick 根据 M. Wilkins 拍摄的高质量 DNA 分子 X 射线衍射图像和分析总结前人工作的基础上，共同提出了 DNA 双螺旋结构模型，揭示了生物界遗传性状得以世代相传的分子机制，标志着现代分子生物学的开始。

(一)DNA 的双螺旋结构

DNA 双螺旋结构模型(图 1－20)有如下特点：

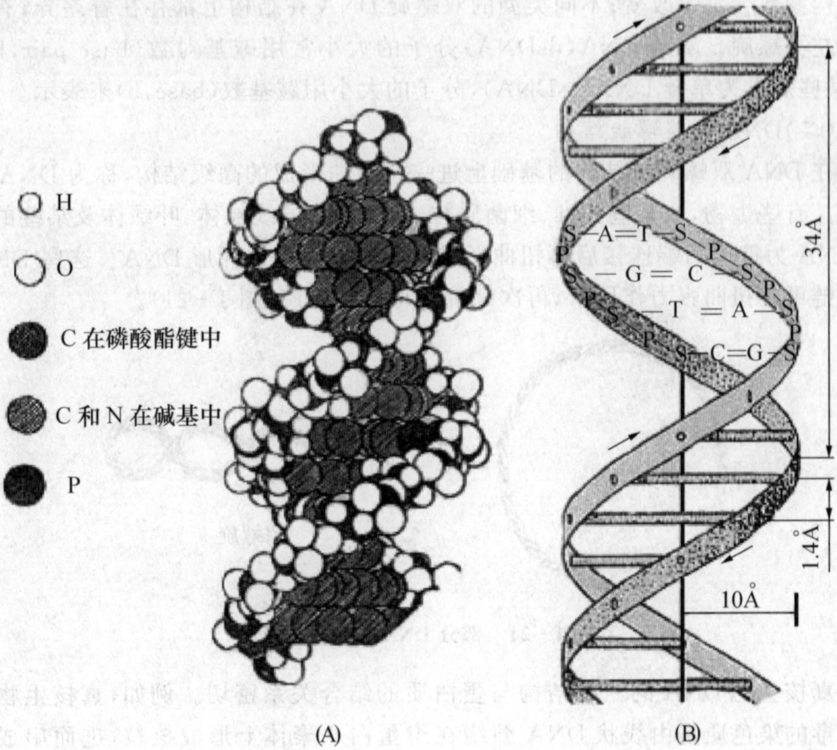

图 1－20　DNA 的双螺旋结构

(1)DNA 是反向平行、右手螺旋的双链结构。DNA 分子由两条脱氧核苷酸链组成，且绕同一个“中心轴”形成右手双螺旋结构，两条链的走向相反，一条为 5′→3′走向，另一条是 3′→5′走向。

(2)DNA 以两条多核苷酸链的脱氧核糖基和磷酰基为双螺旋骨架。由脱氧核糖基和磷酰基组成的亲水性骨架位于双螺旋的外侧，疏水碱基位于螺旋内侧，按 A 与 T、G 与 C 的碱基配对原则形成碱基平面(图 1－20B)，并与中心轴垂直。

(3)DNA 双螺旋结构的直径为 2 nm，相邻的碱基之间的堆积距离为0. 34 nm，沿中心轴每旋转一周上升 10 个核苷酸,螺距为 3.4 nm。

(4)维系 DNA 双螺旋结构稳定的因素。相邻的 2 个碱基对平面在螺旋上升过程中会彼此重叠,产生纵向的、具有疏水性的碱基堆积力。这种碱基堆积力和互补链之间碱基对的氢键共同维系 DNA 双螺旋结构的稳定,其中碱基堆积力是主作用力。

当然,DNA 的结构不是一成不变的。当环境的相对湿度降低后,双螺旋的空间结构参数会发生改变;不同类型的双螺旋 DNA 在结构上都存在着差异,有的甚至呈左手螺旋。双链 DNA(dsDNA)分子的大小常用碱基对数(base pair,bp)表示,某些病毒为单链 DNA(ssDNA),分子的大小用碱基数(base,b)来表示。

(二)DNA 的超螺旋结构

在 DNA 双螺旋链结构的基础上进一步扭曲形成的高级结构,称为 DNA 的超螺旋。有些生物,如某些病毒、细菌质粒、真核生物的线粒体、叶绿体及某些的染色体 DNA 为首尾两端连接后再扭曲形成的麻花双股闭链环形 DNA。这些 DNA 双螺旋链可在扭曲张力作用下,再次螺旋化形成超螺旋(图 1-21)。

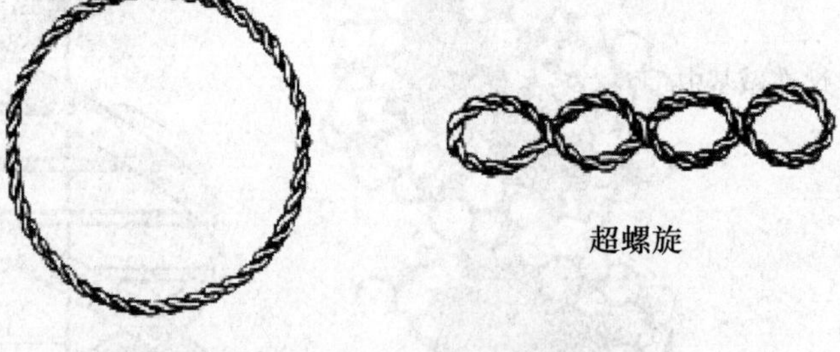

图 1-21 部分 DNA 三级结构形式

真核生物 DNA 的三级结构与蛋白质的结合关系密切。例如,真核生物和某些病毒的染色质是由线状 DNA 缠绕在组蛋白八聚体上形成核粒,进而串成的念珠状结构;其中,组蛋白 H2A、H2B、H3 和 H4 各两分子构成八聚体,作为核心;DNA 链在其结构上缠绕 2 周形成核小体(图 1-22),组蛋白 H1 位于核粒间 DNA 链上。

染色质在生物发育的某个时期可以进一步压缩成染色体(图 1-23),形成了更高级的结构。

三、RNA 的空间结构

RNA 种类很多,主要有信使 RNA(mRNA)、核糖体 RNA(rRNA)和转运

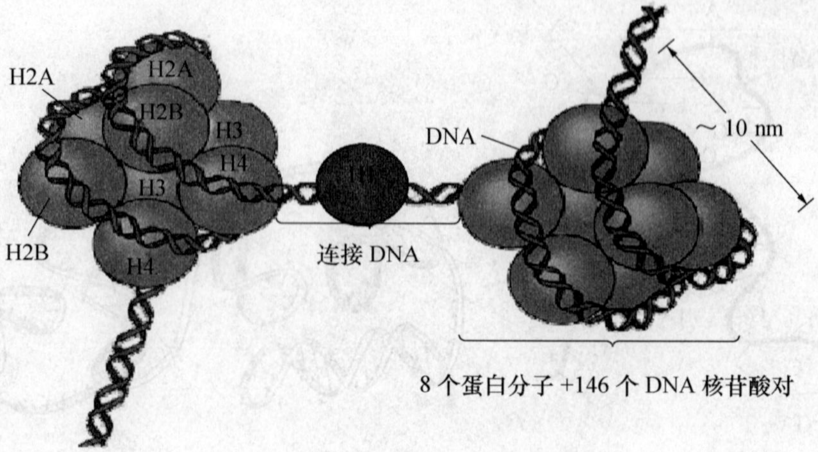

图 1-22　核小体的结构示意

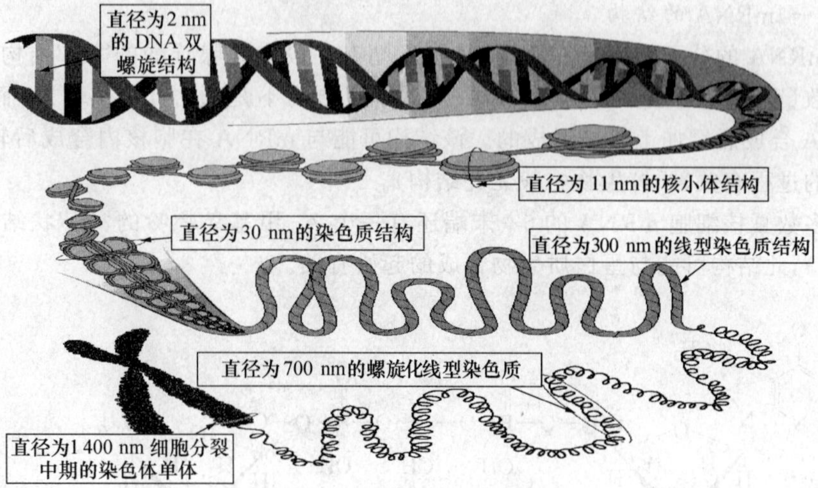

图 1-23　染色体渐成示意

RNA(tRNA)三种形式;RNA 的碱基组成也相当复杂,尤其是 tRNA 中含有大量的稀有碱基。多数天然 RNA 是呈单链状态,这种单链在空间上经常会发生回折,按碱基配对原则形成双螺旋区,称之为臂,不配对的部分形成突环(图 1-24),其结果形成了一种多环多臂的二级结构形式。一般有 40%～70%核苷酸参与螺旋的形成。

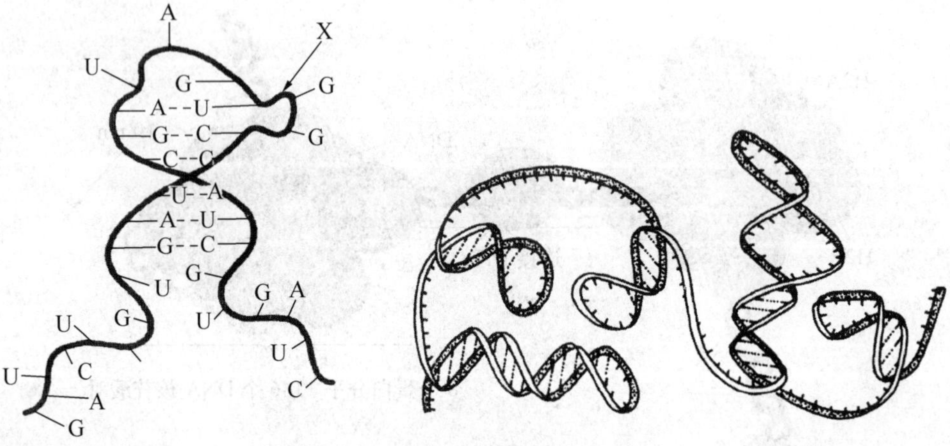

图 1－24 RNA 形成的突环和二级结构示意

(一)mRNA 的结构

mRNA 的分子结构呈一直线，其 3′末端有一段多聚腺苷酸的“尾”结构，腺苷酸的数量从数十个到 200 个不等。这种“尾”结构不是通过 DNA 转录，而是在 mRNA 合成后经加工修饰形成的。该结构可能与 mRNA 在胞核内合成后转移到胞质的过程有关(原核生物一般无此结构)。

多数真核细胞 mRNA 的 5′-末端还有一个 7－甲基鸟嘌呤的“帽”状结构(图 1－25)，此结构可能与蛋白质生物合成的起始有关。

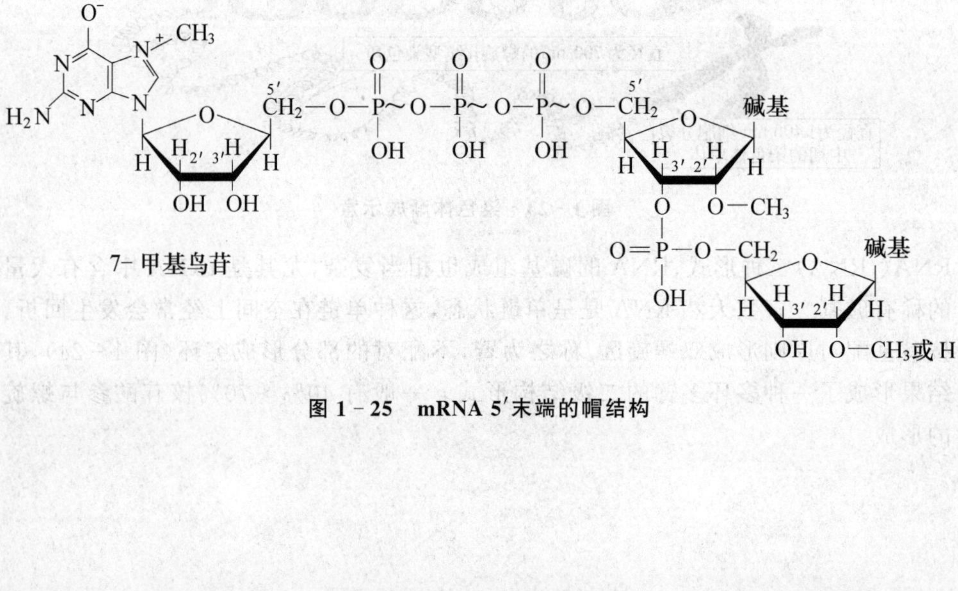

图 1－25 mRNA 5′末端的帽结构

(二)tRNA 的结构

不同种类的 tRNA 的一级结构相差很大,但它们的二级结构都呈多环多臂的三叶草形(图 1－26)。

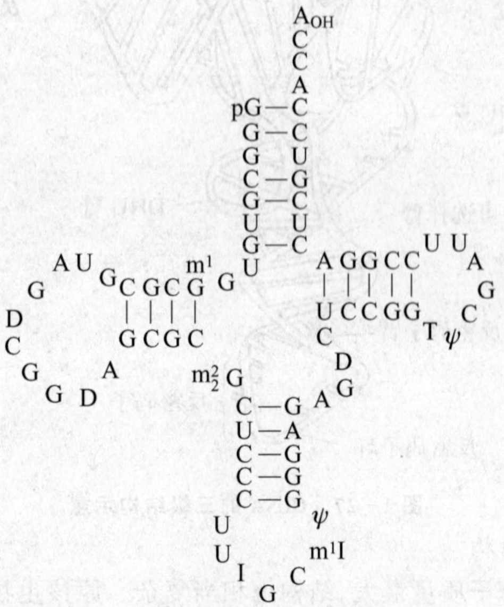

图 1－26　tRNA 的三叶草二级结构示意

tRNA 二级结构特点:

(1)tRNA 二级结构分子一般由四环四臂组成。

(2)三叶草的叶柄叫做氨基酸臂,臂上 3′-端含有接受氨基酸的部位—CCA—OH。

(3)左侧有一环一臂结构,环上含有二氢尿嘧啶(D),故称 D 环,相应的臂称 D 臂。

(4)下方环顶端有 3 个相邻碱基组成的"反密码子",称为反密码环,相应的臂称反密码臂。

(5)右下方有一个可变环,不同的 tRNA 其所含碱基可以不同。

(6)右侧环含有假尿苷(Ψ)及核糖胸苷,故称为 TΨC 环(假尿苷是指核糖1′碳原子与尿嘧啶的第 5 位碳原子形成的核苷),因其所含的稀有碱基而得名。

X 射线衍射分析表明,tRNA 在二级结构的基础上可以形成倒"L"形的三级结构(图 1－27)。这种倒"L"形源于四环四臂在空间上的排列,"L"形的一端为反密码环,另一端为氨基酸臂。

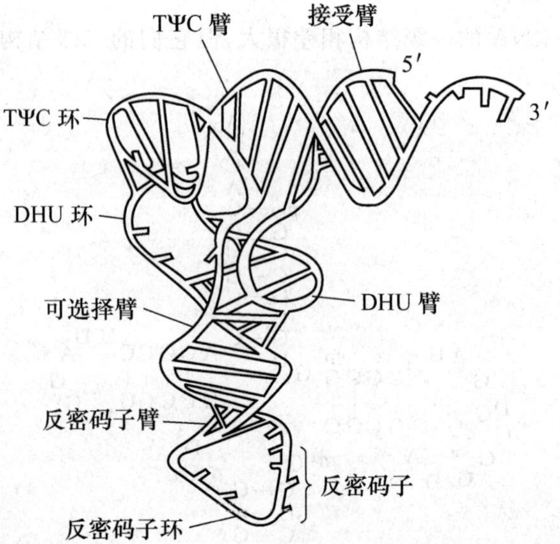

图 1－27 tRNA 的三级结构示意

（三）rRNA 的结构

rRNA 的相对分子质量最大，结构也相当复杂。原核生物的 rRNA 有 3 种，即 5S rRNA、16S rRNA 和 23S rRNA。真核生物的 rRNA 有 4 种，即 5S rRNA、5.8S rRNA、18S rRNA 和 28S rRNA。S 是大分子物质在超速离心沉降中的一个物理学单位，称为沉降系数，其数值为 10^{-13} S。在细胞内，单独的 rRNA 不能执行其功能，它与多种蛋白质结合组成核蛋白体，在蛋白质生物合成中作为蛋白质合成场所。原核生物和真核生物的核蛋白体均由大、小亚基组成（表 1－8）。

表 1－8 核蛋白体的组成

来 源	亚 基	rRNA 种类	蛋白质种类
真核生物	大 60S	5S、5.8S、28S	36～50
	小 40S	18S	30～32
原核生物	大 50S	5S、23S	34
	小 30S	16S	21

第六节　核酸的性质

一、核酸的一般性质

(一)核酸是相对分子质量很大的生物大分子

活体中DNA多数为白色纤维状固体,相对分子质量很大,其溶液的黏度极高;RNA为白色粉末状固体,分子比DNA分子小且短,相对分子质量在数百至数百万之间,其溶液的黏度较DNA溶液要小得多。二者不溶于一般的有机溶剂,因此,常用乙醇从溶液中沉淀核酸。

(二)核酸的两性电解质

核酸及核苷酸都有磷酸基和碱基,为两性电解质,但总体上呈酸性。RNA能在室温条件下被稀碱水解成核苷酸,而DNA对碱较稳定,可利用这一性质分离纯化DNA样品。在一定的pH溶液中,核酸分子在电场中可泳动,所以,常用电泳的方法对其分离纯化。

(三)核酸的紫外吸收性质

核酸分子中的嘌呤环和嘧啶环具有双键共轭体系,对紫外光具有强烈吸收作用,最大吸收峰波长大约在260 nm处。依据1 μg/mL的DNA溶液的吸收值A_{260}为0.020,1 μg/mL的RNA溶液的吸收值A_{260}为0.022,可用紫外分光光度计在260 nm处测得光吸收值,从而测得溶液中核酸的含量。通常在我们提纯的核酸样品中会混有较多的蛋白质,而且,蛋白质对紫外线最大吸收峰波长大约在280 nm处,可用A_{260}/A_{280}来估算核酸的纯度。

二、核酸的变性与复性

(一)核酸的变性

受理化因素影响,维持核酸三维结构的碱基堆积力和氢键被破坏,其空间结构改变,理化性质及生物学功能发生变化,这种现象称为变性(图1-28)。核酸变性只涉及次级键的破坏。核酸变性后,形成单链无规则线团状结构,黏度下降、沉降速度增高;因为碱基外露,在260 nm处紫外线吸收明显增强,此现象也称增色效应。

将DNA溶液加热,随着温度的升高,DNA变性,溶液在260 nm处的吸光度增加,最后达到最大值。以温度对紫外吸收值作图得一条曲线,称为熔解曲线(图1-29)。

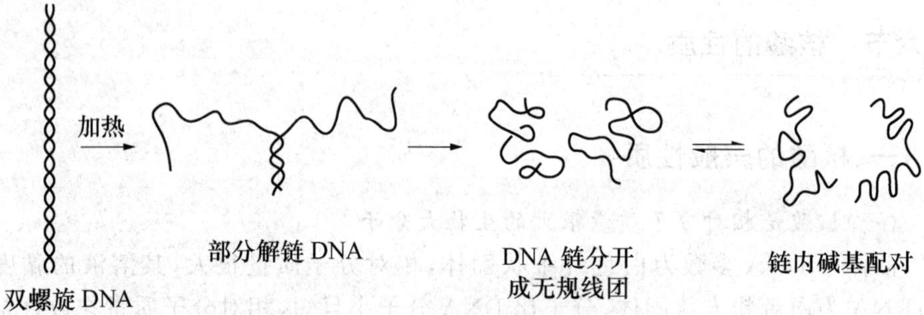

图 1-28 DNA 变性的全过程

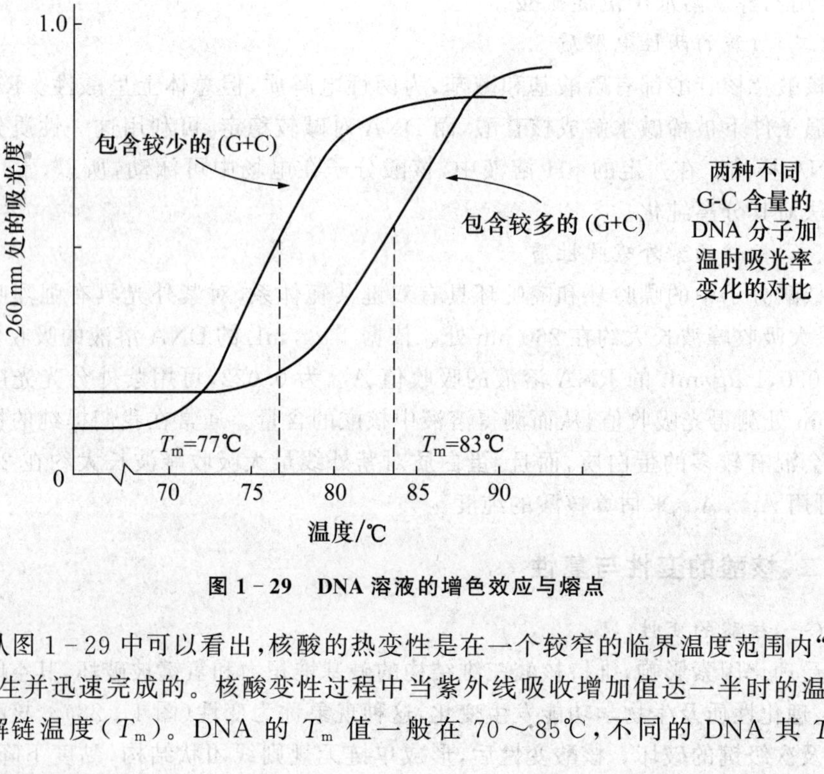

图 1-29 DNA 溶液的增色效应与熔点

从图 1-29 中可以看出，核酸的热变性是在一个较窄的临界温度范围内"爆发式"发生并迅速完成的。核酸变性过程中当紫外线吸收增加值达一半时的温度值称为解链温度（T_m）。DNA 的 T_m 值一般在 70～85℃，不同的 DNA 其 T_m 值不同。

凡是能破坏氢键，妨碍碱基堆积作用和增加磷酸基静电斥力的因素都能使 T_m 降低，也能增加变性的可能。例如：

(1)某些变性剂（甲酰氨、尿素、甲醛等）可破坏氢键和妨碍碱基堆积力。

(2)高 pH 会使碱基失去质子而破坏氢键，低 pH 会脱嘌呤。

(3)环境中低的正离子浓度都能降低 T_m 而促进变性。

(4)核酸本身的碱基组成也是一个重要影响因素:碱基 A 与 T 间连 2 个氢键,G 与 C 间连 3 个氢键,G≡C 含量高的核酸,其 T_m 自然也高。

(二)核酸的复性

变性核酸的两条互补单链在缓慢降温条件下重新生成氢键而缔合成双螺旋的过程,称为复性或退火。在一定的温度条件下,核酸要经过多次试探性碰撞才能形成正确的互补区,温度过低的也不利于复性,比 T_m 低 25℃是复性的理想温度。除温度因素外,核酸片段的大小、单链浓度的高低、链内重复序列的含量和溶液的离子强度对核酸复性都有重要的影响。

在退火条件下,不同来源的 DNA 互补区形成双链,或 DNA 单链和同源的 RNA 链的互补区形成 DNA－RNA 杂合双链的过程,称分子杂交。分子杂交技术是诊断遗传性疾病、肿瘤病因学研究及基因工程的重要手段之一。

拓展与应用

一、蛋白质变性在临床消毒上的应用

清洁、消毒、灭菌是预防和控制医院感染的一个重要环节。它包括医院病室内外环境的清洁、消毒,诊疗用具、器械、药物的消毒、灭菌,以及接触传染病患者的消毒隔离和终末消毒等措施。其中,消毒是指杀灭或清除传播媒介上的病原微生物,使之达到无害化的处理。

利用物理因子杀灭微生物的方法包括热力消毒灭菌、辐射消毒、空气净化、超声波消毒和微波消毒等。

(1)热力消毒灭菌。通过高温能使微生物的蛋白质和酶变性或凝固(结构改变导致功能丧失),新陈代谢受到障碍而死亡,从而达到消毒与灭菌的目的。一些耐高温的器械(金属、搪瓷类),在急用或无条件用其他方法消毒时可采用将器械放在火焰上烧灼 1～2 min。某些特殊感染,如破伤风、气性坏疽、绿脓杆菌感染的敷料,以及其他已污染且无保留价值的物品,如污纸、垃圾等,应放入焚烧炉内焚烧,使之炭化。湿热消毒灭菌是由空气和水蒸气导热,传热快,穿透力强,湿热灭菌法比干热灭菌法所需温度低、时间短,如煮沸法、高压蒸汽灭菌法。

(2)微波消毒。微波是一种高频电磁波,其杀菌的作用原理,一为热效应,所及之处产生分子内部剧烈运动,使物体里外温度迅速升高;一为综合效应,诸如化学效应、电磁共振效应和场致力效应。若物品先经 1％过氧乙酸或 0.5％新洁尔灭处理后,可起协同杀菌作用,照射 2 min,可使杀芽孢率由 98.81％增加到 99.98％～99.99％。

微波对人体有一定危害性，其热效应可损伤睾丸、眼睛晶状体等，长时间照射还可致神经功能紊乱。使用时可设置不透微波的金属屏障或戴特制防护眼镜等。

(3)光照消毒。光消毒主要是利用紫外线照射，使菌体蛋白发生光解、变性，菌体内的氨基酸、核酸、酶遭到破坏而致细菌死亡。如日光曝晒法、紫外线灯管消毒法。

利用化学药物渗透细菌的体内，使菌体蛋白凝固变性，干扰细菌酶的活性，抑制细菌代谢和生长或损害细胞膜的结构，改变其渗透性，破坏其生理功能等，从而起到消毒灭菌作用。所用的药物称化学消毒剂。有的药物杀灭微生物的能力较强，可以灭菌，又称为灭菌剂。

凡不适于物理消毒灭菌而耐潮湿的物品，如锐利的金属、刀、剪、缝针和光学仪器(胃镜、膀胱镜等)及皮肤、黏膜，病人的分泌物、排泄物、病室空气等均可采用此法。常用的化学消毒灭菌方法有浸泡法、擦拭法、熏蒸法。

(4)浸泡法。选用杀菌谱广、腐蚀性弱、水溶性消毒剂，将物品浸没于消毒剂内，在标准的浓度和时间内，达到消毒灭菌目的。

(5)擦拭法。选用易溶于水、穿透性强的消毒剂，擦拭物品表面，在标准的浓度和时间里达到消毒灭菌目的。

(6)熏蒸法。加热或加入氧化剂，使消毒剂呈气体，在标准的浓度和时间里达到消毒灭菌目的。

(7)喷雾法。借助普通喷雾器或气溶胶喷雾器，使消毒剂产生微粒气雾弥散在空间，进行空气和物品表面的消毒。如用1%漂白粉澄清液或0.2%过氧乙酸溶液作空气喷雾。

消毒剂原液和加工剂型一般浓度较高，在实际应用中，必须根据消毒的对象和目的加以稀释，配制成适宜浓度使用，才能收到良好的消毒灭菌效果。

二、核酸变性与复性的应用——PCR 技术

多聚酶链式反应(PCR)是一种快速体外 DNA 片段扩增技术。在 PCR 系统内只要有一个拷贝待扩增的 DNA 片段，在短时间内就能扩增出大量拷贝数的特异性 DNA 片段，可用于常规方法的 DNA 检测和重组。

PCR 一般过程：

变性：反应体系加热至95℃，模板双链 DNA 完全变性为单链，作为互补链聚合反应的模板 → 退火（复性）：降温至适宜温度（一般较 T_m 低 5℃），使引物与模板 DNA 链的 3′ 一侧的互补序列杂交 → 延伸：升温至72℃，DNA 聚合酶以 dNTP 为底物催化 DNA 的合成反应生成互补链

重复以上变性—退火—延伸的过程，经过 3 次循环，就可以出现待扩增的特异性 DNA 片段。

PCR 技术的主要用途：

(1)目的基因的克隆。PCR 技术为在重组 DNA 过程中获得的目的基因片段提供了简便快速的扩增方法。

(2)基因的体外突变。利用 PCR 技术可以随意设计引物在体外对目的基因片段进行嵌合、缺失、点突变等改造。

(3)DNA 和 RNA 微量分析。PCR 技术高度敏感，对模板 DNA 的含量要求很低，是 DNA 和 RNA(RNA 一般需要先逆转录成为 cDNA)微量分析的好方法。从理论上讲，只要存在 1 分子模板，就可以获得目的片段。在实际工作中，一滴血、一根毛发或一个细胞就足以满足 PCR 的检测需要。因此，PCR 在基因诊断方面具有极广阔的应用价值。

(4)DNA 序列测定。将 PCR 技术引入 DNA 序列测定，可使测序工作大为简化，也提高了测序的速度。待测 DNA 片段既可以克隆到特定的载体后进行序列测定，也可直接测定。

(5)基因突变分析。基因突变可引起许多遗传病、免疫性疾病和肿瘤等，故分析基因突变可以为这些疾病的诊断、治疗和研究提供重要的依据。利用 PCR 与一些技术的结合可以大大提高基因突变检测的敏感性。

思考与练习

一、名词解释

1. 蛋白质　2. 必需氨基酸　3. 等电点　4. 蛋白质变性　5. 蛋白质一级结构　6. 亚基　7. 盐析　8. 核苷酸　9. DNA 一级结构　10. DNA 的复性

二、简答

1. 引起蛋白质变性的因素有哪些？变性后有何现象？
2. 简述用沉淀方式分离蛋白质的优点和缺点。
3. 简述血红蛋白质的结构及其与功能间的关系。
4. DNA 双螺旋结构有何特点？
5. RNA 包括哪几种？它们的主要功能是什么？
6. tRNA 二级结构有何特点？
7. 什么是核酸的变性？DNA 变性后结构和性质发生什么变化？

第二章　酶与维生素

知识目标：

- 掌握酶的一般概念。
- 掌握酶的分子组成、结构以及结构与功能的关系。
- 掌握影响酶促反应速度的因素。
- 了解酶催化作用机理。
- 了解酶的命名和分类，了解与辅酶有关的维生素。
- 了解各种维生素的结构、性质、生理作用及缺乏症。
- 了解酶原、酶原的激活及其生理意义。
- 了解核酶和抗体酶。

生物体最基本的特征是进行新陈代谢。新陈代谢过程是由无数复杂的化学反应组成的，生物体内进行的这些化学反应又都是在常温、常压、酸碱适中的温和条件下有条不紊地迅速完成的。实验证明，同样的化学反应，在体外，有的进行很缓慢，有的只能在高温、高压、强酸、强碱等剧烈条件下才能进行，有的甚至无法进行。新陈代谢之所以能在这样温和的环境下有规律地快速进行，原因就在于生物体内存在着加速化学反应进程的生物催化剂——酶。

几千年来，酶一直参与人类的生产实践和生活实践活动。我们的祖先早就知道粮食可以酿酒、制酱、制醋，人能消化各种食物，绿色植物能制造糖等。但人类对酶的科学认识起于19世纪，是从研究酒精发酵开始的，1878年库尼(W. Kuhne)提出酶的概念，而对酶的深入研究却已到了20世纪。现已发现和鉴定的蛋白酶有8 000多种，其中近千种已得到结晶，很多酶的化学结构和三维结构也已被彻底阐明。

研究发现，多数维生素参与酶的化学组成和酶的作用密切相关，因此，在本章中共同学习。

第一节 酶的一般概念

一、酶的概念

1. 酶的概念 酶是由生物活细胞产生的一类具有生物催化作用的有机物，也称生物催化剂。1926 年美国生化学家 James B. Sumner 首次从刀豆中提取出脲酶结晶，并证明它是蛋白质。此后，确证了酶的化学本质主要是蛋白质。酶具有蛋白质的所有特性，是由氨基酸组成的具有复杂结构的大分子化合物；具有特定的免疫原性和高分子性质；酶还具有两性电离及等电点、变性作用、沉淀现象、颜色反应、光谱吸收等蛋白质所具有的理化性质。

近年来，随着对酶的深入研究，除了蛋白质可作为生物催化剂外，人们还发现了具有催化活性的其他物质，如核糖核酸、脱氧核糖核酸、抗体等，前两者常称为核酶，后者叫抗体酶。本章主要学习蛋白酶类内容。

2. 酶促反应 酶所催化的化学反应称为酶促反应。在酶促反应中，被酶催化的物质叫底物(substrate，S)，也叫基质或作用物；催化反应所生成的物质叫产物(product，P)；酶所具有的催化能力称为酶的活性，如果酶丧失催化能力称为酶失活。

二、酶的分类和命名

(一)酶的分类

国际酶学委员会提出酶的系统分类法原则是：根据酶促反应的类型，将酶分为六大类，分别用 1，2，3，4，5，6 编号来表示，即

1. 氧化还原酶类(oxidoreductases) 催化底物进行氧化还原反应的酶类。生物体内的氧化还原反应以脱氢为主，还有脱电子及直接与氧化合的反应。

反应通式：$AH_2+B \longrightarrow A+BH_2$

如乳酸脱氢酶、琥珀酸脱氢酶、细胞色素氧化酶等。该类酶的辅酶是 NAD^+ 或 $NADP^+$，FMN 或 FAD。

2. 转移酶类(transferases) 催化底物之间进行某种基团的转移或交换的酶类。

反应通式：$A—R+C \longrightarrow A+C—R$

3. 水解酶类(hydrolases) 催化底物发生水解反应的酶类。

反应通式：$A—B+H_2O \longrightarrow A—H+B—OH$

如淀粉酶、蛋白酶、脂肪酶、磷酸酶等。常见的被水解的键的类型有酯键、糖苷键、肽键。

4. 裂合酶类或裂解酶类(lyases) 催化非水解地除去底物分子中的基团反应及其逆反应的酶类。

反应通式：A—B⟶A+B

5. 异构酶类(isomerases) 催化各种同分异构体间相互转化的酶类。

反应通式：A⇌B

6. 合成酶类或连接酶类(ligases) 催化两分子底物合成为一分子化合物，同时偶联有 ATP 的磷酸键断裂释放能量的酶类。

反应通式：A+B+ATP⟶A－B+ADP+Pi

如羧化酶、谷氨酰胺合成酶、谷胱甘肽合成酶等。

(二)酶的命名

酶的命名方法分为习惯命名法和系统命名法。

1. 习惯命名法 通常是以酶催化的底物、反应的性质以及酶的来源命名。①依据酶所催化的底物命名，如淀粉酶、脂肪酶、蛋白酶等。②依据催化反应的类型命名，如脱氢酶、转氨酶等。③综合上述两项原则命名，如乳酸脱氢酶、氨基酸氧化酶等。④在这些命名的基础上有时还加上酶的来源或酶的其他特点，如唾液淀粉酶、胰蛋白酶等。

习惯命名法简单、易懂，应用历史较长，但缺乏系统的规则，因此国际酶学会议于 1961 年提出了一个新的命名系统——系统命名法。

2. 系统命名法 国际酶学委员会(I. E. C)以酶的分类为依据，制定了与分类法相适应的系统命名法。系统命名法规定每一酶均有一个系统名称，它标明酶的所有底物与反应性质，并附有一个 4 位数字的分类编号。底物名称之间用“:”隔开，若底物之一是水可以略去不写。如葡萄糖激酶催化的下列反应：

ATP+*D*-葡萄糖⟶ADP+*D*-葡萄糖-6-磷酸

该酶的系统命名及分类编号定为 E. C. 2. 7. 1. 1，ATP:葡萄糖磷酸基转移酶，明确表示该酶催化从 ATP 转移一个磷酸基到葡萄糖分子上的化学反应。系统命名法虽然合理，但比较繁琐，使用不方便。为了应用方便，国际酶学委员会又从每种酶的数个习惯名称中选定一个简便实用的推荐名称。

三、酶催化作用的特点

酶作为生物催化剂具有一般催化剂的特征，如：①用量少而催化效率高，在化学反应前后没有质和量的改变；②只能催化热力学上允许进行的化学反应；③只能缩短化学反应达到平衡所需的时间，而不能改变化学反应的平衡点，即不能改变反应的平衡常数；④对可逆反应的正反应和逆反应都具有催化作用。同时，酶又具有与一般催化剂不同的个性特征。

1. 高度的催化效率 酶具有极高的催化效率，一般而论，对于同一反应，酶催化反应的速率比非催化反应的速率高 $10^8 \sim 10^{20}$ 倍，比一般催化剂催化的反应速率高 $10^7 \sim 10^{13}$ 倍。例如，酵母蔗糖酶催化蔗糖水解的速度是 H^+ 催化此反应速度的 2.5×10^{12} 倍；脲酶催化尿素水解的反应速度是 H^+ 催化作用的 7×10^{12} 倍。酶高度的催化效率有赖于酶蛋白分子与底物分子之间独特的作用机制。

2. 高度的专一性 与一般催化剂不同，酶对其所催化的底物具有较严格的选择性。即一种酶只能作用于一种或一类底物，或一定的化学键，催化一定的化学反应并生成一定的产物，常将酶的这种特性称为酶的特异性或专一性(specificity)。例如盐酸可使糖、脂肪、蛋白质等多种物质水解。而淀粉酶只能催化淀粉水解，对脂肪和蛋白质则无催化作用。酶催化作用的特异性取决于酶蛋白分子上的特定结构。根据酶对底物选择的严格程度不同，酶的特异性可大致分为 3 种类型：

(1)绝对特异性。一种酶只能催化一种底物发生一定的化学反应，并生成一定的产物。如脲酶只能催化尿素水解成 NH_3 和 CO_2，而对其他同样酰胺键结构的肽类或其他化合物没有作用。

(2)相对特异性。有些酶的特异性相对较差，这种酶可作用于一类底物或一种化学键发生化学变化。如脂肪酶不仅能催化脂肪水解，也可水解简单的酯类化合物。磷酸酶对一般的磷酸酯都有水解作用，蔗糖酶不仅能水解蔗糖，也可水解棉籽糖中的同一糖苷键。

(3)立体异构特异性。当底物具有立体异构现象时，一种酶只对某一底物的一种立体异构体具有催化作用，而对其立体对映体不起催化作用。如 L-乳酸脱氢酶只催化 L-型乳酸脱氢转变为丙酮酸的反应，而对 D-型乳酸没有催化作用。α-淀粉酶只能水解淀粉中的 α-1,4 糖苷键，而不能水解纤维素中的 β-1,4 糖苷键。

3. 反应条件温和(酶活性的不稳定性) 酶是蛋白质，对环境条件的变化极为敏感。高温、高压、强酸、强碱、有机溶剂、重金属盐、紫外线、剧烈震荡等任何使蛋白质变性的理化因素都可使酶蛋白变性，而使其失去催化活性。甚至温度、pH 的轻微变化，或少量抑制剂的存在，也能使酶的催化活性发生明显的变化。因此，酶一般要在生物体体温的温度、常压、近中性 pH 等较温和环境条件下起催化作用，否则酶的活性降低甚至失活。

4. 酶催化活性的可调控性 物质代谢在正常情况下处于错综复杂、有条不紊的动态平衡中。催化各种代谢过程酶活性的调节作用，是维持这种平衡的重要环节。通过各种调控方式，改变酶的催化活性，以适应生理功能的需要，促进体内物质代谢的协调统一，保证生命活动的正常进行。例如酶与代谢物在细胞内的区域化分布；代谢物对酶活性的抑制与激活，对系列酶中的关键酶的调节；酶的含量受酶合成的诱导与阻遏作用的调节等。

5. 酶的活性与辅酶、辅基及金属离子相关　有些酶是复合蛋白质，其中的小分子物质（辅酶、辅基及金属离子）与酶的催化活性密切相关，若将其除去，酶就失去活性。

第二节　酶的结构与功能的关系

一、酶的化学组成

酶和其他蛋白质一样，根据其化学组成可分为单纯蛋白酶（simple enzyme）和结合蛋白酶（conjugated enzyme）两类。

1. 单纯蛋白酶　单纯酶是仅由氨基酸残基构成的单纯蛋白质，通常只有一条多肽链。其催化活性主要由蛋白质结构所决定。一般催化水解反应的酶，如淀粉酶、脂肪酶、蛋白酶、脲酶、核糖核酸酶等均属于单纯酶。

2. 结合蛋白酶　结合酶由蛋白质部分和非蛋白质部分组成。此类酶水解后除得到氨基酸外，还有非氨基酸类物质。蛋白质部分称为酶蛋白（apoenzyme），非蛋白质部分称为辅助因子（cofactor），生物体内多数酶是结合酶。酶蛋白和辅助因子结合形成的复合物称为全酶（holoenzyme）。即

全酶＝酶蛋白＋辅助因子

辅助因子是金属离子或小分子有机化合物。常见的金属离子辅助因子有 K^+、Na^+、Mg^{2+}、Zn^{2+}、Fe^{2+}（Fe^{3+}）、Cu^{2+}（Cu^+）、Mn^{2+} 等。起辅助因子作用的小分子有机化合物是一些化学性质稳定的小分子物质，分子结构中常含有维生素或维生素类物质，它们的主要作用是参与酶的催化过程，在酶促反应中起着传递电子、质子或转移基团（如酰基、氨基、甲基等）的作用。

酶的辅助因子按其与酶蛋白结合的紧密程度与作用特点不同可分为辅酶和辅基。与酶蛋白结合疏松，用透析或超滤的方法可将其与酶蛋白分开的称为辅酶（coenzyme）。与酶蛋白结合紧密，不能通过透析或超滤方法将其除去的称为辅基（prosthetic group）。

酶催化作用有赖于全酶的完整性，酶蛋白和辅助因子分别单独存在时均无催化活性，只有结合在一起构成全酶后才有催化活性；一种辅助因子可与不同的酶蛋

白结合构成多种不同的特异性酶；在酶促反应过程中，酶蛋白决定反应底物的种类，即决定该酶的专一性，而辅助因子决定反应的类型。

二、酶的活性部位和必需基团

1. 酶的活性中心的概念　酶蛋白分子的结构特点是具有活性中心。酶分子很大，结构也很复杂，存在许多氨基酸侧链基团，如：$—NH_2$、—COOH、—SH、—OH等，但在发挥催化作用时并不是整个分子都参加，而只是少数氨基酸侧链基团起作用。酶分子中，与酶的催化活性直接有关的基团叫做酶的必需基团或活性基团(essential group)。常见的必需基团有：组氨酸残基上的咪唑基、丝氨酸和苏氨酸残基上的羟基、半胱氨酸残基上的巯基、某些酸性氨基酸残基上的自由羧基和碱性氨基酸残基上的氨基等。这些必需基团在酶结构中的空间位置上比较集中，占据一定空间部位。我们把酶分子中，由必需基团相互靠近所构成的，能直接结合底物并催化底物转变为产物的空间部位，称为酶的活性中心(active center)或活性部位(active site)。

2. 酶的活性中心的组成　酶的活性中心一般是由酶分子中几个氨基酸残基的侧链基团所组成。构成活性中心的这几个基团，可能在同一条多肽链的一级结构上相距很远，或者不在同一条多肽链上。但是通过多肽链的盘绕折叠，使它们在空间结构上相互靠近，构成了酶的活性中心。例如，与胰凝乳蛋白酶催化活性有关的化学基团在第 57 位(组氨酸残基)、102 位(天冬氨酸残基)、195 位(丝氨酸残基)上，它们在酶蛋白的一级结构中相距较远，但在空间结构上相互靠近，参与和底物结合，催化底物生成产物。单纯蛋白酶的活性中心只包括几个氨基酸侧链基团。结合蛋白酶的活性中心除包括几个氨基酸侧链基团外，辅助因子或辅助因子某一部分结构往往也是其中的组成部分。

酶活性中心包括两个功能部位：一个是酶直接与底物结合的部位，称为结合部位，它决定酶催化的专一性；另一个是催化底物打开旧化学键，形成新化学键并迅速生成产物的部位，称为催化部位，决定酶促反应的类型，即酶的催化性质(图 2-1)。

酶的活性中心是酶表现催化活性的关键部位，活性中心的结构一旦被破坏，酶立即丧失催化活性。但是应当指出，酶活性中心并不是孤立存在的，它与酶蛋白的整体结构之间是辩证统一的，活性中心的形成，要求酶蛋白具有一定的空间结构。在活性中心外也有些基团虽然不和底物直接作用，但对维持活性中心的空间结构是必需的，称为活性中心外必需基团。因此，酶分子除活性中心外的其他部分，对于酶的催化作用来说可能是次要的，但绝不是毫无意义的，它们至少为活性中心的

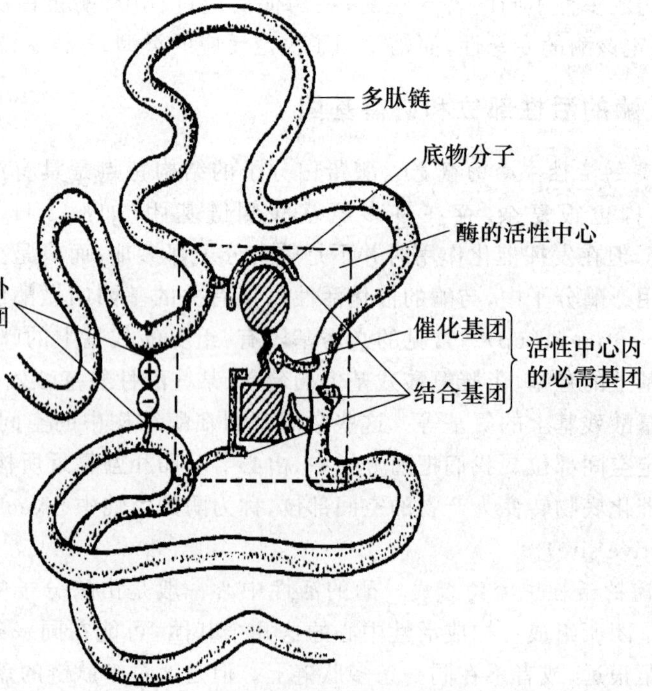

图 2-1 酶的活性中心示意图

形成提供了必要的结构基础。

酶对其底物具有高度的特异性，是由于不同的酶具有不同的活性中心，不同的酶分子空间结构不同，活性中心各异，催化作用各不相同；具有相同或相近活性中心的酶，尽管其分子组成和理化性质不同，而催化作用可相同或极为相似。

3. 活性中心的特点

(1)酶活性中心只占酶分子总体积的一小部分，通常只占整个酶分子体积的1%～2%。

(2)酶活性中心往往位于酶分子表面的凹陷(crevice)处，形成一个非极性环境，以利于酶和底物结合，并发生催化作用。

(3)酶活性中心具有精致的三维空间结构，若空间结构被破坏，酶则丧失其催化活性。

(4)酶活性中心的空间结构不是刚性的，当它与底物结合时可以发生某些变化，使之更适合于和底物的结合。

(5)酶活性中心与底物结合的键力是相当弱的，这有利于产物的生成。

三、酶原与酶原的激活

1. 概念 有些酶在细胞内合成或初分泌时，没有催化活性，这种无活性的酶的前体称为酶原(zymogen)。酶原是体内某些酶暂不表现催化活性的一种特殊存在形式。

2. 酶原激活的本质 在一定条件下，酶原受某种因素作用后，释放出一些氨基酸和小肽，暴露或形成活性中心，转变成具有活性的酶，这一过程叫做酶原的激活。胃蛋白酶、胰蛋白酶、糜蛋白酶(胰凝乳蛋白酶)、羧基肽酶、弹性蛋白酶等在它们初分泌时均以无活性的酶原形式存在，在一定的条件下酶原才能转化成具有活性的酶。例如，胰蛋白酶原在胰腺细胞内合成和初分泌时，以无活性的胰蛋白酶原形式存在，当它随胰液进入肠道后，可被肠液中的肠激酶激活(也可被胰蛋白酶本身所激活)。在肠激酶的作用下，从N端水解掉一个六肽片段，因而促使酶分子空间构象发生某些改变，使组氨酸、丝氨酸、缬氨酸、异亮氨酸等残基互相靠近，形成活性中心，胰蛋白酶原转变成具有催化活性的胰蛋白酶。如图2-2所示。

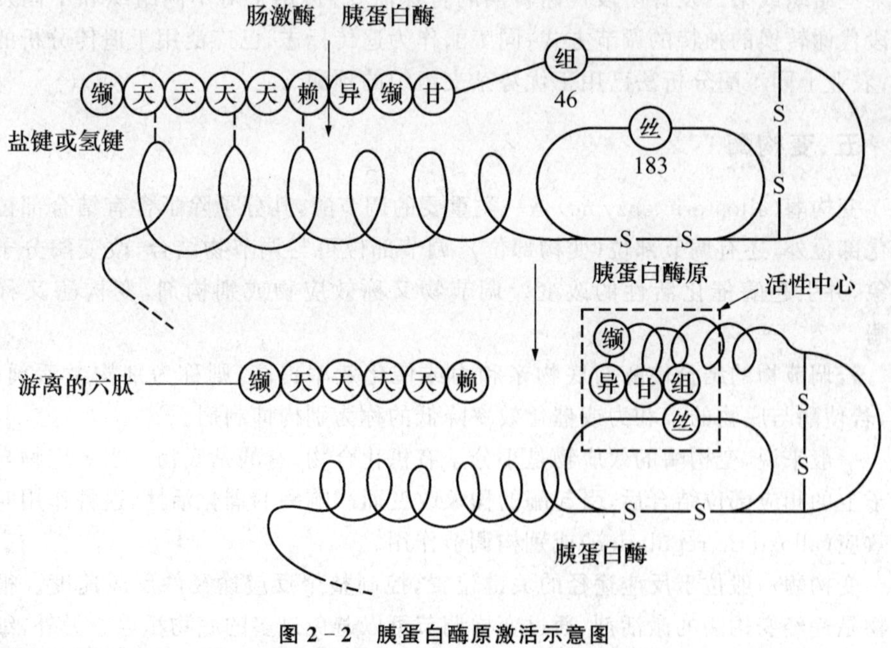

图2-2 胰蛋白酶原激活示意图

3. 酶原激活的生理意义 这种作用的生理意义在于既可避免细胞产生的蛋白酶对细胞进行自身消化，又可使酶原达到特定部位发挥催化作用。又如，血液中参与凝血过程的酶类，在正常情况下均以酶原形式存在，从而保证血流畅通。在出血时，凝血酶被激活，使血液凝固，以防止过多出血。

四、同工酶

同工酶(isozyme)是存在于同一种属生物或同一个体中能催化同一种化学反应，但酶蛋白分子的结构及理化性质和生化特性(K_m、电泳行为等)存在明显差异的一组酶。

乳酸脱氢酶(lactate dehydrogenase LDH)是首先被深入研究的一种同工酶。存在于哺乳动物体中的 LDH 是由 H(心肌型)和 M(骨骼肌型)两种类型的亚基，按不同的组合方式装配成的四聚体。H 亚基和 M 亚基由两种不同结构基因编码。两种亚基可装配成 H4(LDH1)、H3M(LDH2)、H2M2LDH3、HM3(LDH4)、M4(LDH5)5 种四聚体。此外，在动物睾丸及精子中还发现另一种基因编码的 X 亚基组成的四聚体 C4(LDH—X)。

同工酶广泛存在于生物界，具有多种多样的生物学功能。同工酶的存在能满足某些组织或某一发育阶段代谢转换的特殊需要，提供了对不同组织和不同发育阶段代谢转换的独特的调节方式；同工酶作为遗传标志，已广泛用于遗传分析的研究；农业上同工酶分析法已用于优势杂交组织的预测。

五、变构酶

变构酶(allosteric enzyme)是一类重要的调节酶，其分子除了含有结合部位和催化部位外，还有调节部位(变构部位)，调节部位可与调节物结合，改变酶分子的构象，并引起酶催化活性的改变。调节物又称效应物或别构剂，变构酶又称别构酶。

若调节物的结合使酶与底物亲和力或催化效率提高，则称为别构激活剂；反之，若使酶与底物的亲和力或催化效率降低的称为别构抑制剂。

一般来说，变构酶的效应物是小分子有机化合物，有的是底物。当效应物与酶分子上的相应部位结合后，引起酶的构象改变而影响酶的催化活性，这种作用叫变构效应(allosteric regulation)或别构调节作用。

变构酶一般位于反应途径的关键位置，控制整个反应途径的反应速度。很多底物是途经变构酶的激活剂，通过变构调节可以避免过多的底物积累。另外，细胞可通过别构抑制的方式及早地调节整个代谢途经的速度，减少不必要的底物消耗。这种调控对于维持细胞内的代谢平衡起到了重要作用。

第三节 酶的催化作用机理

酶是生物催化剂，它的主要特点是催化的高效率和对底物的专一性。酶为什么能加快反应速度，又为什么对底物有严格的选择性呢？

一、酶的催化作用与分子活化能的关系

酶和一般催化剂加速反应的机制都是降低反应的活化能。根据化学反应的原理，一个化学反应能否进行，首先参加反应的分子要相互碰撞，但是仅有碰撞还不能导致反应的进行，只有那些处于活化状态的分子才能发生反应，亦即反应分子必须具备足够的能量，也就是超过该反应所需的能阈的分子才能进行反应。底物分子变成可反应的分子所需要的能量称为活化能。显然，活化分子越多，反应速度越快。

酶和一般催化剂的作用一样，就是能降低底物分子所必须具有的活化能。所不同的是，酶比一般催化剂降低活化能的幅度更大，即酶可以使更多的底物分子转变为活化分子，因此酶促反应效率更高(图 2-3)。

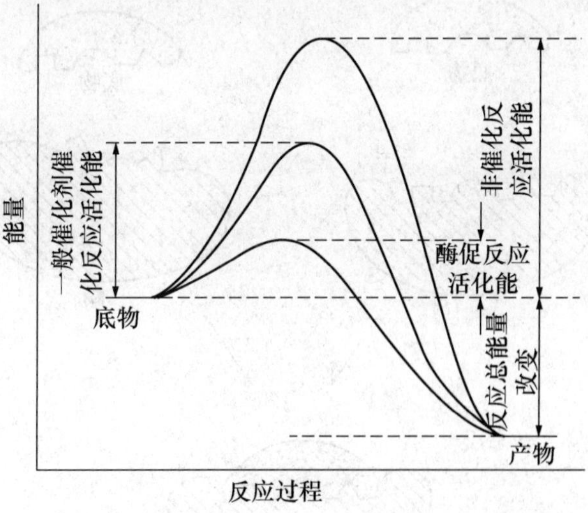

图 2-3 酶和一般化学催化剂降低反应活化能示意图

二、中间产物学说

酶如何使反应的活化能降低？目前比较圆满的解释是中间产物学说。设一

反应

$$\underset{底物}{S} \longrightarrow \underset{产物}{P} \quad (1)$$

酶在催化此反应时，它首先与底物结合成一个不稳定的中间产物(也称为中间络合物)。然后中间产物再分解成产物和原来的酶。

$$E+S \rightleftharpoons ES \longrightarrow EP \quad (2)$$

由于酶催化的反应(2)的能阈比没有酶催化的反应(1)要低，反应(2)所需的活化能亦比(1)低，所以反应速度加快。

中间产物学说是否正确决定于中间产物是否确实存在。

由于中间产物很不稳定，易迅速分解成产物，因此不易把它从反应体系中分离出来。但是有不少间接证据表明中间产物确实存在。

三、诱导契合学说

已经知道，酶在催化化学反应时要和底物形成中间产物。但是酶和底物如何结合成中间产物？又如何完成其催化作用？有很多假设。酶对它所作用的底物有

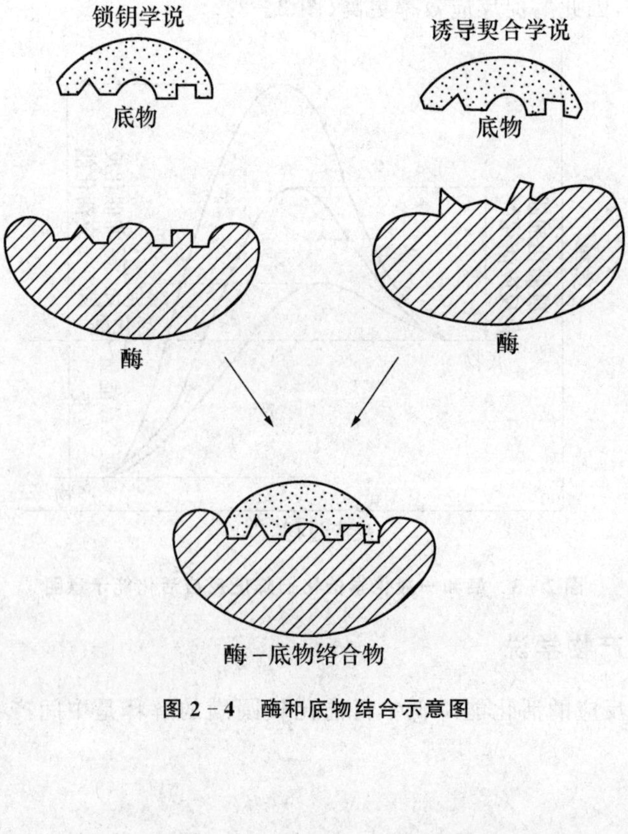

图 2-4 酶和底物结合示意图

着严格的选择性。它只能催化一定结构或一些结构近似的化合物发生反应。伊美费歇尔(Email Fisher)认为酶和底物结合时,底物的结构必须和酶活性中心的结构非常吻合,就像锁和钥匙一样,这样才能紧密结合形成中间产物。这就是“锁钥学说”(图 2-4)。但是后来发现,当底物与酶结合时,酶分子上的某些基团常发生明显的变化。另外对于可逆反应及酶对底物的相对专一性很难解。因此“锁钥学说”把酶的结构看成固定不变的,是不切实际的。近年来,大量研究表明,酶和底物游离存在时,其形状并不精确互补,即酶的活性中心并不是僵硬的,而是具有一定的柔性的结构。当底物与酶相遇时,可诱导酶蛋白的构象发生相应的变化,使酶活性中心上有关的各个基团达到正确的排列和定向,因而使酶和底物契合而结合成中间产物,并引起底物发生反应。这就是“诱导契合学说”。应当说诱导是双向的,既有底物对酶的诱导,又有酶对底物的诱导,因此在酶与底物结合时两者结构都发生了变化。该学说是由考希兰德(D. E. Koshland)于 1958 年提出的,酶的诱导契合学说成功地解释了酶的各种特异性,现被大多数人所接受(图 2-4)。

第四节 影响酶促反应速度的因素

由于酶是蛋白质,凡能影响蛋白质的理化因素都可影响酶的结构和功能。活性中心是酶催化作用的关键部位,凡能影响活性中心发挥作用的因素都可影响酶的催化活性,进而影响酶促反应速度。酶促反应速度受许多因素的影响,这些因素主要包括底物浓度、酶浓度、pH、温度、激活剂和抑制剂等。测定酶促反应速度总是取酶促反应开始时的速度,即初速度。因为此时反应速度与酶的浓度成正比,且反应产物及其他因素对酶促反应速度的影响较小,因此常以初速度为依据研究各种因素对酶催化活性的影响。在研究某一因素对酶促反应速度的影响时,应保持反应体系中的其他因素不变。

一、底物浓度对酶促反应速度的影响

在酶浓度及其他条件不变的情况下,底物浓度变化对酶促反应速度影响的作图,呈矩形双曲线。在底物浓度较低时,反应速度随底物浓度的增加而增加,两者呈正比关系,为一级反应;当底物浓度较高时,反应速度虽然也随底物的增加而加速,但反应速度不再呈正比例加速,反应速度增加的幅度不断下降;当底物浓度增高到一定程度时,反应速度趋于恒定,继续增加底物浓度,反应速度不再增加,达到极限,称为最大反应速度,表现为零级反应,说明酶的活性中心已被底物所饱和(图 2-5)。

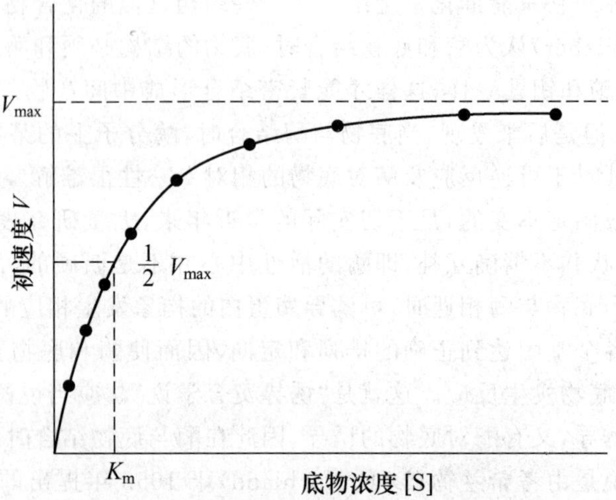

图 2-5 底物浓度对酶促反应速度的影响

酶促反应速度与底物浓度之间的变化关系，反映了酶—底物复合物的形成与生成产物的过程。$E+S \rightleftharpoons ES \longrightarrow E+P$，即中间产物学说。在底物浓度很低时，酶的活性中心没有全部与底物结合，增加底物浓度，复合物的形成与产物的生成均呈正比关系增加；当底物增高至一定浓度时，酶全部形成了复合物，此时再增加底物浓度也不会增加复合物，反应速度趋于恒定。

1. 米-曼氏方程式　为了解释底物浓度与反应速度的关系，1913 年 L. Michaelis 与 M. L. Menten 将图 2-5 归纳为反应速度与底物浓度的数学表达式——米-曼氏方程式：

$$V=\frac{V_{max}[S]}{K_m+[S]}$$

V：反应初速度；$[S]$：底物浓度；V_{max}：反应的最大速度；K_m：米氏常数。

2. K_m 的意义

(1)当酶促反应速度为最大反应速度一半时（设 $V=1/2V_{max}$），米氏常数与底物浓度相等（$K_m=[S]$）。

$$\frac{1}{2}V_{max}=\frac{V_{max}[S]}{K_m+[S]}$$

即
$$K_m=[S]$$

K_m 值是最大反应速度一半时的底物浓度（单位为：mol/L）。K_m 值是酶的特征性常数，通常只与酶的性质、酶所催化的底物和反应环境（如温度、pH 等）有关，而与酶的浓度无关。测定酶的 K_m 值可作为鉴别酶的一种手段，但必须在指定的实验条件下进行。

(2) K_m 值可以判断酶作用的最适底物，同一种酶若有几种底物就有几个 K_m 值，K_m 值最小的底物一般认为是该酶的天然底物或最适底物。

(3) K_m 值可用来表示酶与底物的亲和力。K_m 值越小表明达到最大速度一半时所需要的底物浓度就越小，即酶对底物的亲和力越大。显然，最适底物与酶的亲和力最大。

3. V_{max} 的含义

V_{max} 是酶完全被底物饱和时的反应速度，与酶浓度呈正比。

二、酶浓度对酶促反应速度的影响

酶促反应体系中，在底物浓度足以使酶饱和的情况下，酶促反应速度与酶浓度呈正比关系。即酶浓度越高，反应速度越快（图 2－6）。但该正比关系是有条件的，一是底物浓度足够大；二是使用的必须是纯酶制剂或不含抑制剂、激活剂或失活剂的粗酶制剂。

三、温度对酶促反应速度的影响

化学反应速度随温度升高而加快。温度过高可引起酶蛋白变性，因此，温度对酶促反应速度具有双重影响。在较低温度范围内，随着温度升高，酶的活性逐步增加，以致达到最大反应速度。升高温度一方面可加快酶促反应速度，同时也增加酶的变性。温度升高到 60℃ 以上时，大多数酶开始变性；80℃ 时，多数酶的变性不可逆转，反应速度则因酶变性而降低。综合这两种因素，将酶促反应速度达到最快时的环境温度称为酶促反应的最适温度（optimum temperature）。温血动物组织中酶的最适温度一般在 35～40℃。环境温度低于最适温度时，温度加快反应速度这一效应起主导作用，温度每升高 10℃，反应速度可加大 1～2 倍（图 2－7）。

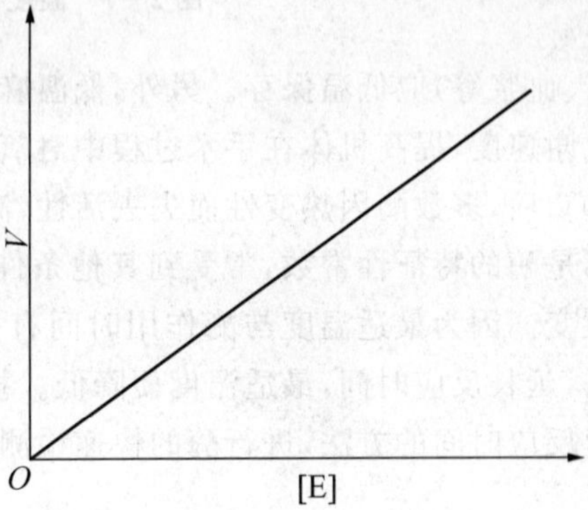

图 2－6　酶浓度对反应速度的影响

温度对酶促反应速度的影响在实践中具有理论指导意义。低温条件下，由于分子碰撞机会少的缘故，酶的催化作用难以发挥，酶活性处于抑制状态。但低温一般不破坏酶，一旦温度回升后，酶又恢复活性。所以对酶制剂和酶检测标本（如血

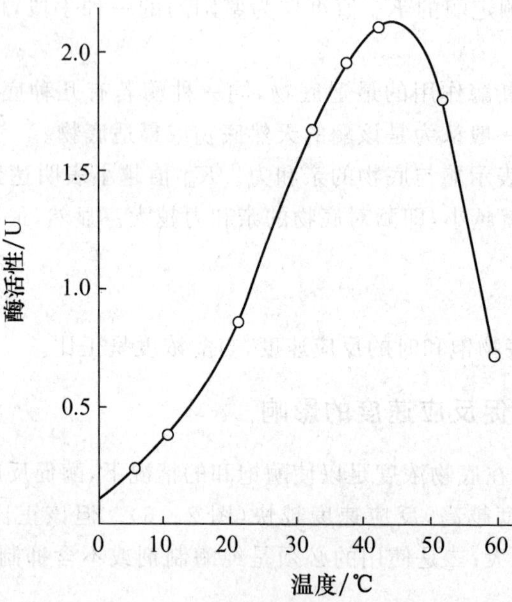

图 2－7 温度对淀粉酶活性的影响

清、血浆等)应低温保存。另外,低温麻醉可通过低温降低酶活性,以减慢组织细胞代谢速度,提高机体在手术过程中对氧和营养物质缺乏的耐受性。温度升高超过80℃后,多数酶因热变性而失去活性,高压灭菌就是利用这一原理。酶的最适温度不是酶的特征性常数,常受到其他条件如底物、作用时间、pH、抑制剂等的影响而改变。因为最适温度与酶作用时间有关,酶可以在短时间内耐受较高的温度,相反,延长反应时间,最适温度便降低。据此,在生化检验中,可以采取提高温度,缩短反应时间的方法,进行酶的快速检测诊断。

四、pH 对酶促反应速度的影响

酶促反应介质的 pH 可影响酶分子中的极性基团,特别是酶活性中心上必需基团的解离状态,同时也可影响底物和辅酶(如 NAD^+、CoA—SH、氨基酸等)的解离状态,从而影响酶与底物的结合。只有在某一 pH 范围内,酶、底物和辅酶的解离情况,最适宜于它们之间互相结合,酶具有最大催化作用,使酶促反应速度达最大值。因此 pH 的改变对酶的催化作用影响很大(图 2－8)。酶催化活性最大时的环境 pH 称酶促反应的最适 pH(optimum pH)。最适 pH 不是酶的特征性常数,它受底物浓度、缓冲液的种类与浓度以及酶的纯度等因素的影响。溶液的 pH 高于或低于最适 pH，酶的活性降低，酶促反应速度减慢，远离最适 pH 时甚至会导致酶的变性失活。每一种酶都有其各自的最适 pH。生物体内大多数酶的最适 pH 接近中性，但也有例外，如胃蛋白酶的最适 pH 大约为 1.8，肝精氨酸酶的最适 pH 在 9.8 左右。实践中用酸性溶液配制胃蛋白酶合剂，就是依据这一特点。此外，同一种酶催化不同的底物最适 pH 也稍有变动。pH 影响酶活力的原因可能有：①过酸过碱会影响酶蛋白的构象，甚至使酶变性而失活。②pH 改变不很剧烈时，酶虽不变性，但活力受影响，因为 pH 会影响底物分子的解离状态、酶分子的解离状态，也可能影响中间产物 ES 的解离状态。③pH 影响反应分子中另一些基团的解离，而这些基团的离子化状态与酶的专一性及酶分子中活性中心的构象有关。

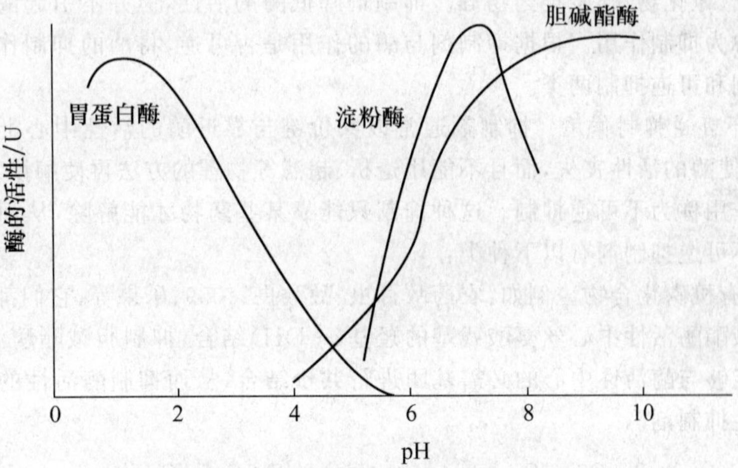

图 2-8 pH 对某些酶活性的影响

五、激活剂对酶促反应速度的影响

使酶由无活性变为有活性或使酶活性增加的物质称为酶的激活剂（activator）。激活剂对酶促反应速度的影响，主要通过酶的激活或酶原的激活来实现。酶的激活是使已具活性的酶的活性增加，酶原的激活是使本来无活性的酶原变成有活性的酶。激活剂包括无机离子、简单的有机化合物和蛋白质类物质。最常见的激活剂 Cl^- 是唾液淀粉酶最强的激活剂。

金属离子既是许多酶的辅助因子，也是酶的激活剂，如 Na^+、K^+、Mg^{2+}、Ca^{2+}、Cu^{2+}、Zn^{2+}、Fe^{2+} 等。还原剂能激活某些酶，使酶分子中的二硫键还原成有活性的巯基，从而提高酶的活性，如抗坏血酸、半胱氨酸、谷胱甘肽等。螯合剂可螯合金属，解除重金属对酶的抑制作用，如 EDTA 等金属螯合剂。蛋白质类激活剂使无活性的酶原变成有活性的酶(酶原激活)。

激活剂对酶的作用具有一定选择性,即一种激活剂对某种酶能起激活作用,而对另一种酶可能起抑制作用;另外,激活剂的浓度对其作用也有影响,亦即同一种激活剂由于浓度高,可以从激活作用转为抑制作用。

六、抑制剂对酶促反应速度的影响

在酶促反应中,凡能有选择地使酶活性降低或丧失,但不能使酶蛋白变性的物质统称为酶的抑制剂(inhibitor)。无选择地引起酶蛋白变性,使酶活性丧失的理化因素,不属于抑制剂范畴。抑制剂的种类也很多,如有机磷及有机汞化合物、重金属离子、氰化物、磺胺类药物等。抑制剂降低酶的活性,但并不引起酶蛋白变性的作用称为抑制作用。根据抑制剂与酶的作用是否可逆,将酶的抑制作用分为不可逆抑制和可逆抑制两类。

1. 不可逆抑制作用　抑制剂通常以共价键与靠近酶的活性中心上的必需基团结合,使酶的活性丧失,而且不能用透析、超滤等物理的方法再使酶恢复活性,这种抑制作用称为不可逆抑制。这种抑制只能靠某些药物才能解除,从而使酶恢复活性。不可逆抑制剂有以下种类:

(1)有机磷化合物。例如:农药敌百虫、敌敌畏、1059、乐果等,它们都能专一性地与胆碱酯酶活性中心丝氨酸残基的羟基(—OH)结合,抑制胆碱酯酶活性,通常把这些能够与酶活性中心的必需基团进行共价结合,从而抑制酶活性的抑制剂称为专一性抑制剂。

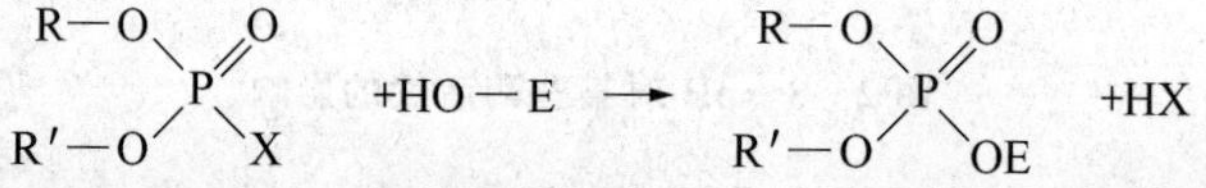

有机磷化合物　　羟基酶　　失活的酶　　酸

胆碱酯酶催化乙酰胆碱水解,它是一种羟基酶,有机磷化合物中毒时,使酶的羟基磷酸化,从而使此酶活性受到抑制,造成神经末梢分泌的乙酰胆碱不能及时水解而堆积,使得迷走神经兴奋而呈现中毒症状,甚至使动物死亡。临床上常采用解磷定(PAM)治疗有机磷化合物中毒。解磷定与磷酰化羟基酶的磷酰基结合,使羟基酶游离,从而解除有机磷化合物对酶的抑制作用,使酶恢复活性。

(2)有机汞、有机砷化合物。这类化合物与酶分子中半胱氨酸残基的巯基作用,抑制含巯基的酶,如对氯汞苯甲酸(PCMB)。由于这些抑制剂所结合的巯基不局限于必需基团,所以此类抑制剂又称为非专一性抑制剂。化学毒剂路易士气是一种含砷的化合物,它能抑制体内的巯基酶而使人畜中毒。这类抑制可以通过加入过量巯基类化合物如半胱氨酸、还原型谷胱甘肽（GSH）或二巯基丙醇而解除。

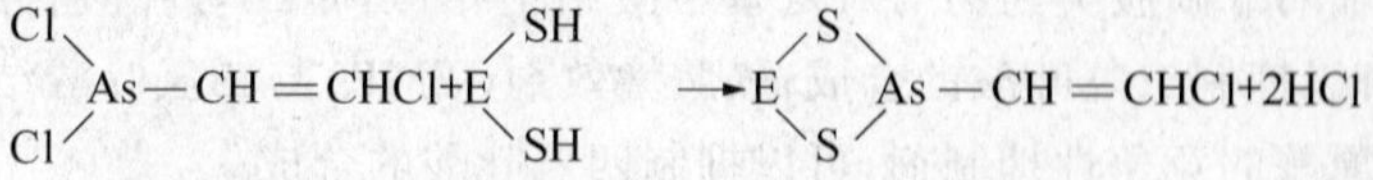

路易士气　　硫基酶　　失活的酶　　酸

（3）重金属盐。含 Pb^{2+}、Hg^{2+}、Cu^{2+}、Fe^{2+}、Ag^{+} 的重金属盐在高浓度时会使酶蛋白变性失活，而在低浓度时会对某些酶的活性产生抑制作用，通常选用金属螯合剂如 EDTA 螯合除去有害的金属离子，恢复酶的活性。

（4）氰化物、硫化物和 CO。这类化合物能与酶分子中金属离子（辅助因子）形成较为稳定的络合物，使酶的活性受到抑制。如氰化物（CN^-）作为剧毒物质与细胞色素氧化酶等含铁卟啉的酶中 Fe^{2+} 络合，使酶没有携带氧分子能力而失活，进而阻断了电子传递而阻止细胞呼吸。

（5）烷化试剂。这类试剂往往含有一个活泼的卤素原子，如碘乙酸、2，4－二硝基氟苯等，能与含巯基、氨基、羧基、咪唑基等基团作用。常用碘乙酸等试剂鉴定酶中是否存在巯基。

2. 可逆性抑制作用　这类抑制剂通常以非共价键与酶可逆性结合，使酶活性降低或丧失，用透析或超滤等方法可将抑制剂除去，恢复酶的活性。根据抑制剂与底物的关系，可逆性抑制作用可分为 3 种类型：

（1）竞争性抑制作用。竞争性抑制剂（I）与酶的正常底物（S）有相似的结构，因此它与底物分子竞争地结合到酶的活性中心，从而阻碍酶与底物结合形成中间产物，这种抑制作用称为竞争性抑制作用（competitive inhibition）。竞争性抑制作用具有以下特点：①抑制剂在化学结构上与底物分子相似，两者竞相争夺同一酶的活性中心；②抑制剂与酶的活性中心结合后，酶分子失去催化作用；③竞争性抑制作用的强弱，取决于抑制剂与底物之间的相对浓度，抑制剂浓度不变时，通过增加底物浓度可以减弱甚至解除竞争性抑制作用；④酶既可以结合底物分子也可以结合抑制剂，但不能与两者同时结合。E、S、I 及其催化反应的关系如下式：

$$
\begin{array}{l}
E + S \rightleftharpoons ES \longrightarrow E + P \\
\;\;+ \\
\;\;I \\
EI \rightleftharpoons
\end{array}
$$

应用竞争性抑制的原理可阐明某些药物的作用机理。如磺胺类药物和磺胺增效剂，便是通过竞争性抑制作用，抑制细菌生长的。对磺胺类药物敏感的细菌在生长繁殖时，不能利用环境中的叶酸，而是在菌体内二氢叶酸合成酶的作用下，利用对氨苯甲酸（PABA）、二氢喋呤及谷氨酸，合成二氢叶酸（FH_2），后者在二氢叶酸还原酶的作用下，进一步还原成四氢叶酸(FH_4)，四氢叶酸是细菌合成核酸过程中不可缺少的辅酶。磺胺类药物与对氨苯甲酸结构相似，是二氢叶酸合成酶的竞争性抑制剂，可以抑制二氢叶酸的合成；磺胺增效剂(TMP)与二氢叶酸结构相似，是二氢叶酸还原酶的竞争性抑制剂，可以抑制四氢叶酸的合成。

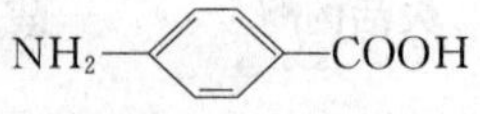
对氨基苯甲酸

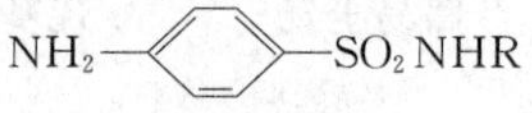
磺胺类药物

$$\left.\begin{array}{l}\text{对氨苯甲酸}\\ \text{二氢喋呤}\\ \text{谷氨酸}\end{array}\right\}\xrightarrow[\text{磺胺类药物}]{\text{二氢叶酸合成酶}}\text{二氢叶酸}\xrightarrow[\text{TMP}]{\text{二氢叶酸还原酶}}\text{四氢叶酸}$$

磺胺类药物与其增效剂在两个作用点，分别竞争性抑制细菌体内二氢叶酸的合成及四氢叶酸的合成，影响一碳单位的代谢，从而有效地抑制了细菌体内核酸及蛋白质的生物合成，导致细菌死亡。人体能从食物中直接获取叶酸，所以人体四氢叶酸的合成不受磺胺及其增效剂的影响。

许多抗代谢类抗癌药物，如氨甲蝶呤(MTX)、5-氟尿嘧啶(5FU)、6-巯基嘌呤(6MP)等，几乎都是酶的竞争性抑制剂，可抑制肿瘤的生长。

(2)非竞争性抑制作用。非竞争性抑制剂与酶活性中心外的其他位点可逆地结合，它使酶的三维形状改变，导致酶催化活性降低。此种结合不影响酶与底物分子的结合，同时，酶与底物分子的结合也不影响酶与抑制剂的结合。底物与抑制剂之间无竞争关系。但酶-底物-抑制剂复合物(ESI)不能进一步释放产物。这种抑制作用称为非竞争性抑制作用(non-competitive inhibition)。典型的非竞争性抑制作用的反应过程是：

$$\begin{array}{ccccc}E+S & \rightleftharpoons & ES & \longrightarrow & E+P\\ + & & + & & \\ I & & I & & \\ \upharpoonleft\downharpoonright & & \upharpoonleft\downharpoonright & & \\ EI+S & \rightleftharpoons & ESI & & \end{array}$$

抑制作用的强弱取决于抑制剂的浓度，此种抑制作用，不能通过增加底物浓度来减弱或消除。图2-9可说明竞争性抑制与非竞争性抑制的区别。例如，哇巴因抑制细胞膜上Na^+，K^+-ATP酶活性就是以非竞争性抑制方式进行的。

(3)反竞争性抑制作用。抑制剂不与酶结合，仅与酶和底物分子形成的中间复合物结合，使中间复合物ES的量下降，即$ES+I\longrightarrow ESI$。当ES与I结合后，ESI不能分解成产物，酶的催化活性被抑制。在反应体系中存在反竞争性抑制剂时，不

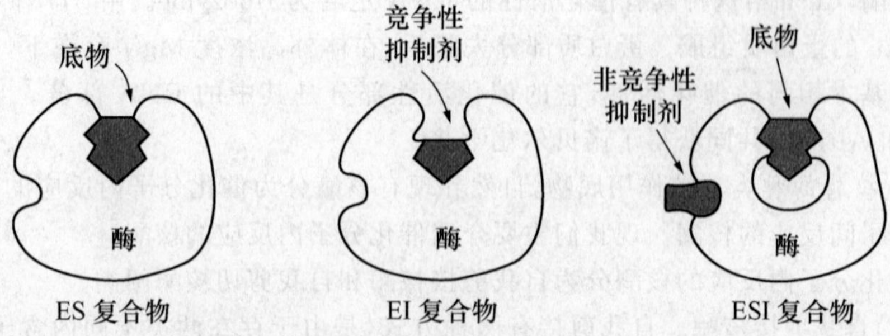

图 2-9 竞争性抑制与非竞争性抑制的作用机制

仅不排斥 E 和 S 的结合，反而可增加二者的亲和力；这与竞争性抑制作用相反，故称为反竞争性抑制作用。例如，肼类化合物抑制胃蛋白酶就是反竞争性抑制。其抑制作用的反应过程如下：

$$\begin{array}{c} E+S \rightleftharpoons ES \longrightarrow E+P \\ + \\ I \\ \Updownarrow \\ ESI \end{array}$$

第五节 核酶与抗体酶

一、核酶

1. 核酶(ribozyme)的概念 20 世纪 80 年代初期，美国科学家 Cech 和 Altman 各自独立地发现 RNA 具有生物催化功能，从而改变了生物体内所有的生物催化剂都是蛋白质的传统观念。这个发现被认为是近十多年来生化领域内最令人鼓舞的发现之一。

1982 年 Cech 等以原生动物嗜热四膜虫(tetrahymena thermophila)为材料，研究 rRNA 的基因转录问题时发现：转录产物 rRNA 前体很不稳定，在 ATP、GTP 存在下，可以发生自我剪接，生成 26SrRNA。后经体外转录实验进一步证明大肠杆菌 RNA 聚合酶在细胞外转录出的该 rRNA 前体也能够进行自我剪接反应。通过这种方式排除了任何蛋白质酶的催化作用，进一步说明该 rRNA 前体的自我剪接是其自身固有的特性，即证明了 RNA 具有催化功能。为区别于传统的蛋白质性质的酶，Cech 给这种具有催化活性的 RNA 定名为 ribozyme。由 377 个核苷酸和 20 ku 的蛋白质组成。蛋白质部分去除后，在体外高浓度 Mg^{2+} 存在下，具有与完整的基本相同的催化活性，它的催化活性部分是其中的 RNA 部分。1989 年 Cech 和 Altman 共同获得了诺贝尔化学奖。

2. 核酶的种类　按作用底物，自然界现有核酶分为催化分子内反应的核酶和催化分子间反应的核酶。现我们主要介绍催化分子内反应的核酶。

催化分子内反应的核酶分为自我剪接核酶和自我剪切核酶两类。

(1)自我剪接核酶。自我剪接有两种方式，是由于存在两类不同内含子 RNA (IVS)决定的。自我剪接的第一种方式是：Ⅰ型 IVS 催化自我剪接，需要鸟苷(G)和 Mg^{2+} 参与，结果得到剪接产物 G-IVS。自我剪接的第二种方式是：Ⅱ型 IVS 催化自我剪接，这与Ⅰ型不同，并不需要鸟苷参与。这种自我剪接是由Ⅱ型 IVS 的特定结构决定的，并类似于细胞核 mRNA 前体的剪接方式。现已证实，无论Ⅰ型或Ⅱ型 IVS 的自我剪接反应都是可逆的，表明它们都能催化 IVS 移位和实现 RNA 重组。自我剪接核酶作用机制是通过既剪又接方式去除内含子，包含剪切与连接两个步骤。

(2)自我剪切核酶。自我剪切核酶包括：锤头结构核酶、发夹结构核酶、丁型肝炎病毒(HDV)核酶等。

①锤头结构核酶：Symons 在比较研究了一些植物类病毒、拟病毒和卫星病毒自我剪切规律后，于 1986 年提出锤头结构(hammer head structure)的二级结构模型，锤头结构核酶长约 30 个核苷酸，由 3 个碱基配对的螺旋区、2 个单链区和膨出的核苷酸构成(图 2－10)。该酶可分为 3 个部分，中间是以单链形式存在的 13 个保守核苷酸和螺旋Ⅱ组成的催化核心，两侧的螺旋Ⅰ/Ⅲ为可变序列，共同组成特异性序列，决定核酶的特异性。锤头结构核酶是较小的核酶。自我剪切活性依赖于结构和构象的完整性，只要满足锤头状的二级结构和 13 个核苷酸的保守序列，剪切反应就会在锤头结构右上方的 GUN 序列的 3′端自动发生。

②发夹结构核酶：1989 年 Hample 等提出的发夹结构核酶模式，发夹结构核酶切割活性所需最小长度为 50 个核苷酸，其中 15 个是必需的。该酶由 4 个螺旋区(H)和数个环状区(J)组成。螺旋Ⅰ、Ⅱ的主要功能是与靶序列结合，决定核酶切割部位的特异性，螺旋Ⅲ配对碱基及其 3′端的未配对碱基均为切割活性所必需。发夹结构核酶在负链 sTRSV RNA

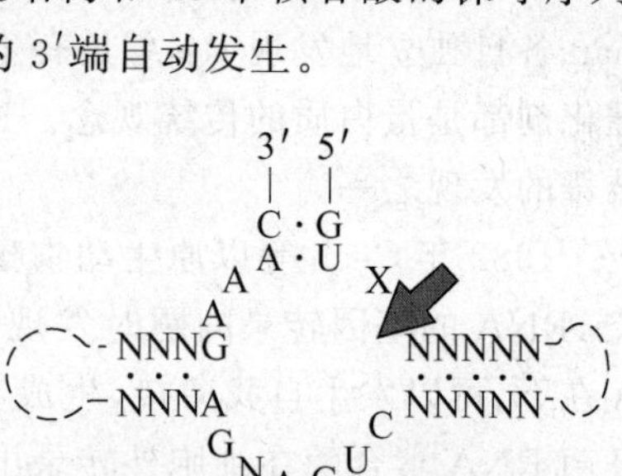

图 2－10　核酶锤头结构

中发现,它不同于正链 sTRSV RNA 和其他有关病毒 RNA 的自我剪切结构。

③丁型肝炎病毒(HDV)核酶和链孢霉线粒体(VS)RNA:二者自我剪切的结构特点,完全不同于锤头结构和发夹结构,表明自然界存在多式多样自我剪切加工方式。

催化分子间反应的核酶如 RNase P 的 M_1RNA 具有催化 tRNA 前体 5′端成熟的功能,RNase P 是由 RNA 和蛋白质两部分组成,前者占全酶总量的 77%,后者占 23%。前面已介绍过的 L19RNA 具有多种酶活性,可催化多种分子间反应。

3. 核酶的研究意义及应用前景

(1)核酶的研究意义。

①它突破了生物体内所有的"生物催化剂都是蛋白质"的传统观念。

②具有催化功能 RNA 的重大发现,对科学家普遍感兴趣的生命起源这一问题有了新的认识。长期以来,人们认为所有的生命形式在冗长的相互依赖的循环中,信息分子和功能分子是分离的。核酸是信息分子,蛋白质是功能分子。核酶的发现表明:RNA 是一种既能携带遗传信息又有生物催化功能的生物分子。因此,既是信息分子,又是功能分子,很可能 RNA 早于蛋白质和 DNA,是生命起源中首先出现的生物大分子,而一些有酶活性的内含子,可能是生物进化过程中残存的分子"化石"。酶活性 RNA 的发现,提出了生物大分子和生命起源的新概念,将促进对生命起源的研究。

③从生物进化角度来看,生物催化剂从核酶到蛋白质的转变,显示了生物代谢的高效率和生命现象的更趋复杂。核酶与蛋白质酶的差异不仅在于化学本质的不同,同时两者的催化活性也相差很大。核酶的催化活性比大多数蛋白质酶要低得多。生物催化分子进化的可能过程是:RNA ⟶ RNA-蛋白质 ⟶ 蛋白质-RNA ⟶ 蛋白质-辅酶(辅基) ⟶ 蛋白质。它表示生物催化功能从 RNA 到蛋白质的转移。现在,主要的生物催化剂是蛋白质-辅酶(辅基)。这将促进对生物进化的认识和研究。

(2)核酶的应用前景。首先,可以设计出自然界不存在的各种核酶。例如,按已知自我剪切原理,剪切是高度专一的,把自我剪切转换成分子间剪切,利用锤头结构就可以设计出相应的核酶。用以破坏一些有害病毒的 RNA 分子,以及有害病毒基因转录出的 mRNA 或者其前体。

其次,核酶基因研究前景诱人,在基因治疗领域中备受青睐,其研究进展也相当迅速。根据锤头结构或发夹结构原理设计核酶基因,构建于特定的表达载体,在不同细胞内表达已经成功。结果表明核酶基因导入细胞或体内可以阻断基因表达,用作抗病毒感染,抗肿瘤的有效药物,前景是诱人的,应用将是广泛的。核酶基因导入已获得美国食品与药品管理局(FDA)批准,即将在临床上使用。我国已在体外用核酶成功地剪切了乙肝、甲肝病毒、蚕核多角体病毒及 MTV(烟草花叶病毒)等核酸片段。

二、脱氧核酶

1. 脱氧核酶(deoxyribozyme)的概念 脱氧核酶是利用体外分子进化技术合成的一种具有催化功能的单链 DNA 片段,具有高效的催化活性和结构识别能力。

1994 年,Gerald. F. Joyce 等报道了一个人工合成的 35 bp 的多聚脱氧核糖核苷酸能够催化特定的核糖核苷酸或脱氧核糖核苷酸形成的磷酸二酯键,并将这一具有催化活性的 DNA 称为脱氧核酶或 DNA 酶(DNA enzyme,DE)。

1995 年,Cuenoud 等在《Nature》上报道了一个具有连接酶活性的 DNA,能够催化与它互补的两个 DNA 片段之间形成的磷酸二酯键。迄今已经发现了数十种脱氧核酶。

尽管到目前为止,还未发现自然界中存在天然的脱氧核酶,但脱氧核酶的发现仍然使人类对于酶的认识又产生了一次重大飞跃,是继核酶发现后又一次对生物催化剂知识的补充。这将有助于了解有关生命的一个最基本问题,即生命如何由 RNA 世界演化为今天的以 DNA 和蛋白质为基础的细胞形式。这项发现也揭示出 RNA 转变为 DNA 过程的演化路径可能也存在于其他与核酸相似的物质中,有助于了解生命基础结构及其进化过程。

2. 脱氧核酸的分类 根据催化功能的不同,可以将脱氧核酶分为 5 大类:切割 RNA 的脱氧核酶、切割 DNA 的脱氧核酶、具有激酶活力的脱氧核酶、具有连接酶功能的脱氧核酶、催化卟啉环金属螯合反应的脱氧核酶。其中以对 RNA 切割活性的脱氧核酶最引人注意,不仅能催化 RNA 特定部位的切割反应,而且能从 mRNA 水平对基因进行灭活,从而调控蛋白的表达。

3. 脱氧核酶的研究前景 对于脱氧核酶的研究有望成为基因功能研究、核酸突变分析、治疗肿瘤、对抗病毒及肿瘤等疾病的新型基因治疗药物的新型核酸工具酶。

三、抗体酶

抗体酶是 20 世纪 80 年代后期才出现的一种具有催化能力的蛋白质,其本质上是免疫球蛋白,但是在易变区被赋予了酶的属性,所以又称为“催化性抗体”(catalytic antibody)。抗体酶是生物学与化学的研究成果在分子水平上交叉渗透的产物,是将抗体的多样性和酶分子的巨大催化能力结合在一起的蛋白质分子设计的新方法。

1946 年，鲍林(Pauling)用过渡态理论，阐明了酶催化的实质，即酶之所以具有催化活力是因为它能特异性结合，并稳定化学反应的过渡态(底物激态)，从而降低反应能级。1984 年列那(Lerner)推测：以过渡态类似物作为半抗原，则其诱发出的抗体即与该类似物有着互补的构象，这种抗体与底物结合后，即可诱导底物进入过渡态构象，从而引起催化作用。根据这个猜想列那和苏尔滋(P. C. Schultz)分别领导各自的研究小组独立地证明了：针对羧酸酯水解的过渡态类似物产生的抗体，能催化相应的羧酸酯和碳酸酯的水解反应。1986 年美国《Science》杂志同时发表了他们的发现，并将这类具催化能力的免疫球蛋白称为抗体酶或催化抗体。这标志着抗体酶的研究进入了一个新阶段。

抗体酶的研究不仅有重要的理论价值，为酶的过渡态理论提供了有力的实验证据，而且抗体酶有令人鼓舞的应用前景。抗体酶的研究，为人们提供了一条合理途径去设计适合于市场需要的蛋白质，即人为地设计制作酶。利用动物免疫系统产生抗体的高度专一性，可以得到一系列高度专一性的抗体酶，使抗体酶不断丰富。随之出现大量针对性强、药效高的药物。立体专一性抗体酶的研究，使生产高纯度立体专一性的药物成为现实。抗体酶可有选择地使病毒外壳蛋白的肽键裂解，从而防止病毒与靶细胞结合。抗体酶技术已受到高度重视，抗体酶的定向设计开辟了一个不依赖于蛋白质工程的真正酶工程的领域。

第六节 维生素与辅酶

人们对维生素的认识来源于医学实践和科学试验。维生素从被发现到被充分认识、并重视，已经有几千年的历史了，中国唐代医学家孙思邈(公元 581—682 年)曾经指出，用动物肝防治夜盲病，用谷皮汤熬粥防治脚气病。后来发现这两种物质中分别含有相应的维生素，这样的实践也发生在动物饲养方面，发现喂养动物时，除了蛋白质、脂肪、糖类和矿物质之外，还必须有维生素。

一、维生素的概念

维生素(古称维他命)是一类小分子有机化合物，动物体内不能或很少合成，它既不是生物体的能源物质，也不是结构物质，但却是维持细胞正常功能所必需的，尽管需要量极少，但缺乏时会得相应的疾病，每天必须通过各种食物摄取。

维生素的生理功能：主要是对新陈代谢过程起着调节作用。多数维生素是辅酶或辅基的组分，是结合酶的一部分，参与相应的生化反应，所以机体一旦缺少某种维生素，可使新陈代谢过程发生障碍，继而生物不能正常生长发育，就会发生不同的维生素缺乏病。例如,人体内维生素 C 缺乏引起的坏血病、维生素 B_1 缺乏引起的脚气病,都曾经是摧毁人类健康的大敌。

但是,过量或不适当地食用维生素,如有些人把维生素当成补药,造成人体内某些维生素过多症,对身体也是有害的。因此,切莫把维生素看成是灵丹妙药。

二、维生素分类与命名

维生素的分类与命名,目前看来还没有一个统一标准,不像前面酶的分类那样有世界(酶学委员会)组织来规范,所以比较混乱,各地常对一种维生素起几种名称,它们都是从不同的角度来命名的,目前有这样几种分类方法:

1. 根据发现的先后顺序用大写的英文字母命名　此种命名较常用。如第一个发现的用维生素 A,第二个发现的用维生素 B,依此类推,现在到 K 了。可是同一时间发现的、原来认为是一种维生素的,随着科学实验的不断深入,发觉它是不同种化合物,于是又在相同字母右下角用 1、2、3、4…数字加以区别,如维生素 B_1、维生素 B_2 等。

用这种分类方法分类并命名,目前所知道的种类有:维生素 A_1、维生素 A_2、维生素 B(B_1、B_2、B_3、B_5、B_6、B_7、B_{11}、B_{12})、维生素 C、维生素 D_1、维生素 D_2、维生素 D_3、维生素 E、维生素 K。这是最常用的分类命名方法。同时大家会发现不论是英文字母还是数字都有残缺,这是为什么呢? 原因是有的原来认为是维生素后来又被否定了,原有的排号因为大家已经习惯就没再向前提,于是成了现在的样子。

2. 根据生理功能进行命名　维生素 D 有预防和治疗佝偻病的作用,于是叫它抗佝偻病维生素;维生素 C 有抗坏血病的作用,于是叫它抗坏血病维生素。

3. 根据分子结构分类命名　如维生素 B_1 是含硫的胺类,故又称硫胺素;维生素 B_{11} 分子中含有羧基又名叶酸。

4. 根据化学溶解性分类命名　溶于水的叫水溶性维生素,包括维生素 B 族和维生素 C;不溶于水而溶于脂的叫脂溶维生素,包括维生素 A、维生素 D、维生素 E、维生素 K。

5. 根据来源情况分类命名　维生素 B_3 广泛存在于自然界中的各种生物体中而叫它泛酸;植物的绿叶中含量较多的维生素 B_{11} 又叫它叶酸。

三、维生素 B_1 与辅酶

1. 化学本质　维生素 B_1 是由含硫的噻唑环和含氨基的嘧啶环所组成,故称硫胺素。为无色结晶体,溶于水,在酸性溶液中很稳定,在碱性溶液中不稳定,易被氧化和受热破坏。一般使用的维生素 B_1 都是化学合成的硫胺素盐酸盐。维生素

B_1 在体内经硫胺素激酶催化，可与 ATP 作用转变成焦磷酸硫胺素（TPP）。

化学结构式如下：

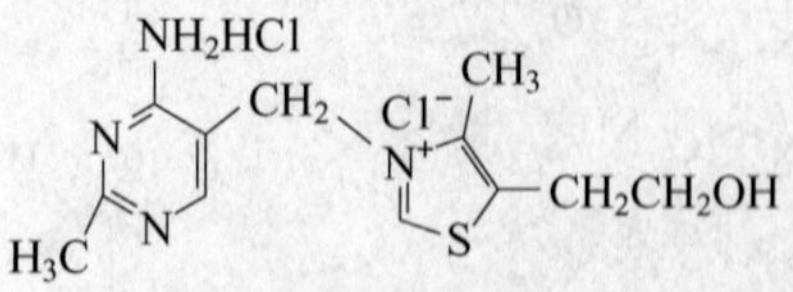

维生素 B_1（硫胺素）盐酸盐

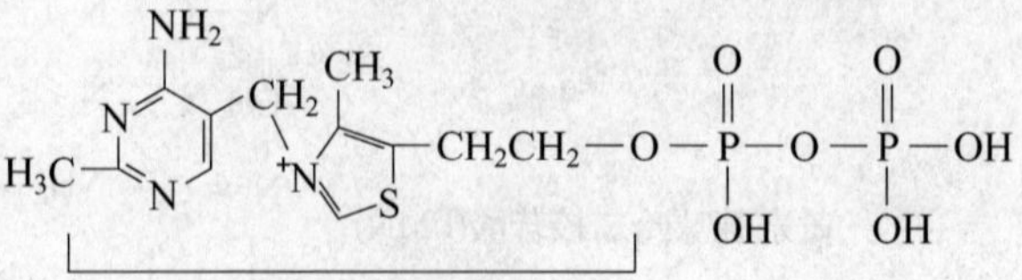

硫胺素（维生素 B_1）

焦磷酸硫胺素 TPP^+

2．辅酶（TPP） TPP 是催化丙酮酸或 α-酮戊二酸氧化脱羧反应的辅酶，所以又称为羧化辅酶。在此反应中，丙酮酸在丙酮酸脱氢酶系催化下，经脱羧、脱氢而生成乙酰辅酶 A 进入三羧酸循环。整个反应中除 TPP 外还需要硫辛酸、CoA、NAD 和 FAD 等多种辅酶参加（详见糖代谢一章）。

四、维生素 B_2 与辅酶

1．化学本质 维生素 B_2 是一种含有核糖醇基的黄色物质，故又名核黄素。其化学本质为核糖醇与 6，7-二甲基异咯嗪的缩合物。

维生素 B_2 为黄色针状晶体，味苦，微溶于水，极易溶于碱性溶液。水溶液呈黄绿色荧光，对光不稳定。

2．辅基（FMN\FAD） 在生物体内维生素 B_2 以黄素单核苷酸（FMN）和黄素腺嘌呤二核苷酸（FAD）的形式存在。它们是多种氧化还原酶（黄素酶）的辅基，一般与酶蛋白结合较紧，不易分开，可参与氧化过程中氢的传递作用。

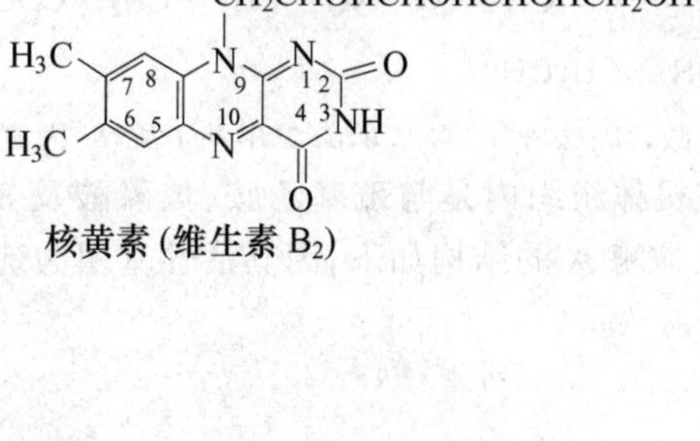

核黄素（维生素 B_2）

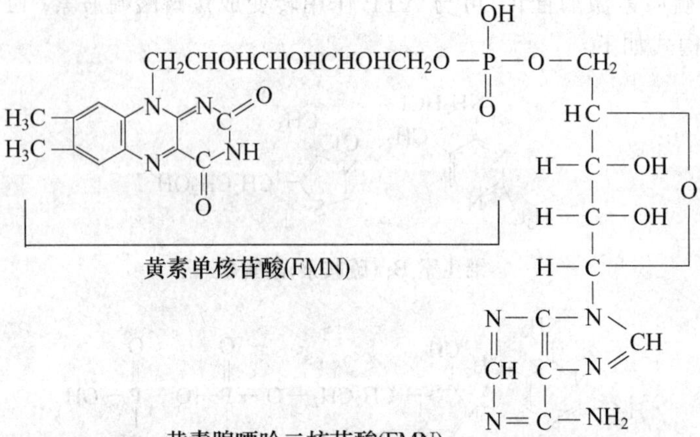

黄素单核苷酸(FMN)

黄素腺嘌呤二核苷酸(FMN)

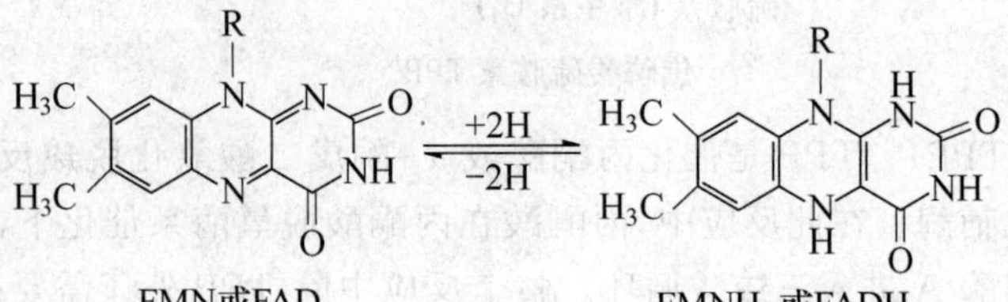

FMN或FAD　　　　$FMNH_2$或$FADH_2$

简化式如下：

$$FMN \underset{-2H}{\overset{+2H}{\rightleftharpoons}} FMNH_2$$

$$FAD \underset{-2H}{\overset{+2H}{\rightleftharpoons}} FADH_2$$

五、泛酸与辅酶

1. 化学本质　泛酸是由 β-丙氨酸与羟基丁酸缩合而构成的有机酸，因其广泛存在于动植物组织故名泛酸或遍多酸。

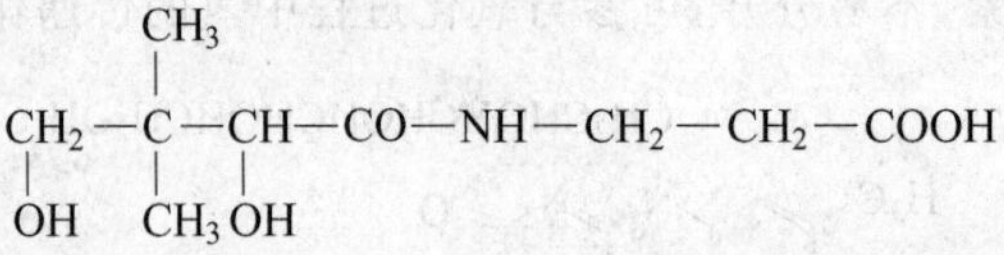

泛酸，N-(α,γ-二羟基β,β-二甲基丁酰)β-丙氨酸

2. 辅酶　泛酸在机体组织内是与巯基乙胺、焦磷酸及 3′-磷酸腺苷结合成为辅酶 A 而起作用的。辅酶 A 的结构如下，因其活性基团为巯基，故常用 CoA－SH 表示之。

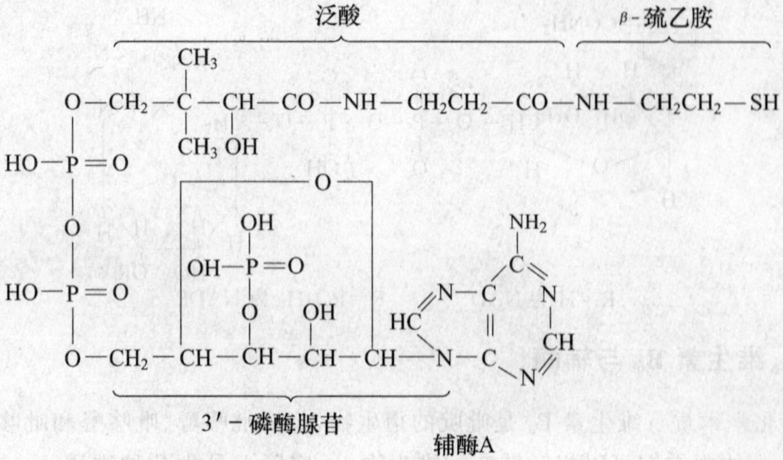

六、维生素PP与辅酶

1. 化学本质　维生素PP是烟酸和烟酰胺两种化合物的总称，PP是防癞皮病的缩写，它们都是吡啶的衍生物，在体内主要由色氨酸生成。为无色晶体，较稳定，不被光和热破坏，对碱很稳定，溶于水及乙醇。

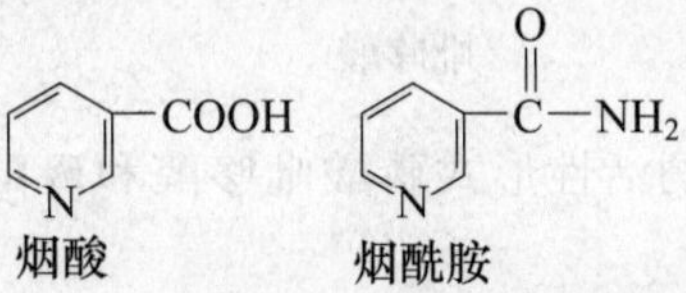

2. 辅酶　烟酰胺是构成烟酰胺腺嘌呤二核苷酸NAD^+（辅酶Ⅰ）和烟酰胺腺嘌呤二核苷酸磷酸$NADP^+$（辅酶Ⅱ）的成分。NAD^+和$NADP^+$在体内是多种不需氧脱氢酶的辅酶，在氧化还原反应中起到传递氢的作用，并且反应可逆，过程如下：

$$NAD^+ \underset{-2H}{\overset{+2H}{\rightleftharpoons}} NADH + H^+$$

$$NADP^+ \underset{-2H}{\overset{+2H}{\rightleftharpoons}} NADPH + H^+$$

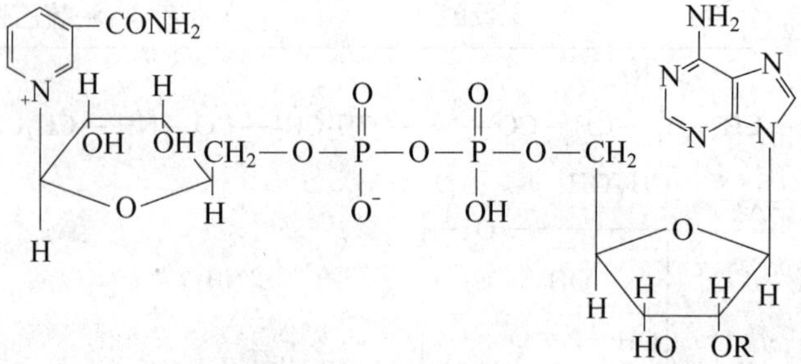

R＝H 为 NAD^+　　R＝PO_3H_2 为 $NADP^+$

七、维生素 B_6 与辅酶

1. 化学本质　维生素 B_6 是吡啶的衍生物，包括吡哆醇、吡哆醛和吡哆胺三种化合物，在体内它们可以相互转变。维生素 B_6 实际上是由几种物质——吡哆醇、吡哆醛、吡哆胺的集合，它们以共价键，与转氨酶的赖氨酸残基的氨基生成醛亚胺，组成转氨酶的辅基

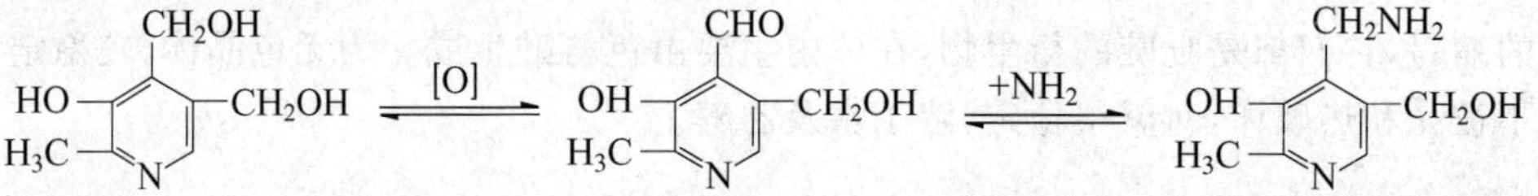

吡哆醇　　吡哆醛　　吡哆胺

2. 辅酶　维生素 B_6 的活性形式磷酸吡哆醛和磷酸吡哆胺，是氨基酸代谢中多种酶的辅酶。

八、生物素与辅酶

1. 化学本质　生物素，也称之为维生素 H，是具有噻吩与尿素相结合的骈环，并带有戊酸侧链。

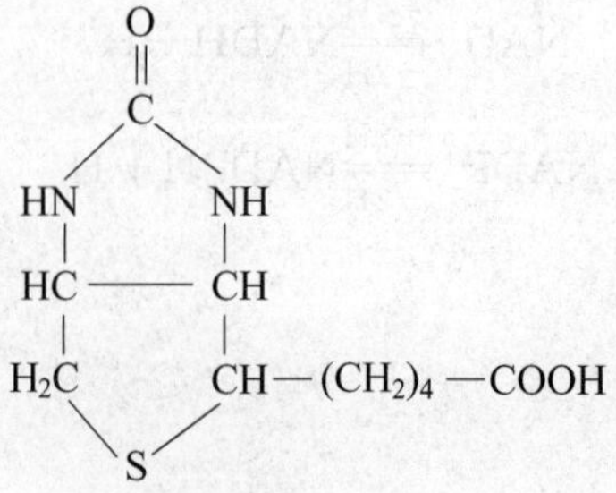

生物素

生物素是一无色、针状的物质，微溶于水中，较易溶解于酒精里，但不溶于其他有机溶剂。生物素对热较稳定，并不被酸或碱所破坏

2. 辅酶　生物素侧链上的羧基，与羧化酶蛋白分子中赖氨酸残基的 ε -氨基以酰胺键相连接，并起羧基传递体的作用。传递的羧基结合在生物素的氮原子上，因此生物素是羧化酶的辅基。

九、叶酸与辅酶

1. 化学本质　叶酸由于最早从植物叶子中提取而得名，别名维生素 M、维生素 B_{11}、蝶酰谷氨酸等。叶酸是由蝶呤啶、对氨基苯甲酸和谷氨酸三部分组成的分子。叶酸的化学名称是蝶呤酰谷氨酸。其结构式如下：

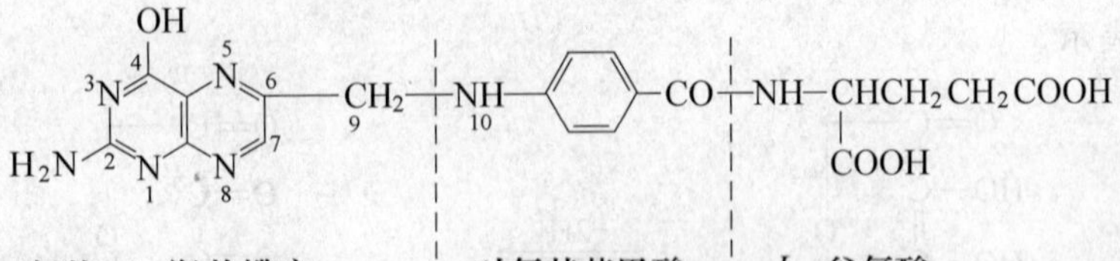

2- 氨基 -4- 羟基蝶啶　对氨基苯甲酸　*L*- 谷氨酸

叶酸的化学结构式

叶酸在食物中，大多以蝶呤酰多聚谷氨酸的形式存在，即分子中含有二分子、三分子以至七分子的谷氨酸，相互连接在一起。这些具有蝶呤酰谷氨酸生物活性的一类物质，称为“叶酸盐”。叶酸在体内必须转变成四氢叶酸（FH_4 或 THFA）才有生理活性。小肠黏膜、肝及骨髓等组织含有叶酸还原酶，在 NADPH 和维生素 C 的参与下，可催化此种转变。

2. 辅酶　叶酸经肠道吸收，在肝脏中略有贮存。叶酸在肝脏中受叶酸还原酶、二氢叶酸还原酶及 NADPH 的作用，转变为四氢叶酸，四氢叶酸是一碳单位转移酶的辅酶。

十、维生素 B_{12} 与辅酶

1. 化学本质　维生素 B_{12} 因其分子中含有金属钴和许多酰氨基，又称钴胺素或氰钴素。是一种由含钴的卟啉类化合物组成的 B 族维生素。维生素 B_{12} 为深红色晶体，溶于水、乙醇和丙酮。其水溶液相当稳定，但酸、碱和日光可使它破坏。

维生素 B_{12} 结构复杂，分子中的钴（可以是一价、二价或三价的）能与—CN、—OH、—CH_3 或 5′-脱氧腺苷等基团相连，分别称为氰钴胺、羟钴胺、甲基钴胺和

5′-脱氧腺苷钴胺,后者又称为辅酶 B_{12}。其实,甲基钴胺也是维生素 B_{12} 的辅酶形式。

2. 辅酶　维生素 B_{12} 的两种辅酶形式——甲基钴胺和 5′-脱氧腺苷钴胺,在代谢中的作用各不相同。甲基钴胺($CH_3 \cdot B_{12}$)参与体内甲基移换反应和叶酸代谢,是 N_5-甲基四氢叶酸酶甲基移换酶的辅酶。此酶催化 N_5-甲基四氢叶酸和同型半胱氨酸之间不可逆的甲基移换反应,产生四氢叶酸和蛋氨酸。

十一、维生素 C

1. 化学本质　维生素 C 又称抗坏血酸,是一种己糖内酯,分子中 C-2 和 C-3 位上两个相邻的烯醇式羟基极易解离出 H^+,故维生素 C 具有酸性。这两个位置上的羟基也很容易被氧化成羰基,所以维生素 C 又是很强的还原剂。可用下列图解表示。

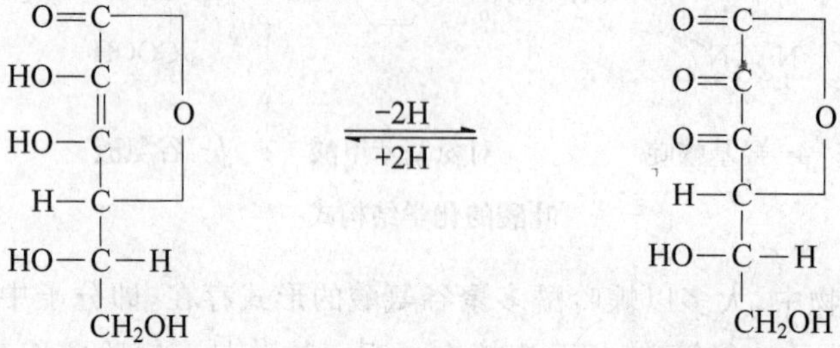

维生素 C　　　　氧化型维生素 C

维生素 C 为无色晶体,味酸,溶于水及乙醇,不耐热,在碱性溶液中极不稳定,日光照射后易被氧化破坏,有微量铜、铁等重金属离子存在时更易氧化分解,干燥条件下较为稳定。故维生素 C 制剂应放在干燥、低温和避光处保存。

2. 辅酶　维生素 C 是脯氨酸羟化酶的辅酶。此外,细胞中许多含—SH 的酶需要游离的—SH 状态才能发挥作用,维生素 C 可维持这些酶的—SH 处于还原状态。

3. 生理功能　维生素 C 在体内能维持毛细血管正常渗透和结缔组织的正常代谢;调节脂肪代谢,促使胆固醇转化;有抗氧化作用,能保护不饱和脂肪酸,使之不被氧化成为过氧化物,因此维生素 C 还有保护细胞和抗衰老作用。现在已知维生素 C 缺乏造成的羟化损害,使合成的胶原缺少稳定性,羟化的脯氨酸残基能在三股胶原螺旋间生成氢键,使胶原分子得以稳定。胶原是结缔组织、骨、毛细血管的重要组成成分,由于抗坏血酸的氧化还原作用,它可促进免疫球蛋白的合成,增强机体的抵抗力。同时还能使氧化型谷胱甘肽转化为还原型谷胱甘肽(简称

GSH)，而 GSH 可与重金属结合而排出体外，因此维生素 C 常用于重金属的解毒。维生素 C 是重要的水溶性抗氧化剂，它的抗氧化功能是多方面的。维生素 E 在抗膜脂质不饱和脂肪酸过氧化作用中，生成生育酚自由基，它的再还原主要依赖维生素 C。它与脂溶性抗氧化剂维生素 E，胡萝卜素等的偶联协同作用，在清除氧自由基方面和参与体内其他的氧化还原反应方面起着重要的作用。

4. 存在范围　主要存在于新鲜水果及蔬菜中。水果中以猕猴桃含量最多，在柠檬、橘子和橙子中含量也非常丰富；蔬菜以辣椒中的含量最丰富，在番茄、甘蓝、萝卜、青菜中含量均较多，野生植物以刺梨中的含量最多，每 100 g 中含2 800 mg，有“维生素 C 王”之称。人体内不能合成维生素 C，需从食物中摄取。

5. 缺乏症　缺乏维生素 C 会引起坏血病，病人毛细血管脆性增加，皮下可见出血小点(与维生素 K 缺乏时的较大片出血斑不同)。维生素 C 有一定的治疗和保健作用。缺乏时，可能引起多种症状。最典型的维生素 C 缺乏症是坏血症，患者毛细血管易出血，牙龈发炎。临床上，维生素 C 除用于防治坏血病外，对动脉粥样硬化症也有防治功用。

十二、维生素 A

1. 化学本质　维生素 A，又称抗干眼病维生素，包括维生素 A_1(视黄醇)和维生素 A_2(3-脱氢视黄醇)，两者均为 20 个碳含白芷酮环的多烯烃一元醇。A_1 和 A_2 的差别仅后者在 3、4 碳原子之间多一个双键。

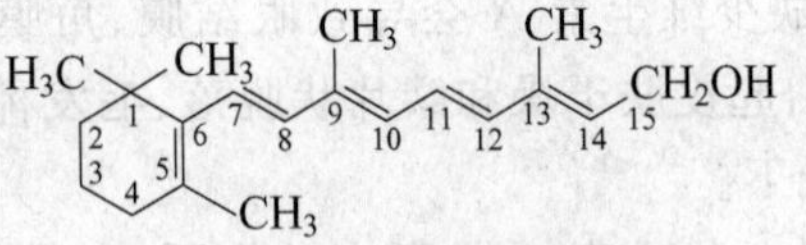

维生素 A_1(视黄醇的结构式)

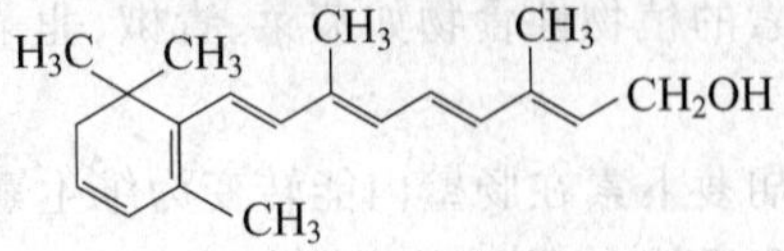

维生素 A_2(3-脱氢视黄醇)

植物(如胡萝卜、菠菜、红薯)中所含的胡萝卜素，在人体内经肠壁或肝脏中的胡萝卜素酶的作用，可以转化为维生素 A：

2. 生理功能　维生素 A 影响许多细胞内的新陈代谢过程，在视网膜的视觉反应中有特殊的作用，而维生素 A 醛(视黄醛)在视觉过程中起重要作用。视网膜中有感强光和感弱光的两种细胞，感弱光的细胞中含有一种色素叫做视紫红质，它是

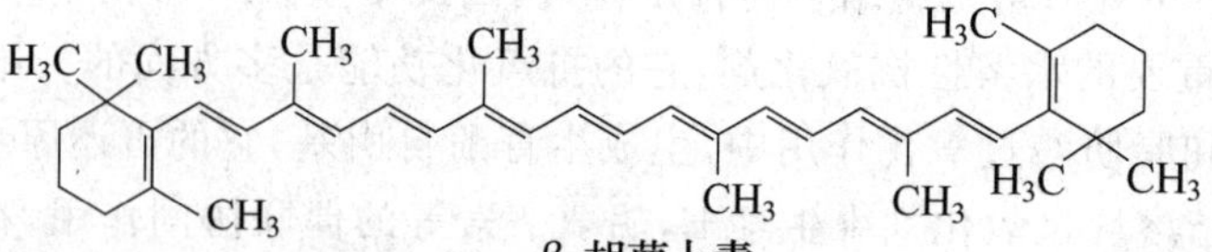

β-胡萝卜素

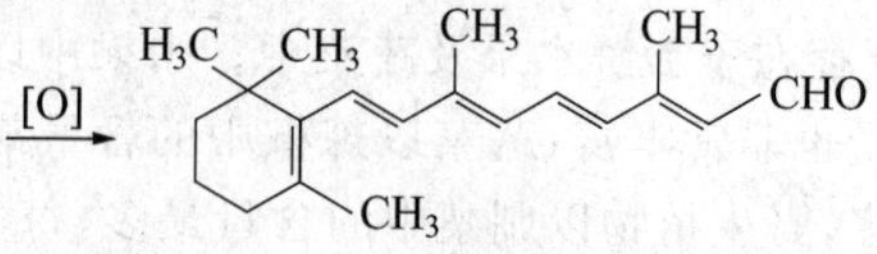

维生素 A 醛

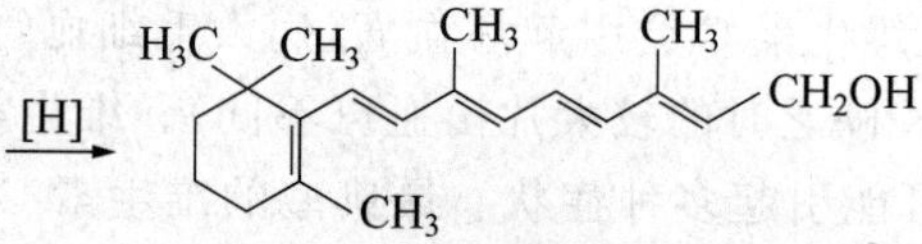

维生素 A

在黑暗的环境中由顺视黄醛和视蛋白结合而成的，在遇光时则会分解成反视黄醛和视蛋白，并引起神经冲动，传入中枢产生视觉。视黄醛在体内不断地被消耗，需要维生素 A 加以补充。

3. 缺乏症　如果体内缺少维生素 A，合成的视紫红质就会减少，使人在弱光中的视力减退，这就是产生夜盲症的原因，所以维生素 A 可用于治疗夜盲症。例如中国民间很早就用食羊肝治疗“雀目”(即夜盲症)。维生素 A 还与上皮细胞的正常结构和功能有关，缺少维生素 A 会导致眼结膜、角膜干燥和发炎，甚至失明。维生素 A 的缺乏还会引起皮肤干燥和鳞片状脱落、毛发稀少、呼吸道的多重感染、消化道感染和吸收力低下。

4. 存在范围　人体的维生素 A 主要有动物肝、未脱脂乳及其制品、蛋类等食物来源，富含 β-胡萝卜素的植物性食物如菠菜、青椒、韭菜、胡萝卜、南瓜等也是重要的食物来源。

植物性食物中的类胡萝卜素在肠壁内能转变为维生素 A，因此含 β-胡萝卜素的植物性食物也是人体所需维生素 A 的来源。

十三、维生素 D

1. 化学本质　又称抗佝偻病维生素，是类固醇衍生物。有 4 种有效成分，其中维生素 D_2(麦角钙化醇)和维生素 D_3(胆钙化醇)的生理活性较高。两者的结构十分类似，D_2 在侧链上比 D_3 多一个甲基和一个双键。维生素 D 为无色晶体，不溶于水而溶于油脂及弱极性和非极性溶剂。相当稳定，不易被酸、碱或氧化剂所破坏。

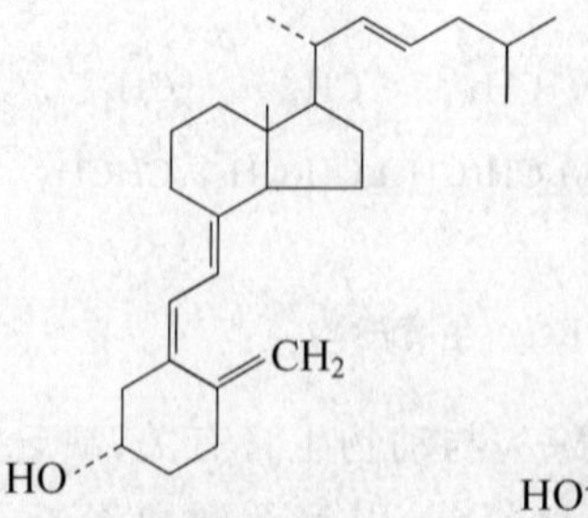

维生素 D_2

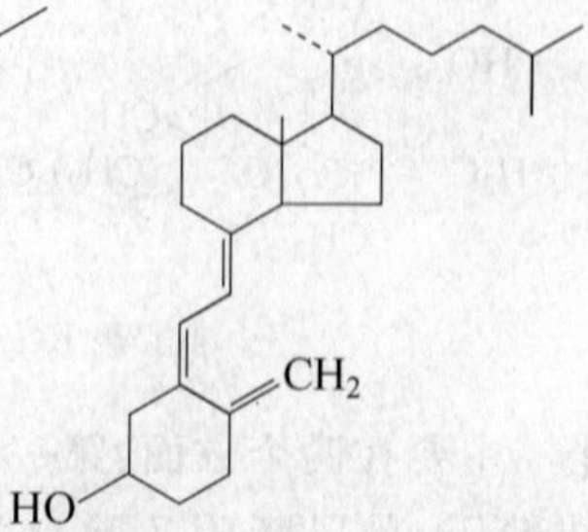

维生素 D_3

2. 生理功能　主要是调节钙磷代谢，但现已清楚维生素 D 本身并不具调节钙磷代谢的作用，需在体内代谢成 1,25 -$(OH)_2$ - D_3 后，才能对钙磷代谢起调节作用，1,25 -$(OH)_2$ - D_3 是维生素 D 的活性形式。维生素 D 的第一次羟化生成 25 - OH - D_3 在肝中进行，然后再在肾脏进行第二次羟化，生成 1,25 -$(OH)_2$ - D_3。后者由血液中维生素 D 结合蛋白质运送到靶器官如小肠黏膜、骨、肾细胞，与这些细胞的核内特异受体结合，使钙结合蛋白基因激活表达，所以 1,25 -$(OH)_2$ - D_3 已被认为是一种激素，对钙、磷代谢起调节作用。酵母的麦角固醇和人、脊椎动物皮肤的 7 -脱氢胆固醇经紫外光照射，可分别生成维生素 D_2 和维生素 D_3。两者有相同的生物学功能，但维生素 D_3 的生理活性强于维生素 D_2。

3. 缺乏症　维生素 D 缺乏会导致钙、磷代谢失常，影响骨质形成，在儿童时导致佝偻病，成人导致骨软化病。长期维生素 D 摄食不足或不晒太阳，易引起体内缺乏维生素 D，不能维持钙平衡，患者骨质软弱，膝关节发育不全，两腿形成内曲或外曲畸形；成人则发生骨骼脱钙作用，孕妇和授乳妇女的脱钙作用严重时，导致骨质疏松病，患者骨骼易折，牙齿易脱落。经常服用鱼肝油可防治维生素 D 缺乏病。日光中的紫外线可使皮肤内的维生素 D 前体（7 -脱氢胆固醇）转化为维生素 D，故多晒日光可预防维生素 D 缺乏。

4. 存在范围　鱼肝油、肝、蛋黄中存在；日光照射皮肤可制造 D_3。

十四、维生素 E

1. 化学本质　维生素 E 又称生育酚（抗不育维生素）。其化学结构为异戊二烯的 6 -羟基杂满（苯骈二氢吡喃）的衍生物。天然存在的维生素 E 有 7 种，其中生物活性最强的是 α -生育酚（维生素 E），为淡黄色无嗅无味的油状物，不溶于水，溶于油脂；耐热、耐酸并耐碱，极易被氧化，可作抗氧化剂。

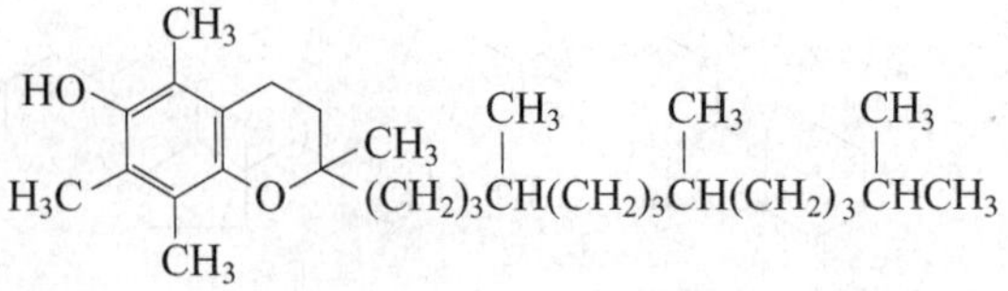

维生素 E(α-生育酚)

2. 生理功能　主要在两个方面:第一,与动物生育有关,缺乏维生素 E 雄鼠睾丸退化,不能生成精子,雌鼠胚胎及胎盘萎缩,引起不育和流产。第二,维生素 E 具抗氧化作用,它是一类人体内重要的过氧化自由基的清除剂,保护生物膜磷脂和血浆脂蛋白中的多不饱和脂肪酸免遭氧自由基破坏。维生素 E 是一种断链抗氧化剂,阻断酯类过氧化链式反应的产生与扩展,从而保护细胞膜的完整性。

3. 缺乏症　在缺乏维生素 E 时,过氧化自由基(ROO·)可与多不饱和脂肪酸(RH)反应,生成有机过氧化物(ROOH)与新的有机自由基(R·)。R·经氧化又生成新的过氧化自由基,于是形成一条过氧化自由基生成的锁链,使自由基的损伤作用进一步放大。如维生素 E 缺乏时,雌性鼠易流产,雄性鼠出现睾丸萎缩、精子活动能力减退,但在人类尚未发现有因缺乏维生素 E 而致不育的实例。维生素 E 缺乏可致红细胞脆性增高,细胞膜及生物大分子的结构与功能失常。老年人组织中脂褐质的堆积,也是自由基作用的结果,故认为维生素 E 有抗衰老的作用。

4. 存在范围　1938 年卡勒等人已将 α-生育酚人工合成。在自然界,维生素 E 广泛分布于动植物油脂、蛋黄、牛奶、水果、莴苣叶等食品中,在麦胚油、玉米油、花生油、棉籽油中含量更丰富。

动物体内不能合成维生素 E,所需的维生素 E 都从食物中取得。维生素 E 主要用于防治不育症和习惯性流产。维生素 E 作为一种抗衰老药物,对延缓衰老有一定作用。作为一种抗氧化剂,在浓缩鱼肝油中略加维生素 E,可保护鱼肝油中的维生素 A 不被氧化破坏,以延长维生素 A 的贮存期。

十五、维生素 K

1. 化学本质　维生素 K 又称凝血维生素,是具有异戊烯类侧链的萘醌化合物,自然界存在维生素 K_1 和维生素 K_2 两种,其化学结构见图。K_3 为人工合成的化合物,可作为 K_1 和 K_2 的代用品。

2. 生理功能　维生素 K 是谷氨酸 γ 羧化酶的辅酶,可参与骨钙素中谷氨酸的 γ 位羧基化,从而促进骨矿盐沉积,促进骨形成。

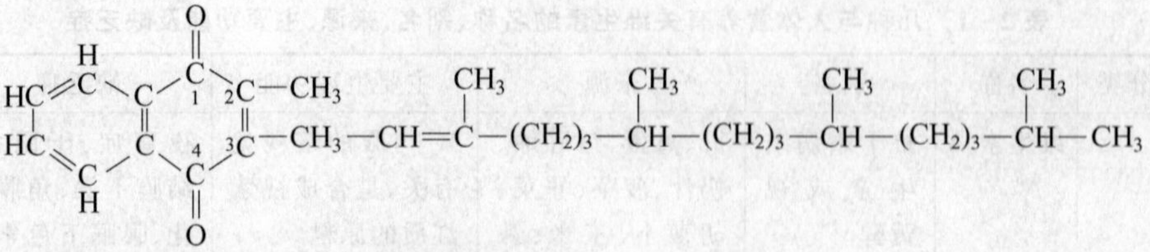

维生素 K_1

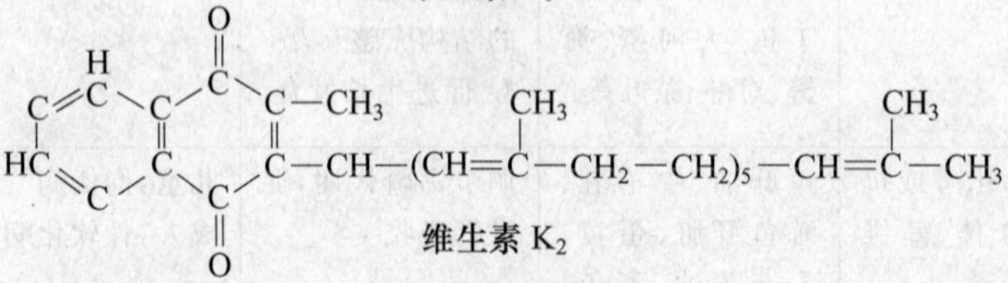

维生素 K_2

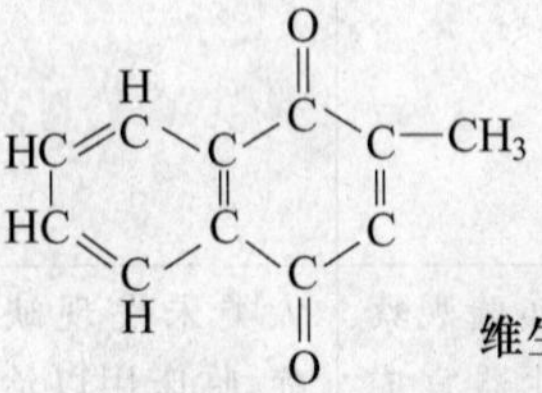

维生素 K_3

3. 缺乏症 当口服抗生素造成肠道菌谱紊乱或胆汁分泌障碍(如阻塞性黄疸)等脂肪吸收不良情况下,可发生维生素 K 缺乏,维生素 K 缺乏表现为凝血过程出现障碍,凝血时间延长。

4. 存在范围 由于绿叶蔬菜含有丰富的维生素 K_1,肠道细菌能合成提供部分维生素 K_2,故通常情况下人体不会出现缺乏症。

十六、其他常见辅酶

1. 硫辛酸 硫辛酸是一种含硫脂肪酸,结构是 6,8-二硫辛酸,在糖代谢中有重要作用,是丙酮酸和 α-酮戊二酸脱氢酶复合体中的辅酶,在氧化脱羧过程中起着传递酰基和氢的作用。

2. 铁卟啉 铁卟啉即血红素,由 4 个吡咯环借助 4 个甲烯基桥连接而成。分子中有 1 个铁原子,位于卟啉环的中心。铁卟啉是细胞色素 C 氧化酶、过氧化氢酶和过氧化物酶的辅基,通过铁卟啉的三价铁和二价铁之间的相互转化起到传递电子的作用。

表 2-1 几种与人体营养有关维生素的名称、别名、来源、主要功能及缺乏症

分类	名称	别名	来源	主要生理功能	缺乏症
脂溶性维生素	维生素 A	抗干眼病维生素或视黄醇	肝、禽蛋、鱼肝油、奶汁、菠菜、韭菜、胡萝卜、玉米、辣椒、柿子、青鱼、沙丁鱼、大河蟹、海蟹、对虾、茶叶等	1. 与眼的暗视觉有关，是合成视紫红质的原料 2. 维持上皮组织的结构完整 3. 促进生长发育	夜盲症、干眼病、结膜干燥、角膜软化、眼眶下色素沉着等
	维生素 D	钙化醇或抗佝偻病维生素	鱼肝油、牛羊乳、海鱼肝脏、蛋黄、人造黄油、青鱼、沙丁鱼、海鱼油等；日光照射皮肤可制造维生素 D_3	调节钙磷代谢，促进钙吸收	儿童：佝偻病 成人：骨软化病
	维生素 E	生育酚	植物油、莴苣、柑橘皮、杏仁、鲜果、牛肉、牛奶、胡萝卜、小麦、麦芽、花生、鸡蛋、肉类等	1. 动物实验观察发现与性器官成熟及胚胎发育有关，与肌肉细胞营养有关 2. 与营养性巨红细胞贫血(特别是婴儿型)有关 3. 抗氧化作用	人类未发现缺乏症，临床用以治疗习惯性流产等
	维生素 K	凝血维生素	肝、菠菜、白菜、西红柿、瘦肉、肠道菌群能合成	与肝脏合成凝因子Ⅱ、Ⅶ、Ⅸ、Ⅹ、有关	偶见于新生儿及胆管阻塞症，表现为凝血时间延长或血块回缩不良
水溶性维生素	维生素 B_1	硫胺素或抗脚气病维生素	酵母、豆、瘦肉、猪肝、牛肉、甲鱼、花生仁、五谷外皮胚芽	1. 为 α-酮酸氧化脱羧酶的辅酶 2. 参与磷酸葡萄糖代谢旁路反应，抑制胆碱酯酶活性	脚气病，肠胃道机能障碍

续表 2-1

分类	名称	别名	来源	主要生理功能	缺乏症
水溶性维生素	维生素 B_2	核黄素	酵母、蛋、奶类、豆类、动物内脏、甲鱼、蟹、干鱼、鲜蘑菇、绿叶蔬菜等	构成黄酶的辅基成分，参与生物氧化酶体系	口角炎、舌炎唇炎、阴囊皮炎等
	维生素 PP	抗癞皮病维生素	肉、肝、沙丁鱼、鲑鱼、咖啡（速溶）、酵母、谷类及花生等，人体可自色氨酸转变一部分	构成脱氢酶的辅酶成分，参与生物氧化酶体系	癞皮病（表现为对称性皮炎），舌炎，腹泻及神经症
	维生素 B_6	吡哆酸	酵母、蛋黄、肝、谷类、豆类、菠菜、胡萝卜、胡桃等；肠道细菌可合成	为辅酶 A 的主要组成成分，参与体内酰基转移作用	脂溢性皮炎、口腔炎症、贫血
	泛酸（B_5）	遍多酸	动植物细胞中均含有以鸡蛋、豆类、和花生含量高；肠道细菌也能合成	为辅酶 A 的主要组成成分，参与体内酰基转移作用	人类未发现缺乏症
	叶酸	维生素 M	肝、酵母、小麦、黄豆、绿豆、豌豆、花生、山芋、白菜、荠菜、莴苣、小牛肝等；肠道细菌可合成	以四氢叶酸开式参与一碳基团转移，与蛋白质、核酸合成；红细胞、白细胞成熟有关	巨幼红细胞性贫血
	维生素 B_{12}	氰钴胺素或氰钴素	牛肉、牛肝、猪心、蛤蚶、牡蛎、双壳贝、蟹、鲑鱼、肉等，肠道细菌可合成	提高叶酸利用率；促进胆碱、核酸的合成；促进红细胞成熟	巨幼红细胞性贫血
	维生素 C	抗坏血酸或抗坏血病维生素	新鲜水果、蔬菜、特别是番茄、橘子、桃子、鲜枣、柚橙、蜜梨、山楂、草莓、芥兰、雪里蕻、苋菜、甜椒等含量较高	1. 与细胞间质形成有关 2. 参与组织细胞的氧化还原反应 3. 有解毒作用和抗癌作用 4. 参与体内其他的代谢反应 5. 有改善的保护心功能的作用	坏血病

拓展与应用

一、青霉素的抗菌机理

青霉素是第一种能够治疗人类疾病的抗生素。它的结构与细菌细胞壁的成分粘肽结构中的 *D*-丙氨酰-*D*-丙氨酸近似，可与后者竞争糖肽转肽酶，并与糖肽转肽酶活性中心的丝氨酸羟基(Ser—OH)共价结合，使酶失活，阻碍了粘肽的形成，造成细胞壁的缺损，使细菌失去细胞壁的渗透屏障。由于敏感菌菌体内渗透压高，使水分不断内渗，以致菌体膨胀，促使细菌裂解死亡，对细菌起到杀灭作用。因为哺乳类动物和真菌细胞无细胞壁，故青霉素对人毒性小，对真菌无效。

二、维生素 C 的作用、缺乏症及致病机理

维生素 C 对人体形成正常胶原组织(collagen)是必需的。人体内不能合成维生素 C，需从饮食中摄取。维生素 C 广泛存在于水果及蔬菜中，水果以甘橘类、葡萄类、莓类等含量丰富，蔬菜则以绿叶菜、出芽的菜或豆、块茎类、薯类含量较多。人肾上腺及眼晶体中含维生素 C 量特别高。维生素 C 极易溶于水，有很强的还原性，遇以下几种情况易遭破坏：①碱性环境；②微量铜；③蔬菜被剁、切、挤压、撕损后释放抗坏血酸氧化酶；④加热煮沸时间过长；⑤制就的菜肴放置过久。

维生素 C 的结构类似单糖，普遍认为是胶原生物合成必需的脯氨酸羟化酶(prolylhydroxylase)和赖氨酸羟化酶(lysylhydroxylase)的重要辅助因子，并可加强多种羟化酶及氧化酶的活性。由于其氧化-还原能力的可逆性，在微粒体电子转运中很活跃。对防止胶原解聚和维持基质的完整性，都起到重要作用。在体内能使叶酸转变为四氢叶酸，而促进红细胞的成熟；将三价铁还原为二价铁，利于肠道对铁的吸收及血红蛋白的合成与形成铁蛋白贮于肝内。还能促进某些肾上腺及垂体激素、免疫球蛋白及神经递质的合成。

有些芳香族氨基酸代谢需维生素 C 参与，故患坏血病时可有酪氨酸尿；新生儿期尤以低体重儿常见血酪氨酸过高；早产儿如用高蛋白乳液喂养，尿内常排出多量酪氨酸和苯丙氨酸。这几种情况皆可用维生素 C 矫正。

维生素 C 缺乏可导致胶原纤维形成障碍，细胞间结合质减少，牙质及骨样组织形成停滞，毛细血管出血，创伤愈合延迟，叶酸和铁代谢障碍而引起贫血等一系列病变。主要病变是由于胶原的缺乏引起出血和骨骼的变化。维生素 C 缺乏时，胶原的主要成分羟基脯胺酸(hydroxyproline)和软骨素硫酸盐(chondroitin sulfate)减少，使胶原纤维形成发生障碍。其结果可出现下列病变：①由于结缔组织

形成发生障碍，毛细血管内皮细胞间缺乏结合质，以致毛细血管脆性及管壁渗透性增加，可在皮肤、黏膜、骨膜下、关节腔及肌肉内出血。②骨骼病变：多在肋骨软骨连接部位及长骨端，尤其在腕、膝和踝关节附近。由于基质的形成受到影响，成骨细胞不能再形成正常细胞间的骨样组织，软骨内骨化发生障碍，但软骨基质内钙质沉着继续进行。特征是干骺端临时钙化带钙质堆积，形成临时钙化带致密增厚。成骨作用被抑制，不能形成骨组织，已形成的骨小梁变脆易折，干骺端骨质脆弱，常导致骨折和骨骺分离。原有的皮质骨和松质骨由于内吸收而出现一般性骨萎缩。骨外膜变松，由于出血倾向常可见骨膜下出血。③牙齿病变：牙龈充血与水肿，或齿质细胞层退化，因胶原缺乏而牙齿松动。牙龈的病变开始是牙龈乳头增生及肉芽组织生长，后逐渐坏死，此病变常见于已出牙的小儿。病情严重者可有骨骼肌退行性变，心脏肥大，骨髓抑制及肾上腺萎缩。

思考与练习

一、名词解释

1. 酶　2. 酶的活性中心　3. 酶原激活　4. 辅酶　5. 同工酶　6. 竞争性抑制作用　7. 维生素　8. 核酶

二、问答题

1. 酶的催化作用有哪些特点？
2. 何谓同工酶？举例说明在医学上有何应用。
3. 何谓酶原激活？试述酶原激活的机理及其生理意义。
4. 简述有机磷农药中毒和磺胺类药物抑菌的生化机理。
5. 简述影响酶促反应速度的因素。

第三章 生物氧化

知识目标：

- 了解生物氧化的概念、类型及特点。
- 掌握线粒体内两条主要呼吸链中氢和电子的传递方式、ATP 生成方式。
- 掌握呼吸链的组成、作用机理、阻断作用。

生物体在其生命活动过程中，不断地与外界环境进行着物质和能量的交换。生物体细胞内物质的分解与合成、能量的释放与吸收，都离不开生物氧化过程。

第一节 生物氧化概述

一、生物氧化的概念

能量是一切生物体生命活动所必需的。能量的来源，主要依靠糖、脂肪、蛋白质等有机物在体内的氧化分解。有机物质在生物体活细胞内氧化分解，并释放能量的过程称为生物氧化。由于氧化是在细胞内进行的，又称之为“细胞氧化”或“组织氧化”。由于多数氧化过程需要氧参与，同时又有 CO_2 的生成，因此又称之为“细胞呼吸”或“组织呼吸”。

二、生物氧化的特点

生物氧化与体外的非生物氧化过程，化学本质是相同的，都是通过脱氢、加氧、失电子等方式进行的，而且同一质量的同种物质所释放出来的总能量也相等。但生物氧化是在生物活细胞内进行的，与体外氧化相比，生物氧化具有其特点。

(1)生物氧化和非生物氧化反应条件不同。生物氧化是在活细胞内进行的，即在常温、常压、酸碱适中、有 H_2O 参加的温和条件下进行的，而非在短时间内高温、高压等的条件下进行的。

(2)生物氧化的一系列反应过程均需在酶催化下才能完成。

(3)生物氧化过程是分阶段逐步进行的,有着严格的顺序。

(4)生物氧化的能量是逐步释放的,除一部分能量以热的形式散失外,大部分能量暂时贮存在 ATP 中,这样既提高了能量的利用率,又可避免由能量集中释放使温度骤然升高而造成对生物体的损害。

(5)生物氧化的速率严格受有机体等多种因素的调控。

(6)生物氧化的场所。真核生物主要在线粒体内膜上进行,而无线粒体的原核生物是在细胞膜上进行。

三、生物氧化的方式

动物体内,生物氧化的方式通常有 3 种,即脱氢反应、加氧反应和失电子反应。

1. 脱氢反应　底物分子在酶的作用下脱氢氧化的反应,是体内最常见的氧化方式。底物分子脱氢的同时常伴有电子的转移。

2. 加氧反应　底物分子直接加入氧分子或氧原子,使底物被氧化的反应。

3. 失电子反应　在反应过程中失去电子,使被氧化物化合价升高的反应。

生物体内的物质在氧化过程中常与还原反应同时并存,因此体内不存在游离的氢原子或电子。在氢和电子的转移过程中,能够提供氢或电子的物质称供氢体或供电子体,而接受氢或电子的物质称受氢体或受电子体。

第二节　生物氧化中二氧化碳的生成

生物氧化中,CO_2 的生成并不是由碳原子直接与氧结合,而是糖、蛋白质、脂肪等物质在体内代谢过程中先形成含羧基的化合物,然后在脱羧酶的作用下,进行脱羧反应生成 CO_2。根据脱羧过程是否伴随着物质的氧化,把脱羧反应分为单纯脱羧和氧化脱羧两种类型。又由于脱羧时羧基的位置不同,把脱羧又分为 α 脱羧和 β 脱羧两种。

一、单纯脱羧

单纯脱羧指的是不伴随物质氧化脱去羧基的反应。α 单纯脱羧是不伴随氧化脱去 α 碳位上羧基的反应,如谷氨酸脱羧反应。β 单纯脱羧是不伴随氧化反应脱去 β 碳位上羧基的反应,如草酰乙酸的脱羧反应。

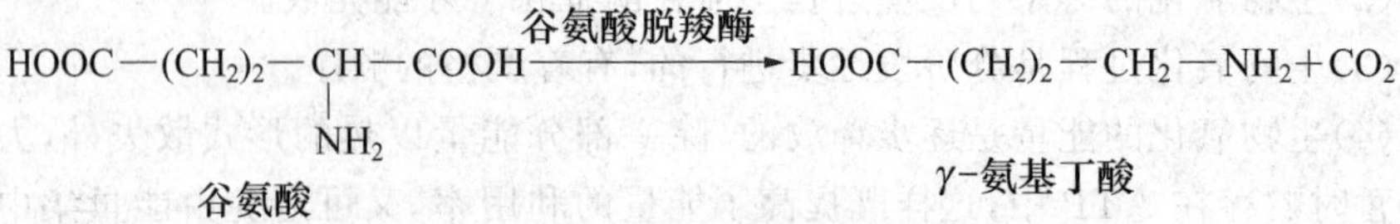

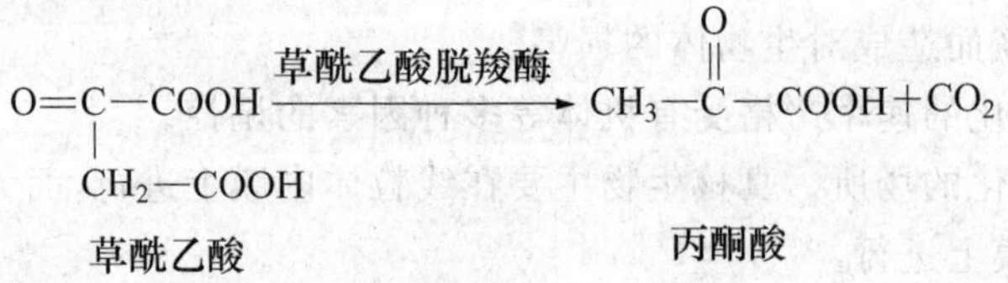

二、氧化脱羧

氧化脱羧是指在脱羧过程中伴随着物质氧化的反应。α 氧化脱羧，如丙酮酸的脱羧；β 氧化脱羧，如苹果酸的脱羧。

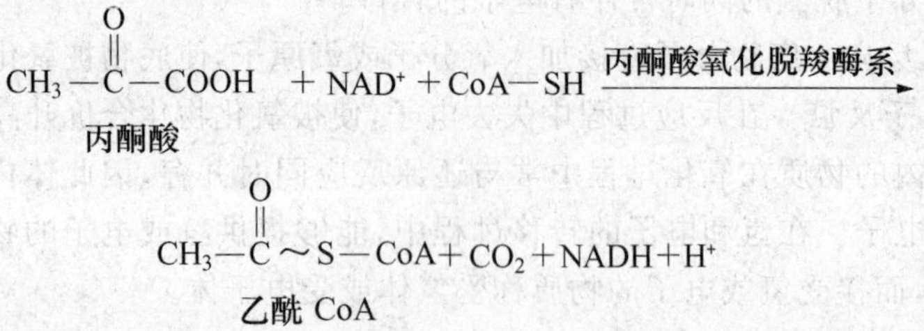

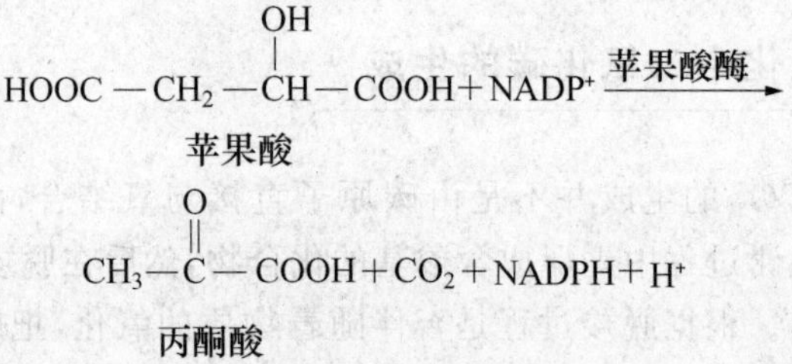

第三节 生物氧化中水的生成

在生物氧化中水的生成方式主要有两种，一是代谢底物在烯醇化酶的作用下直接脱掉水生成；二是代谢物在脱氢酶催化下脱下的氢由相应的氢载体（NAD^+、$NADP^+$、FAD、FMN 等）所接受，经过一系列氢载体和电子载体的传递，最后传递给 O_2 生成 H_2O。这是水生成的主要方式，也是本节学习的主要内容。

生物体内存在多种氧化体系，其中最重要的是存在于线粒体中的线粒体氧化体系。此外还有微粒体氧化体系、过氧化体氧化体系、细菌的生物氧化体系等。我们主要学习线粒体氧化体系。

一、呼吸链的概念

在生物氧化过程中，代谢物上脱下的两个氢原子经过一系列按一定顺序排列的递氢体和递电子体的传递，最终传递给氧并生成水，这种氢和电子的传递体系称为电子传递链。由于此过程与细胞利用氧密切联系，所以又称呼吸链。

在生物进化的过程中，生物进化越高级，呼吸链也就越完善。

二、呼吸链的组成

线粒体中呼吸链主要由4种蛋白质复合体、辅酶Q及细胞色素C等成分组成。这4种氧化还原酶复合体分别是：复合体Ⅰ——NADH－CoQ氧化还原酶（又称NADH脱氢酶）；复合体Ⅱ——琥珀酸－CoQ氧化还原酶；复合体Ⅲ——CoQ－Cyt c氧化还原酶；复合体Ⅳ——Cyt c氧化酶。每一种复合物代表完整呼吸链的一部分，它们各有其独特的组成，并具有传递电子的功能，而且按一定组合完成电子传递过程。

由表3－1可以看出，复合体Ⅰ含有以FMN为辅基的黄素蛋白和非血红素Fe原子构成的Fe－S蛋白，其作用是催化NADH的两个电子传给CoQ。复合体Ⅱ含有以FAD为辅基的黄素蛋白和Fe－S蛋白，其作用是催化琥珀酸、酯酰CoA、磷酸甘油等代谢产物脱氢，使CoQ还原。复合体Ⅲ含有细胞色素b、细胞色素C1和Fe－S蛋白。细胞色素b和细胞色素C1都含有血红素成分，其作用是通过Fe^{2+}和Fe^{3+}的相互转化完成电子向细胞色素C的转移。复合体Ⅳ是细胞色素C氧化的酶，由细胞色素a、细胞色素a3和Cu^{2+}组成。因细胞色素a和细胞色素a3结合紧密很难分离，故也称细胞色素aa3，其功能是氧化细胞色素C，并将电子传递给氧。

表3－1 线粒体呼吸链的组成

复合物	名 称	辅酶或辅基	相对分子质量
Ⅰ	NADH－CoQ氧化还原酶	FMN、Fe－S蛋白	800 000
Ⅱ	琥珀酸－CoQ氧化还原酶	FAD、Fe－S蛋白	125 000
Ⅲ	CoQ－Cyt c氧化还原酶	Cyt b、Cyt C_1、Fe－S蛋白	250 000
Ⅳ	Cyt c氧化酶	Cyt aa3 、Cu^{2+}	200 000

各复合体在呼吸链上的排列顺序见图3－1。

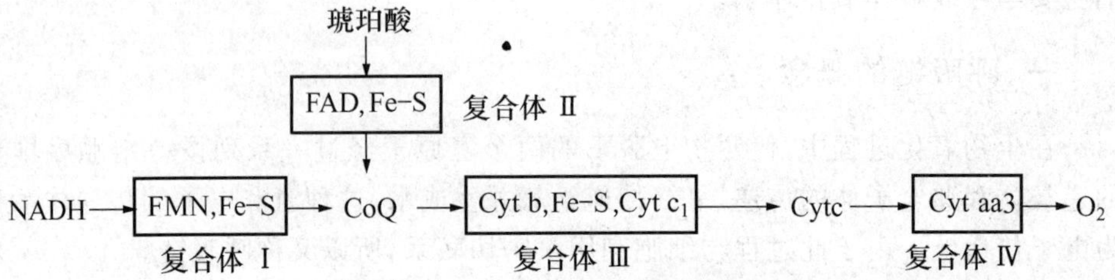

图 3-1 呼吸链中复合体的排列顺序

三、呼吸链中传递体的排列顺序

在动物细胞的线粒体中，根据其最初受氢体的种类，典型的呼吸链有两种，即 NADH 呼吸链与 $FADH_2$ 呼吸链。

(一)NADH 呼吸链

NADH 呼吸链是最常见的电子传递链。在糖、脂肪、蛋白质许多代谢反应中，以 NAD^+ 为辅酶的脱氢酶脱下的氢都要通过此呼吸链的递氢、递电子过程，最终把氢交给氧生成水。

NADH 呼吸链是由复合体Ⅰ(FMN、Fe-S)，复合体Ⅱ(Cyt b、Fe-S，Cyt c1)、复合体Ⅲ(Cyt aa3)和 CoQ，Cyt c 两个独立成分组成，当 NAD^+ 从底物接受氢生成 NADH＋H^+ 以后，首先通过复合体Ⅰ把氢传给 CoQ，生成还原型 $CoQH_2$，然后 $CoQH_2$ 把 2 个 H^+ 释放到基质中，而将 2 个电子依次经复合体Ⅲ、Cyt c、复合体Ⅳ传递，激活氧生成氧负离子，O^{2-} 与基质中的 2 个 H^+ 结合生成水，具体传送过程见图 3-2。

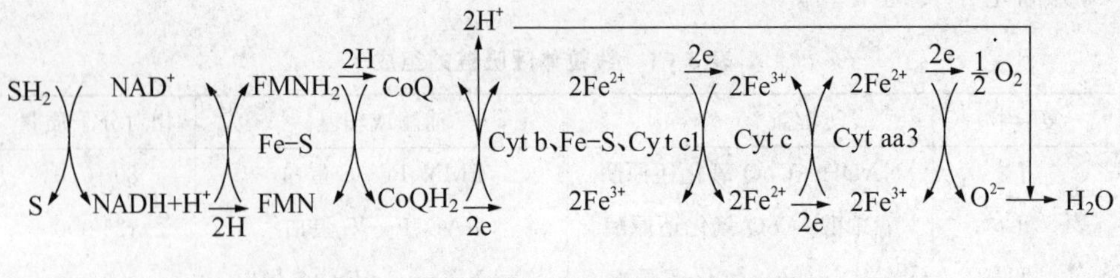

图 3-2 NADH 呼吸链电子传递过程

(二)$FADH_2$ 呼吸链

$FADH_2$ 呼吸链是以 FAD 为最初受氢体，经复合体Ⅱ，将得到的氢传给 CoQ 后再向后的传递过程与 NADH 呼吸链相同，传递过程见图 3-3。

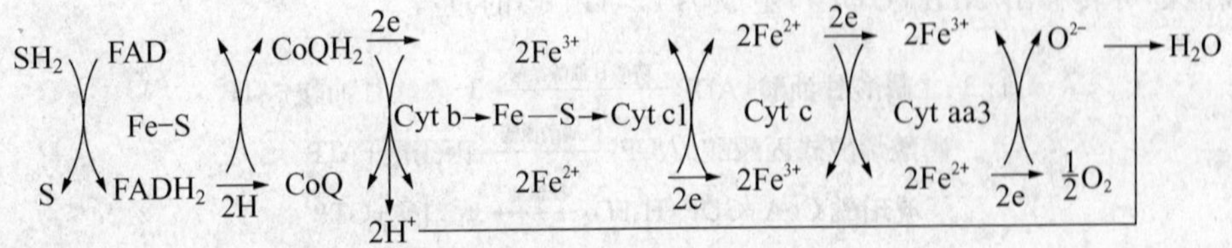

图 3-3 $FADH_2$ 呼吸链电子传递过程

以上两种呼吸链在氢和电子传递过程中顺序和方向不能颠倒。

第四节 生物氧化中能量的生成与利用

一、高能键与高能化合物

有机物经生物氧化所释放的自由能要转换为高能化合物分子中活跃的化学能,才能被生物所利用。ATP是生命活动中直接供能的重要能量载体,是最重要的高能化合物。

在生化标准条件(25℃、1 mol/L)下发生水解时,可释放出 20.92 kJ 以上能量的化合物,称为高能化合物。例如:

三磷酸腺苷(ATP)⟶二磷酸腺苷(ADP)+Pi+30.5 kJ/mol

在高能化合物中,被水解释放出大量能量的活泼共价键称为高能键,用符号"~"表示。当分子中含有磷酸基团时,该基团被水解时释放出大量的能量,这类高能化合物又称为高能磷酸化合物。

在生物体内除了ADP和ATP两种高能磷酸化合物外,其他二磷酸核苷、二磷酸脱氧核苷和三磷酸核苷、三磷酸脱氧核苷如UDP、GTP、dTTP等,它们在能量的储存、转移、利用及生物合成方面也起着重要作用。

二、ATP的生成方式

在生物体中,腺苷三磷酸化合物(ATP)是最主要的高能化合物,是能量贮存的主要形式。生物体内的氧化分解释放的能量,只有转化为ATP形式才能被机体利用。

(一)底物水平磷酸化

底物水平磷酸化又称底物磷酸化,是指代谢底物分子在分解过程中,因脱氢或脱水使分子中能量重新分布和集中,形成高能磷酸键或高能硫酯键,在酶的作用下高能键可转移给 ADP(GDP)，生成 ATP(GTP)的过程。

$$1,3\text{-二磷酸甘油酸}+ADP \xrightarrow{\text{磷酸甘油酸激酶}} 3\text{-磷酸甘油酸}+ATP$$

$$\text{磷酸烯醇式丙酮酸}+ADP \xrightarrow{\text{丙酮酸激酶}} \text{丙酮酸}+ATP$$

$$\text{琥珀酰 }CoA+GDP+H_3PO_4 \xrightarrow{\text{硫激酶}} \text{琥珀酸}+GTP$$

底物水平磷酸化与是否有氧参加无关，是机体通过无氧氧化取得能量的唯一方式，此方式生成 ATP 的数量很少。

(二)氧化磷酸化

氧化磷酸化又称电子传递磷酸化，包括氧化和磷酸化两个过程。是指代谢底物分子脱下的氢，经呼吸链传递给氧生成水并释放能量，而产生的能量又促使 ADP 磷酸化生成 ATP 的过程。通常条件下，在完整的线粒体内膜上，这两个过程总是紧密偶联在一起的。在生物体中，以氧化磷酸化方式生成的高能键约占 80%，是生命活动所需能量的主要来源。

1. 氧化磷酸化的偶联部位　呼吸链传递过程中，利用氧生成水的同时伴随无机磷酸的消耗以生成 ATP，氧的消耗与 ATP 的生成量(也即无机磷酸的消耗量)具有特殊的定量关系。通过这种特殊定量关系可求得消耗 1 分子氧所形成的 ATP 分子数。常将无机磷酸消耗的分子数与氧原子消耗的数之比叫做 P/O 比值。

在呼吸链上氧化释放较高的能量，足以使 ADP 磷酸化生成 ATP 的部位称为氧化磷酸化的偶联部位(图 3-4)。实验证明，电子在复合体Ⅰ、复合体Ⅲ和复合体Ⅳ中传递时，所释放的能量可以用于合成 ATP。所以，NADH 呼吸链有 3 个氧化磷酸化的偶联部位，$FADH_2$ 呼吸链有 2 个偶联部位。一对电子在复合体Ⅰ中传递时，所释放的能量足以形成 1 分子 ATP，在复合体Ⅲ中可以形成 1 分子 ATP，在复合体Ⅳ中可以生成 1 分子 ATP。因此，NADH 呼吸链的 P/O 比值为 3，即消耗 1 mol 氧原子可生成 3 mol ATP；$FADH_2$ 呼吸链的 P/O 比值为 2，即消耗 1 mol 氧原子可以生成 2 mol ATP。

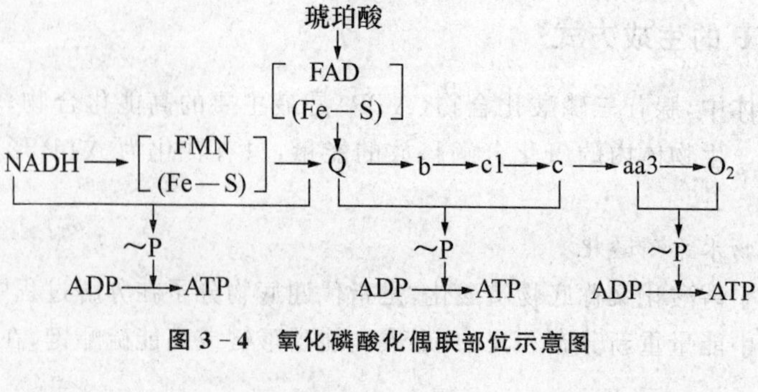

图 3-4　氧化磷酸化偶联部位示意图

2. 氧化磷酸化的作用机理 目前对氧化磷酸化偶联作用机理的解释有3种假说:化学偶联假说、构象变化偶联假说和化学渗透偶联假说,其中化学渗透偶联假说得到较多人的支持。该假说是英国科学家Peter Mitchell 1961年提出的,见图3-5,其基本要点为线粒体内膜是质子不能自由通过的膜系统,当电子沿呼吸链传递时,电子传递链不断地把H^+由线粒体基质泵到内膜外面的膜间腔中,质子泵出后不能自由通过内膜而重新回到内膜内侧,这就使得膜间腔中的H^+浓度高于内膜内侧,形成了内膜内外正负电位差和H^+浓度差;电子传递时释放的能量转变为电化学梯度的渗透能,也称质子动力势,膜间腔内的质子在质子动力势的驱使下,质子(H^+)通过内膜上的ATP合酶复合体回到膜内基质中,同时催化ADP生成ATP。ATP合酶复合体,由头部(F_1)、柄部及基部(F_0)3部分组成,又称F_0F_1-ATP合酶,具有催化ATP合成和控制质子流的作用。H^+通过F_0F_1-ATP合酶复合体返回到膜内基质时催化合成ATP。

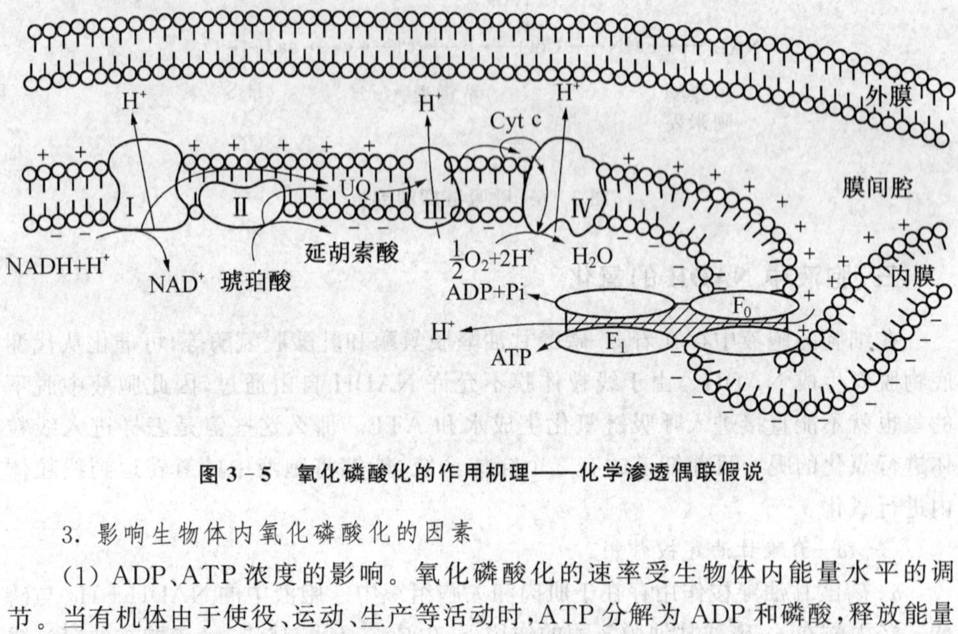

图3-5 氧化磷酸化的作用机理——化学渗透偶联假说

3. 影响生物体内氧化磷酸化的因素

(1) ADP、ATP浓度的影响。氧化磷酸化的速率受生物体内能量水平的调节。当有机体由于使役、运动、生产等活动时,ATP分解为ADP和磷酸,释放能量被机体利用,使得体内ADP的浓度升高,氧化磷酸化过程加快。当机体休息或营养较好时,大部分ATP不能被利用,使ADP浓度下降,因而抑制了氧化磷酸化的进行。这种调节作用使机体根据生理需要,随时可以得到能量的供应。

(2)甲状腺素的影响。甲状腺素可诱导细胞膜Na^+、K^+-ATP酶(钠泵)的合成,钠泵运转加速了ATP分解为ADP+Pi,ADP的增多可促进氧化磷酸化的进行，ATP 合成增加。

(3)某些抑制剂的影响。凡是能够阻碍氧化磷酸化进行的物质称为氧化磷酸化抑制剂，根据抑制剂作用方式的不同，可将其分为呼吸链抑制剂、解偶联剂、磷酸化抑制剂和离子载体抑制剂。呼吸链抑制剂可在呼吸链的特异部位阻断呼吸链的传递，如鱼藤酮、阿米妥可以阻断电子由 NADH 向 CoQ 的传递；抗霉素 A、二巯基丙醇可以抑制 Cytb 向 Cytc1 的电子传递；而 CO、CN、H_2S 等能抑制 Cytc 氧化酶，阻断电子由 Cytaa3 向 O_2 的传递(图 3-6)。

解偶联剂是指能够使呼吸链电子传递与 ADP 磷酸化过程相脱离的物质，不抑制电子传递，但抑制了 ATP 的生成，传递过程中释放的能量以热的形式散失，常见的有 2,4-二硝基苯酚等。

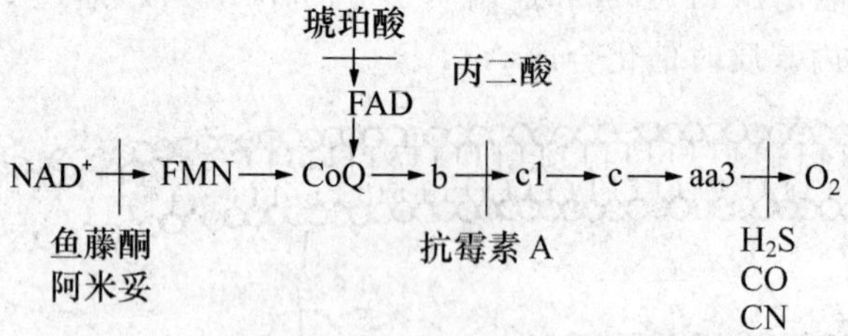

图 3-6 呼吸链抑制部位

三、胞液中 NADH 的氧化

在细胞的胞液中存在着 3-磷酸甘油醛脱氢酶和乳酸脱氢酶等，可催化从代谢底物脱氢生成 NADH。由于线粒体膜不允许 NADH 自由通过，因此胞液中脱下的氢也就不能直接进入呼吸链氧化生成水和 ATP。那么这些氢是怎样进入线粒体进行氧化的呢？目前知道的有 2 个穿梭系统，能够将胞液中的氢转运到线粒体内进行氧化。

(一)α-磷酸甘油穿梭作用

α-磷酸甘油穿梭作用存在于肌肉和大脑组织中。胞液中的 NADH＋H^+ 与磷酸二羟丙酮在 α-磷酸甘油脱氢酶的作用下，生成 α-磷酸甘油；α-磷酸甘油穿过线粒体膜进入线粒体，进入线粒体的 α-磷酸甘油和 FAD 再在 α-磷酸甘油脱氢酶的作用下，生成磷酸二羟丙酮和 $FADH_2$。$FADH_2$ 经 $FADH_2$ 呼吸链传递生成水，产生 2 mol 的 ATP，而磷酸二羟丙酮又穿出线粒体预备完成下一次氢的转运。α-磷酸甘油穿梭过程见图 3-7。

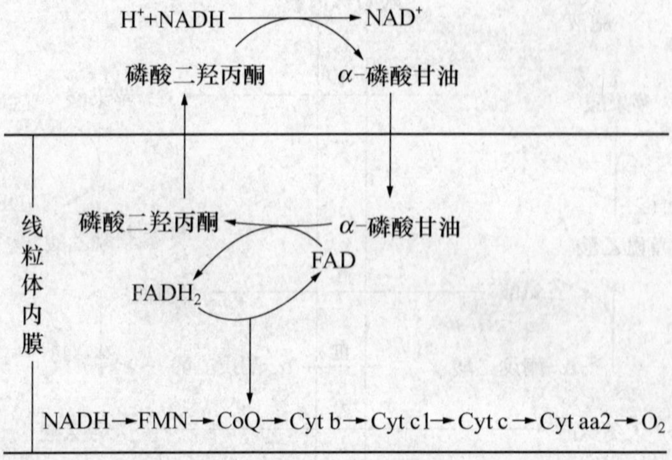

图 3-7 α-磷酸甘油穿梭作用示意图

(二)苹果酸穿梭作用

苹果酸穿梭作用主要存在于肝脏和心肌组织中。胞液中生成的 $NADH+H^+$ 与草酰乙酸在苹果酸脱氢酶作用下生成苹果酸,苹果酸作为氢的载体可以通过线粒体膜进入线粒体,再在线粒体内的苹果酸脱氢酶作用下,又转变为草酰乙酸和 $NADH+H^+$。后者进入 NADH 呼吸链把氢交给氧生成水并产生 3 mol 的 ATP。草酰乙酸经谷草转氨酶催化生成天冬氨酸,穿过线粒体内膜回到胞液中,天冬氨酸在胞液中经转氨作用又生成草酰乙酸,完成氢在线粒体膜内外的转运。苹果酸穿梭过程如图 3-8 所示。

四、能量转移、贮存与利用

在生物体内,物质氧化分解逐步释放的大量能量不能直接被机体利用,必须把能量暂时贮存在 ATP 后,才能使能量进一步转移、贮存和利用。

1. 高能磷酸键的转移 ATP 是高能磷酸化合物,其高能磷酸键可转移给 GDP、UDP、CDP 等,生成相应的三磷酸核苷化合物,参与体内代谢过程。

2. 高能磷酸键的贮存 当细胞中 ATP 浓度较高时,脊椎动物可以把 ATP 的能量和磷酸转移给肌酸生成磷酸肌酸,把能量贮存起来;当 ATP 浓度降低时,磷酸肌酸再将高能磷酸键转移给 ADP 形成 ATP,供机体代谢需要。无脊椎动物则是把 ATP 中的能量转变为磷酸精氨酸贮存,需要能量时,磷酸精氨酸再分解把能量转移给 ADP,生成 ATP 供机体利用。

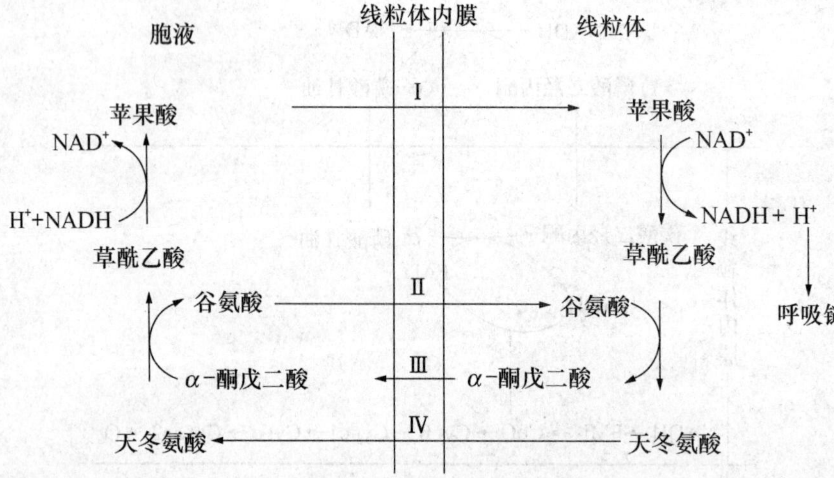

图 3－8 苹果酸穿梭作用示意图

3. 高能化合物中能量的利用　高能化合物中蕴藏的能量在酶的作用下释放出来，由 ATP 携带把能量转移到机体相应的部位，供给机体各种生理机能活动所需（图 3－9）。

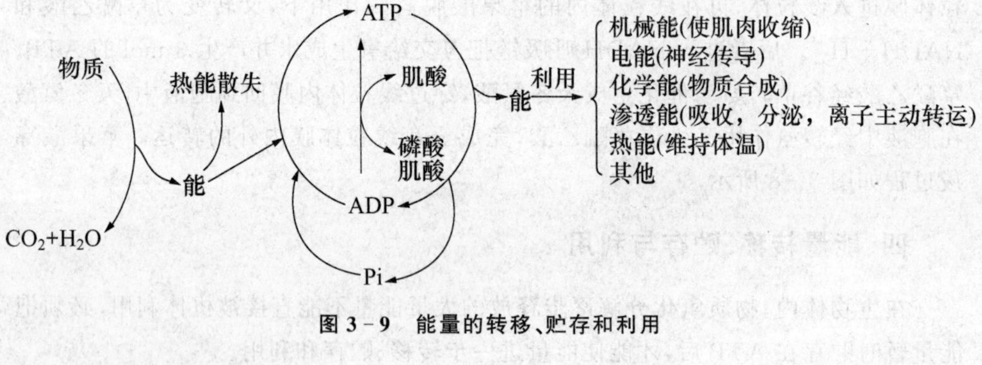

图 3－9 能量的转移、贮存和利用

拓展与应用

一、氰化物中毒的生化机理

氰化物对细胞线粒体内呼吸链的细胞色素氧化酶具有很高的亲和力，与细胞色素氧化酶结合后使之失去活性，从而阻断细胞呼吸和氧化磷酸化过程。

细胞色素氧化酶是以铁卟啉为辅基的蛋白质，含有两个血红素 A 基团和两个铜原子，分别为细胞色素 a 和 a3。a 和 a3 两个成分至今未能分离，故将细胞色素 a

和 a3 合称为细胞色素氧化酶。氢氰酸对细胞色素氧化酶的抑制作用，主要是 CN^- 与细胞色素 a3 中的铁离子(Fe^{3+})配位结合所造成。

氧化型细胞色素氧化酶与 CN^- 结合后便失去传递电子的能力。以致氧不能被利用、氧化磷酸化受阻、ATP 合成减少、细胞摄取能量严重不足而窒息。

动物实验证明，中毒症状与细胞色素氧化酶活力抑制程度是相等的，酶活力恢复后，中毒症状即随之消失。氰化物对细胞色素氧化酶抑制速度与中毒剂量和动物种类有关。

二、解偶联现象

解偶联剂主要有下列三种类型：①化学解偶联剂，②离子载体，③解偶联蛋白。

解偶联剂不抑制呼吸链的电子传递，甚至还加速电子传递，促进燃料分子(糖、脂肪、蛋白质)的消耗和刺激线粒体对分子氧的需要，但不形成 ATP，电子传递过程中释放的自由能以热量的形式散失。如患病毒性感冒时，体温升高，就是因为病毒毒素使氧化磷酸化解偶联，氧化产生的能量全部变为热使体温升高。又如，在某些环境条件或生长发育阶段，生物体内也发生解偶联作用：冬眠动物、耐寒的哺乳动物和新出生的温血动物通过氧化磷酸化的解偶联作用，呼吸作用照常进行，但磷酸化受阻，不产生 ATP，也不需 ATP，产生的热以维持体温；植物在干旱、寒害或缺钾等不良条件下，可能发生解偶联而不能合成 ATP，呼吸底物的氧化照样进行，成为“徒劳”呼吸。要说明的是解偶联剂只抑制电子传递链中氧化磷酸化作用的 ATP 生成，不影响底物水平磷酸化。

思考与练习

一、名词解释

1. 生物氧化　2. 呼吸链　3. 高能化合物　4. 氧化磷酸化　5. 磷氧比(P/O)

二、问答题

1. 什么是生物氧化？有哪些特点？
2. 什么是高能化合物？请举例说明。
3. 什么是呼吸链？氢和电子在呼吸链中是如何传递的？
4. 比较 NADH 呼吸链与 $FADH_2$ 呼吸链的异同点？请举例说明。
5. 什么是底物水平磷酸化作用与氧化磷酸化作用？
6. 氧化作用与磷酸化作用是怎样偶联的？
7. 胞液中产生的 NADH 如何进一步彻底氧化？

第四章　糖代谢

知识目标：

- 了解动物体内糖的消化吸收过程及血糖的来源与去路。
- 掌握糖酵解的基本反应过程及其限速酶、ATP的生成及其生理意义。
- 掌握糖氧化过程的基本反应过程及其限速酶、ATP的生成、生理意义。
- 掌握糖异生的概念与基本反应过程，掌握糖异生途径的限速酶及其生理意义。

第一节　糖代谢概述

一、糖的生理功能

糖类广泛存在于动物体内，动物体从自然界摄取的物质中，除水以外，糖是最多的物质。糖具有多种重要的生理功能。

1. 氧化分解，供应能量　生命活动需要能量，动物体获得能量的方式是物质氧化。糖是动物体最主要的供能物质，动物机体所需要的能量50%～80%来自糖的氧化分解，每克糖彻底氧化可释放16.7 kJ的能量，这些能量一部分以热能的形式散发出体外，用于维持体温；一部分转变为高能化合物（如ATP）用于维持动物机体的正常生命活动。

2. 构成组织细胞的成分　糖普遍存在于动物各组织中，是构成细胞的成分。如核糖和脱氧核糖是细胞内遗传物质核酸的组成成分；黏多糖是结缔组织基质的组成成分；杂多糖和结合糖是构造细胞膜、神经组织、结缔组织、细胞间质的主要成分。

3. 其他功能

(1)糖可以参与构成体内一些具有生理功能的物质，如免疫球蛋白、血型物质、部分激素及绝大部分凝血因子均属于糖蛋白，这些糖蛋白的生物学功能与其分子中的寡糖基密切相关。

(2)糖在体内还可以转变为脂肪而贮存;转变为某些氨基酸供动物机体合成蛋白质;转变为糖醛酸参与生物转化反应。

二、糖代谢概况

糖是一类化学本质为多羟醛或多羟酮及其衍生物的有机化合物,在人体内糖的主要形式是葡萄糖及糖原。葡萄糖是糖在血液中的运输形式,在机体糖代谢中占据主要地位;糖原是葡萄糖的多聚体,包括肝糖原、肌糖原和肾糖原等,是糖在体内的储存形式。葡萄糖与糖原都能在体内氧化提供能量,食物中的糖是机体中糖的主要来源,被人体摄入经消化成单糖吸收后,经血液运输到各组织细胞进行合成代谢和分解代谢。机体内糖的代谢途径主要有葡萄糖的无氧酵解、有氧氧化、磷酸戊糖途径、糖原合成与糖原分解、糖异生以及其他己糖代谢等。

食物中的糖主要是淀粉,另外包括一些双糖及单糖。多糖及双糖都必须经过酶催化水解成单糖才能被吸收。

食物中的淀粉经唾液中的α淀粉酶作用,催化淀粉中α-1,4-糖苷键水解,产物是葡萄糖、麦芽糖、麦芽寡糖及糊精。由于食物在口腔中停留时间短,淀粉的主要消化部位在小肠。小肠中含有胰腺分泌的α淀粉酶,催化淀粉水解成麦芽糖、麦芽三糖、α糊精和少量葡萄糖。在小肠黏膜刷状缘上,含有α糊精酶,此酶催化α极限糊精的α-1,4-糖苷键及α-1,6-糖苷键水解,使α-糊精水解成葡萄糖;刷状缘上还有麦芽糖酶可将麦芽三糖及麦芽糖水解为葡萄糖。小肠黏膜还有蔗糖酶和乳糖酶,前者将蔗糖分解成葡萄糖和果糖,后者将乳糖分解成葡萄糖和半乳糖。

糖被消化成单糖后的主要吸收部位是小肠上段,己糖尤其是葡萄糖被小肠上皮细胞摄取是一个依赖 Na^+ 的耗能的主动摄取过程,有特定的载体参与。在小肠上皮细胞刷状缘上,存在着与细胞膜结合的 Na^+-葡萄糖联合转运体,当 Na^+ 经转运体顺浓度梯度进入小肠上皮细胞时,葡萄糖随 Na^+ 一起被移入细胞内,这时对葡萄糖而言是逆浓度梯度转运。这个过程的能量是由 Na^+ 的浓度梯度(化学势能)提供的,它足以将葡萄糖从低浓度转运到高浓度。当小肠上皮细胞内的葡萄糖浓度增高到一定程度,葡萄糖经小肠上皮细胞基底面单向葡萄糖转运体顺浓度梯度被动扩散到血液中。小肠上皮细胞内增多的 Na^+ 通过钠钾泵(Na^+-K^+ ATP 酶),利用 ATP 提供的能量,从基底面被泵出小肠上皮细胞外,进入血液,从而降低小肠上皮细胞内 Na^+ 浓度,维持刷状缘两侧 Na^+ 的浓度梯度,使葡萄糖能不断地被转运。

消化道吸收入血的各种单糖,经门静脉进入肝脏,在肝脏内的半乳糖、果糖、甘露糖等在酶的催化下可以转化为葡萄糖。肝脏中的葡萄糖经肝静脉通过血液循环运输到各器官和组织中去利用。葡萄糖在肝脏及肝外组织的代谢概况见图 4－1。

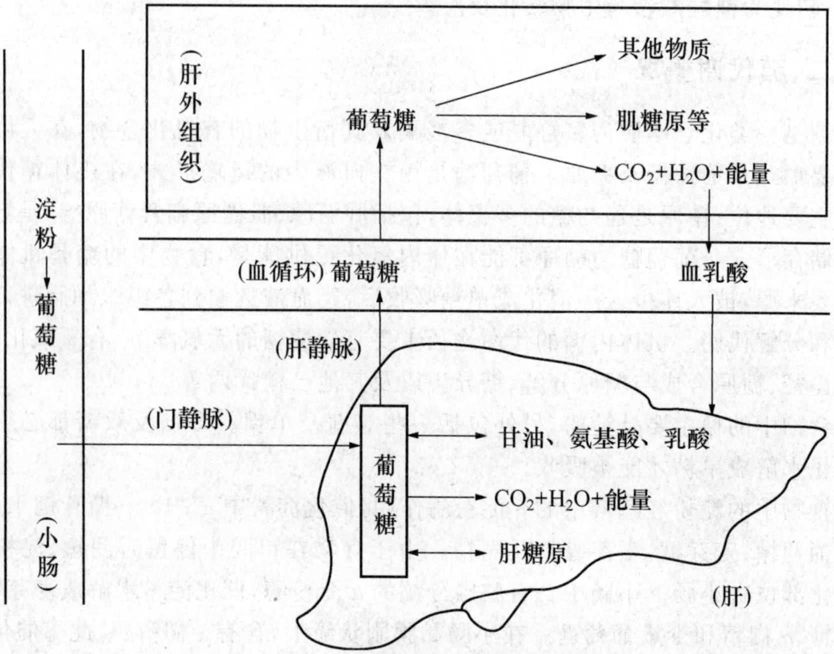

图 4－1 葡萄糖在肝脏及肝外组织的代谢

三、血糖及其调节

血液中所含的糖，除微量的半乳糖、果糖及其磷酸酯外，几乎全部是葡萄糖及少量葡萄糖磷酸酯。血糖主要是指血液中所含的葡萄糖。每种动物的血糖含量各不相同，但对每种动物而言血糖浓度是恒定的。血糖浓度的相对恒定，是通过神经、激素调节血糖的来源和去路而达到的。

(一)血糖的来源和去路

血糖的主要来源包括 4 条：

(1)从食物中摄取，通过消化道吸收，这是血糖最主要的来源。

(2)肝糖原的分解。

(3)糖异生作用。

(4)其他单糖，如果糖、半乳糖等也可转变为葡萄糖以补充血糖。

血糖的去路有如下几条：

(1)在组织中氧化分解供应机体能量。

(2)在组织中合成糖原。

(3)转变为脂类和非必需氨基酸等非糖类物质。

(4)转变为其他糖及糖衍生物,如葡萄糖可转变成核糖、脱氧核糖、氨基糖等,以作为一些重要物质合成的原料。

(5)从尿中排出。尿中排出葡萄糖不是正常的去路。正常生理情况下,葡萄糖虽然通过肾小球滤过,但在肾小管中又几乎全部被吸收入血。只有在某些生理或病理情况下,血糖含量过高,超过了肾小管再吸收的能力(称为肾糖阈)时,一部分糖会从尿中排出,称为糖尿。

(二)血糖浓度的调节

动物体内分泌的激素在神经系统的控制下,调节血糖的浓度。主要的激素有胰岛素、肾上腺素和肾上腺皮质激素。但除胰岛素可使血糖浓度降低外,其余激素都可使血糖含量升高。它们的协调作用,使不断变化的血糖浓度维持相对恒定。

血糖浓度相对的恒定具有重要的生理意义。体内各组织细胞活动所需能量大部分来自葡萄糖,血糖必须保持一定水平才能维持体内各器官和组织的需要。如果血糖含量过低,各组织得不到足够的葡萄糖供给能量,就会发生机能障碍。这一点对脑组织特别重要,这是由于脑组织不含糖原,而脑组织活动所需的能量除来自酮体外,必须有一部分来自血糖,以维持其正常的机能活动。可见,细胞内缺乏糖的供应,细胞功能就会发生紊乱。但血糖如果超过正常水平,不能被组织利用,则由尿排出。

第二节　糖的分解代谢

一、糖的无氧分解

(一)糖酵解

1. 糖酵解的概念　糖酵解是指细胞内的葡萄糖或糖原的葡萄糖单位在无氧或缺氧条件下,分解生成乳酸并释放少量能量的过程,又称糖酵解。阐明糖酵解途径是 1940 年由 G. Embden, O. Meyerhof, J. K. parnas 等人完成的,所以也称 EMP 途径。糖酵解的酶存在于胞液中,故糖酵解过程是在胞液中进行的。

2. 糖酵解的过程　葡萄糖的无氧分解可分为 4 个阶段:①葡萄糖生成 1,6-二磷酸果糖。②1,6-二磷酸果糖裂解为 2 mol 三碳单位。③丙酮酸的生成。④丙酮酸还原为乳酸。

(1)由葡萄糖生成 1,6 -二磷酸果糖：

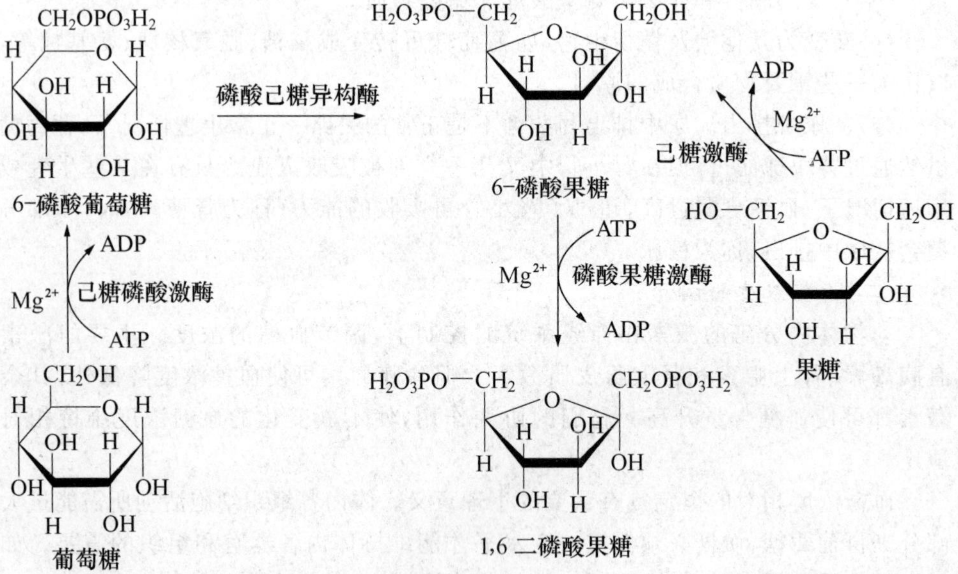

反应的第一步是葡萄糖的磷酸化，由葡萄糖激酶或己糖磷酸激酶催化，生成 6 -磷酸葡萄糖。由葡萄糖转化为 6 -磷酸葡萄糖过程不可逆，催化反应的酶是己糖激酶或葡萄糖激酶。所谓激酶是指催化磷酰基从 ATP 上转移到受体上的酶。己糖激酶可被 6 -磷酸葡萄糖抑制来调节葡萄糖的分解速度，所以此酶是限速酶。葡萄糖激酶主要在肝脏中，对葡萄糖有专一性，并且不被 6 -磷酸葡萄糖反馈抑制，此过程消耗 1 mol ATP。

若是糖原降解，首先磷酸化生成 1 -磷酸葡萄糖，肝脏中的 1 -磷酸葡萄糖在磷酸葡萄糖变位酶的催化下，生成 6 -磷酸葡萄糖，这个过程不需要消耗 ATP。

反应的第二步是 6 -磷酸葡萄糖异构化为 6 -磷酸果糖，由磷酸己糖异构化酶催化。

反应的第三步是 6 -磷酸果糖由 ATP 磷酸化为 1,6 -二磷酸果糖，此反应由磷酸果糖激酶催化，反应不可逆，并消耗 1 mol ATP。

在此阶段中，己糖激酶和磷酸果糖激酶催化的反应均是不可逆反应，两种酶都属于别构酶类，Mg^{2+} 存在时，激酶才表现出活性。可以通过调节酶的活性来控制 EMP 途径的反应速率，因此也是限速酶。

(2)1,6－二磷酸果糖裂解为 2 mol 三碳单位：

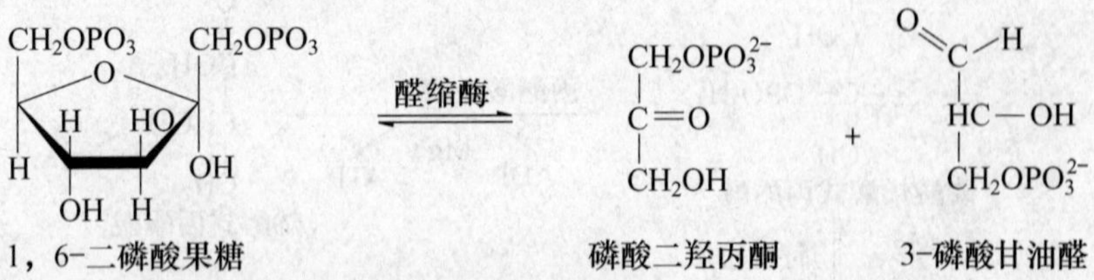

1,6－二磷酸果糖在醛缩酶的作用下,裂解为磷酸二羟丙酮和 3－磷酸甘油醛,两者在磷酸丙糖异构酶作用下可以互变。由于 3－磷酸甘油醛不断地被氧化成 1,3－二磷酸甘油酸,促成磷酸二烃丙酮不断地转化为 3－磷酸甘油醛,故认为 1 mol 葡萄糖可转变为 2 mol 3－磷酸甘油醛。

(3)丙酮酸的生成:从 3－磷酸甘油醛转变为丙酮酸是糖酵解途径释放能量的过程。首先 3－磷酸甘油醛脱氢和磷酸化生成 1,3－二磷酸甘油酸,催化此反应的酶是 3－磷酸甘油醛脱氢酶,脱下的氢由 NAD^+ 接受形成 $NADH+H^+$。在无氧条件下,$NADH+H^+$ 将用于丙酮酸的还原,在有氧条件下可进入呼吸链氧化。

反应中有能量产生,并吸收 1 mol 无机磷酸生成 1 个高能磷酸键。随后在磷酸甘油酸激酶催化下,将此高能磷酸基转移给 ADP 生成 ATP。3－磷酸甘油酸再在磷酸甘油酸变位酶催化下磷酸基移位形成 2－磷酸甘油酸。反应如下:

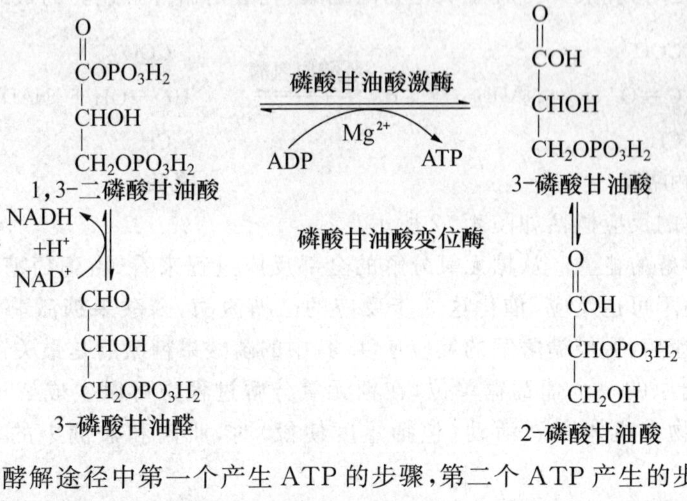

这是糖酵解途径中第一个产生 ATP 的步骤,第二个 ATP 产生的步骤是由 2－磷酸甘油酸生成丙酮酸。首先 2－磷酸甘油酸脱水形成含有 1 个高能磷酸键的烯醇,此反应由烯醇化酶催化。然后在丙酮酸激酶的催化下,含有高能磷酸键的磷酸烯醇式丙酮酸将磷酸基转移至 ADP 生成 ATP。

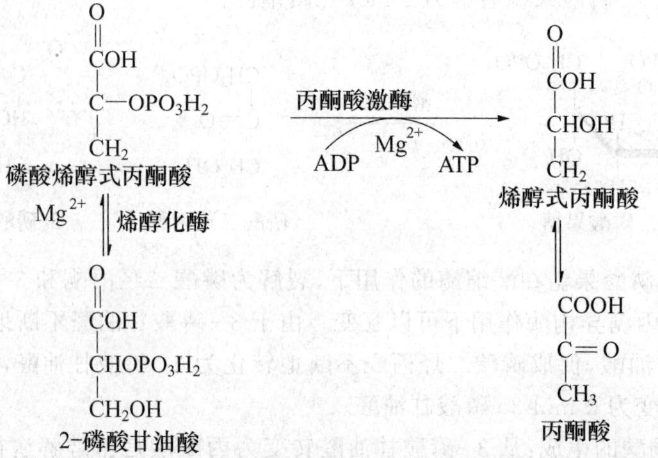

至此，从 3-磷酸甘油醛至丙酮酸生成 2 mol ATP。因 1 mol 葡萄糖生成 2 mol 3-磷酸甘油醛，所以 1 mol 葡萄糖至丙酮酸共生成 4 mol ATP。但在先前葡萄糖转变为 1,6-二磷酸果糖的反应中已消耗 2 mol ATP，因此 1 mol 葡萄糖至丙酮酸净生成 2 mol ATP。

(4)丙酮酸还原为乳酸：丙酮酸在无氧条件下，由乳酸脱氢酶催化，还原为乳酸，所需的 $NADH+H^+$ 是 3-磷酸甘油醛脱氢反应中产生的。这是一步可逆的反应，当氧充足时，乳酸又可脱氢氧化为丙酮酸，乳酸是糖酵解途径的最终产物。

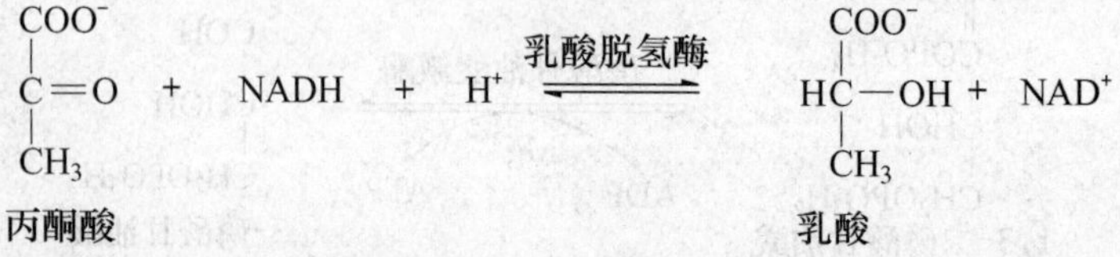

糖酵解的反应概括如图 4-2 所示。

3. 糖酵解的能量　从糖无氧分解的全部反应过程来看，由葡萄糖降解为丙酮酸有 3 步是不可逆反应，催化这 3 步反应的已糖激酶，磷酸果糖激酶和丙酮酸激酶，均是限速酶，调控糖酵解的反应速度，其中的磷酸果糖激酶是最关键的限速酶。

糖或糖原的一个葡萄糖单位，在糖无氧分解过程中可以生成 2 mol 的乳酸。因此，当动物有机体剧烈活动(包括重度使役)时，肌肉和血液中的乳酸浓度会增高。

糖酵解过程中能量的生成较少，1 mol 葡萄糖生成 2 mol 乳酸过程中，可产生 4 mol ATP。扣除第一阶段消耗的 2 mol ATP，糖无氧分解过程 1 mol 葡萄糖分解可净生成 2 mol ATP。糖原的葡萄糖单位无氧分解生成乳酸，可净生成 3 mol

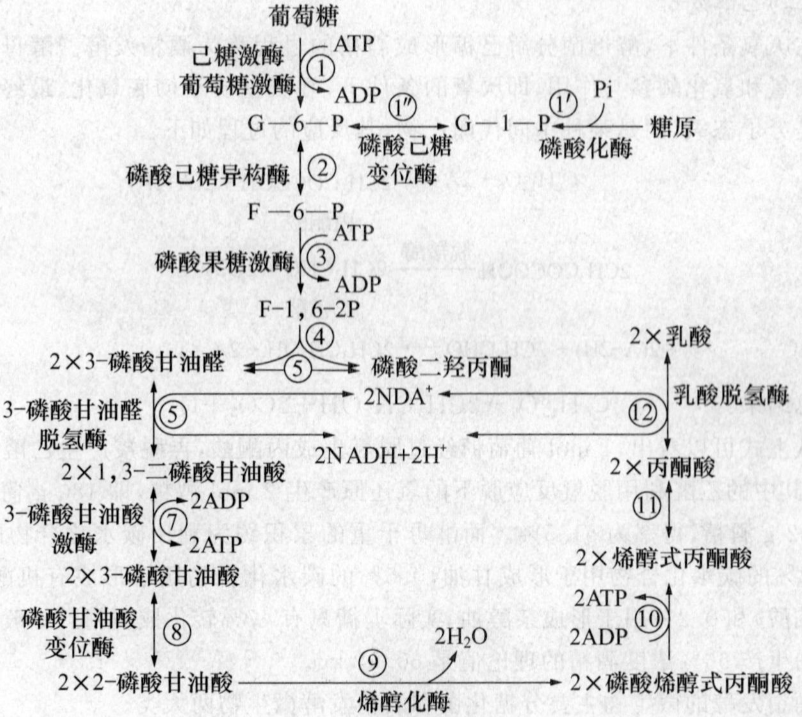

图 4-2　糖酵解途径

ATP。糖酵解能量的生成过程见表 4-1。

表 4-1　1 mol 葡萄糖糖酵解生成 ATP 的摩尔量　　mol

反　　应	ATP 的增减
葡萄糖 → 6-磷酸葡萄糖	−1
6-磷酸果糖→1,6-二磷酸果糖	−1
1,3-二磷酸甘油酸→3-磷酸甘油酸	1×2
磷酸烯醇式丙酮酸→丙酮酸	1×2
每摩尔葡萄糖净增 ATP 的量	2

4. 糖酵解的生理意义　糖酵解是生物体在特殊的生理和病理情况下补充能量的方式。如动物剧烈运动时，由于所需能量大增，糖分解加快，造成氧的相对供应不足，这时肌肉活动所需的一部分能量就靠糖酵解供应。休克时，由于循环障碍造成组织供氧不足，也会加强酵解作用。产生的乳酸过多时还会引起酸中毒。而某些组织在有氧情况下，也要进行酵解作用。如成熟的红细胞、视网膜、骨髓等组织。

（二）乙醇发酵

在厌氧条件下，酵母菌分解己糖形成酒精的过程称为酒精发酵。酵母在没有分子态氧和氧化酶参与作用，即厌氧的条件下，呼吸基质不彻底氧化，最终的氢受体不是分子态氧，而是某种中间代谢产物，其反应的过程如下：

$$C_6H_{12}O_6 + 2A \longrightarrow \underset{\text{丙酮酸}}{2CH_3COCOOH} + 2(A-2H)$$

$$2CH_3COCOOH \xrightarrow{\text{脱羧酶}} \underset{\text{乙醛}}{2CH_3CHO} + 2CO_2$$

$$2(A-2H) + 2CH_3CHO \longrightarrow 2CH_3CH_2OH + 2A$$

总结果：$C_6H_{12}O_6 \rightarrow 2CH_3CH_2OH + 2CO_2 + Q$

从上式可以看出，1 mol 葡萄糖经过脱氢生成丙酮酸，再脱羧产生乙醛和二氧化碳，其中的乙醛利用脱氢反应脱下的氢还原产生 2 mol 酒精，即 180 g 葡萄糖可产生 92 g 酒精，得率为 51.5%。而酵母干重的累积约为利用碳水化合物的 2%，同时 2%的碳水化合物用于形成甘油，0.5%的碳水化合物用于形成有机酸（主要是琥珀酸）和 0.2%用于形成杂醇油，实际上糖只有 47%转化成酒精。一般 100 kg 纯淀粉生产 96%浓度酒精的理论值是 60.54 kg。

酒精发酵的微生物主要分糖化菌和酒精发酵微生物两大类。

糖化菌被用于进行淀粉的水解。能产生淀粉酶，水解淀粉的微生物种类很多，在实际生产中主要用的是曲霉和根霉。

曲霉有黑曲霉、白曲霉、黄曲霉和米曲霉等，黑曲霉中以邬氏曲霉、泡盛曲霉和甘薯曲霉应用最广。白曲霉实为邬氏曲尊的变种，其中以河内曲霉、轻研二号最著名。黄曲霉和米曲霉分解蛋白质的能力很强。

根霉存在于酒曲之中，是淀粉发酵法主要的糖化菌，其中以东京根霉（又叫河内根霉）最为著名。

许多微生物能利用己糖进行酒精发酵，如少数假单胞杆菌（如林奈假单胞菌和糖假单胞菌），可以利用葡萄糖进行酒精发酵，产生酒精。又如总状毛霉深层培养时也可产生酒精。

但在实际生产中，进行酒精发酵多采用真菌，子囊菌纲酵母菌属的啤酒酵母是制酒工业的典型"上层酵母"。淀粉质原料的生产菌种有南阳酵母、12 号酵母，M 酵母；糖质原料的有 204 号酵母等。

除此以外，越南酵母和粟酒裂殖酵母用于含糖基质，乳脂圆酵母用于乳清，其他圆酵母种用于亚硫酸废液。

近几年国内外许多学者对应用运动发酵单胞菌生产酒精产生了极大兴趣。德国已将其用于工业生产，故有取代酵母进行酒精发酵的可能。Z-mobilis 是一种厌氧菌，与传统的酵母相比，具有耐高糖、耐高酒精能力，以及低生物量收率和高酒精收率以及发酵速度快等优点。但 Z-mobilis 应用于生产时，一个很大弱点是其可利用的碳源面窄，只能利用葡萄糖、果糖和蔗糖，不能直接利用淀粉。随着固定化技术将淀粉酶或可水解淀粉的糖化菌和 Z-mobilis 共固定在同一载体上进行酒精发酵，即可以解决 Z-mobilis 不能利用淀粉的难题，又可发挥其优良的酒精发酵性能，因而具有良好的应用前景。

二、糖的有氧分解

(一)糖有氧分解的概念

葡萄糖在有氧的条件下，进行氧化分解，最后生成 CO_2、H_2O 及释放大量能量的过程，称为糖的有氧分解，又叫有氧氧化。糖的有氧分解是机体获取能量的主要途径，也是糖在体内氧化的主要方式。

(二)糖有氧分解的过程

糖的有氧分解实际上是无氧分解的继续。无氧时丙酮酸最后被还原成乳酸，有氧时丙酮酸则进一步氧化为 CO_2 和 H_2O。由葡萄糖生成丙酮酸的过程仍然在胞液中进行，而丙酮酸进一步氧化则要在线粒体内进行。所以，糖的有氧分解一共可划分为 3 个阶段。①葡萄糖氧化为丙酮酸(此阶段与糖酵解途径相同)。②丙酮酸氧化脱羧生成乙酰 CoA。③三羧酸循环。

两途径可作如下比较：

$$\underset{(\text{细胞液中})}{\text{葡萄糖}\rightarrow\text{丙酮酸}}\begin{cases}\underset{(\text{细胞液中})}{(\text{无氧条件下})\rightarrow\text{乳酸}} & (\text{EMP})\\ \underset{(\text{进入线粒体})}{(\text{有氧条件下})\rightarrow\text{乙酰 CoA}\rightarrow\text{三羧酸循环}} & (\text{有氧分解})\end{cases}$$

1. 葡萄糖或糖原转变为丙酮酸阶段　这一阶段的反应过程和场所与糖无氧分解途径基本相同，只是 3-磷酸甘油醛脱氢产生的 $NADH+H^+$ 不用于还原丙酮酸，而是经穿梭作用进入线粒体，经呼吸链氧化生成水，并产生 ATP。

2. 丙酮酸氧化脱羧生成乙酰 CoA　丙酮酸在有氧条件下进入线粒体，由丙酮酸脱氢酶复合体催化，氧化脱羧生成乙酰 CoA。反应过程不可逆。

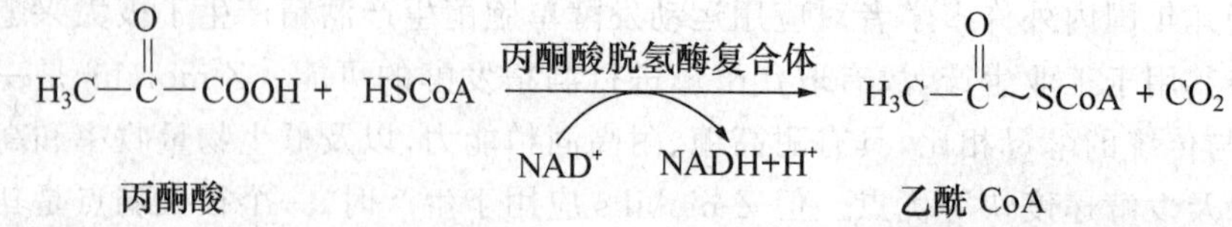

丙酮酸脱氢酶复合体，也叫丙酮酸脱氢酶系，是由 3 种酶和 5 种辅酶或辅基组成，它们分别是丙酮酸脱氢酶（辅酶是 TPP^+）、硫辛酸乙酰基转移酶（辅酶是硫辛酸和 CoA）、二氢硫辛酸脱氢酶（辅酶是 NAD^+、还有 FAD 辅基）。多酶复合体的形成使其催化的反应效率及调控能力显著提高。催化过程如图 4－3 所示。

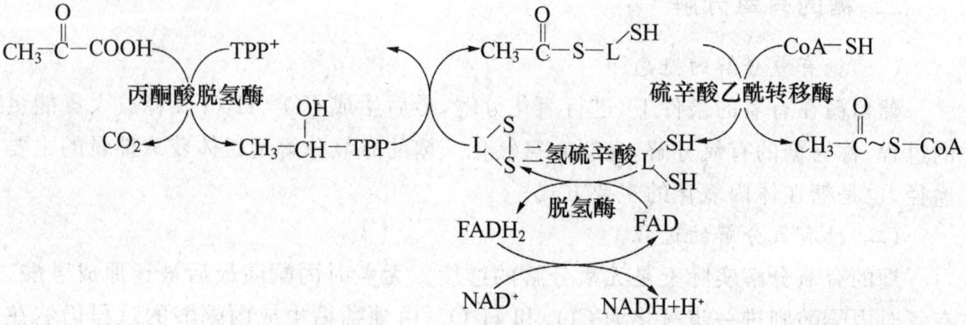

图 4－3　丙酮酸脱氢酶系

3. 三羧酸循环　三羟酸循环又称 TCA 循环。它是由 Krebs 提出的，也叫 Krebs 循环。三羧酸循环在线粒体中进行，由乙酰 CoA 与草酰乙酸缩合生成含有 3 个羧基的柠檬酸开始，再经循环中 4 次脱氢和 2 次脱羧过程，最后重新生成草酰乙酸。每循环一次就有一个乙酰基被氧化分解，同时脱下的氢经呼吸链传递与氧结合生成 H_2O，放出大量的能量。三羧酸循环是糖代谢重要的反应过程，也是联系脂肪和蛋白质等物质代谢的枢纽，具体过程如下。

(1)乙酰 CoA 与草酰乙酸缩合生成柠檬酸。催化此反应的酶是柠檬酸合酶。底物除乙酰 CoA 和草酰乙酸外，还要有水参加。反应所需能量由乙酰 CoA 中的高能硫酯键水解提供，反应不可逆。

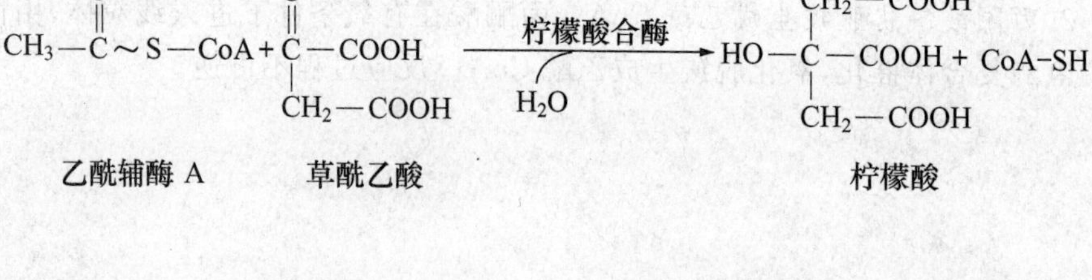

(2)异柠檬酸的生成。柠檬酸在顺乌头酸酶的催化下，经脱水、加水两步反应过程，使柠檬酸异构化，生成异柠檬酸。

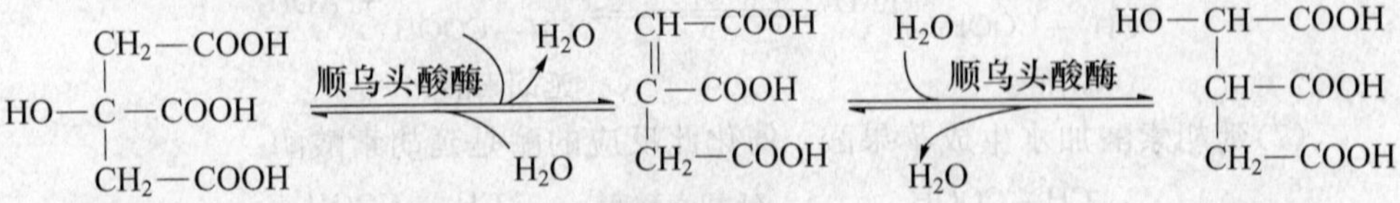

柠檬酸　　　顺乌头酸　　　异柠檬酸

(3)异柠檬酸氧化脱羧生成 α-酮戊二酸。催化异柠檬酸脱氢、脱羧反应的酶是异柠檬酸脱氢酶。此步反应是三羟酸循环的第一次脱氢、脱羧反应，不可逆。

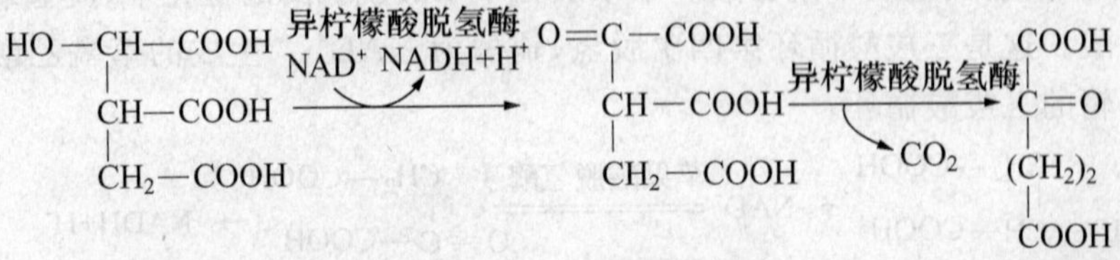

异柠檬酸　　　草酰琥珀酸　　　α-酮戊二酸

(4)α-酮戊二酸氧化脱羧生成琥珀酰 CoA。α-酮戊二酸在 α-酮戊二酸脱氢酶系的催化下，生成含有高能硫酯键的琥珀酰 CoA。这是三羧酸循环中的第二次脱氢、脱羧反应，不可逆。至此，进入三羧酸循环的乙酰基中的 2 个碳已全部被氧化成 CO_2。

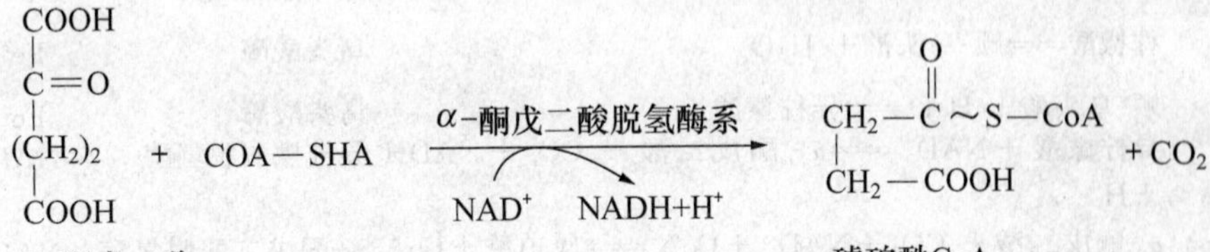

α-酮戊二酸　　　琥珀酰CoA

(5)琥珀酰 CoA 生成琥珀酸。琥珀酰 CoA 在琥珀酰 CoA 硫激酶的催化下，分子中的高能硫酯键断开，使 GDP 磷酸化生成 GTP，同时生成琥珀酸。GTP 中的能量可以直接被利用，也可转移给 ADP 生成 ATP。此反应是三羧酸循环中唯一的底物磷酸化反应。

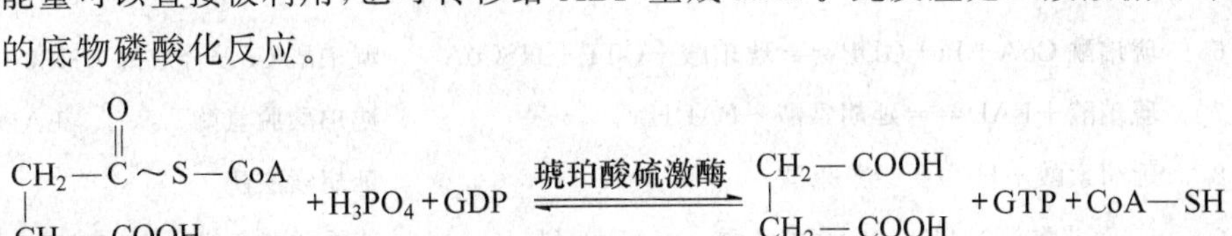

琥珀酰CoA　　　琥珀酸

(6)琥珀酸氧化生成延胡索酸。催化此反应的酶是琥珀酸脱氢酶，其辅基是

FAD。这是三羧酸循环中的第三次脱氢过程。

琥珀酸　　　　延胡索酸

(7)延胡索酸加水生成苹果酸。催化此反应的酶是延胡索酸酶。

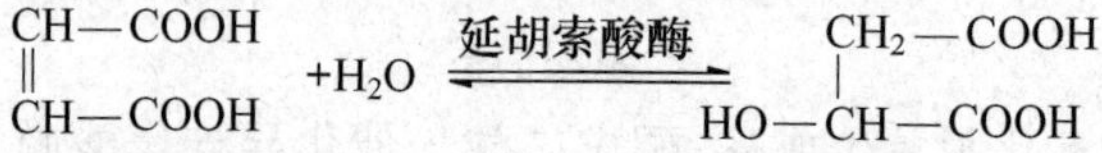

延胡索酸　　　　苹果酸

(8)苹果酸脱氢生成草酰乙酸。苹果酸在苹果酸脱氢酶的催化下,脱氢氧化生成草酰乙酸。这是三羧酸循环第四次脱氢,辅酶为 NAD^+。生成的草酰乙酸可循环参加下轮的三羧酸循环。

苹果酸　　　　草酰乙酸

三羧酸循环反应及其过程分别见表 4-2 和图 4-4。

表 4-2　三羧酸循环反应

步骤	反应	酶	辅助因子
1	乙酰 CoA＋草酰乙酸＋ H_2O ⇌ 柠檬酸＋HSCoA	柠檬酸合成酶	HSCoA
2	柠檬酸 ⇌ 顺-乌头酸＋ H_2O	乌头酸酶	Fe^{2+}
3	顺-乌头酸＋ H_2O ⇌ 异柠檬酸	乌头酸酶	Fe^{2+}
4	异柠檬酸＋NAD^+ ⇌ α-酮戊二酸＋ CO_2 ＋NADH ＋H^+	异柠檬酸脱氢酶	NAD^+
5	α-酮戊二酸＋ CO_2 ＋NAD^+ ＋CoA ⇌ 琥珀酰＋CoA ＋CO_2＋NADH＋H^+	α-酮戊二酸脱氢酶复合体	NAD^+ HSCoA TPP 硫辛酸 FAD
6	琥珀酰 CoA＋Pi＋GDP ⇌ 琥珀酸＋GTP＋HSCoA	琥珀酰 CoA 合成酶	HSCoA
7	琥珀酸＋FAD ⇌ 延胡索酸＋$FADH_2$	琥珀酸脱氢酶	FAD
8	延胡索酸＋H_2O ⇌ 苹果酸	延胡索酸酶	
9	*L*-苹果酸＋NAD^+ ⇌ 草酰乙酸＋NADHH^+	苹果酸脱氢酶	NAD^+

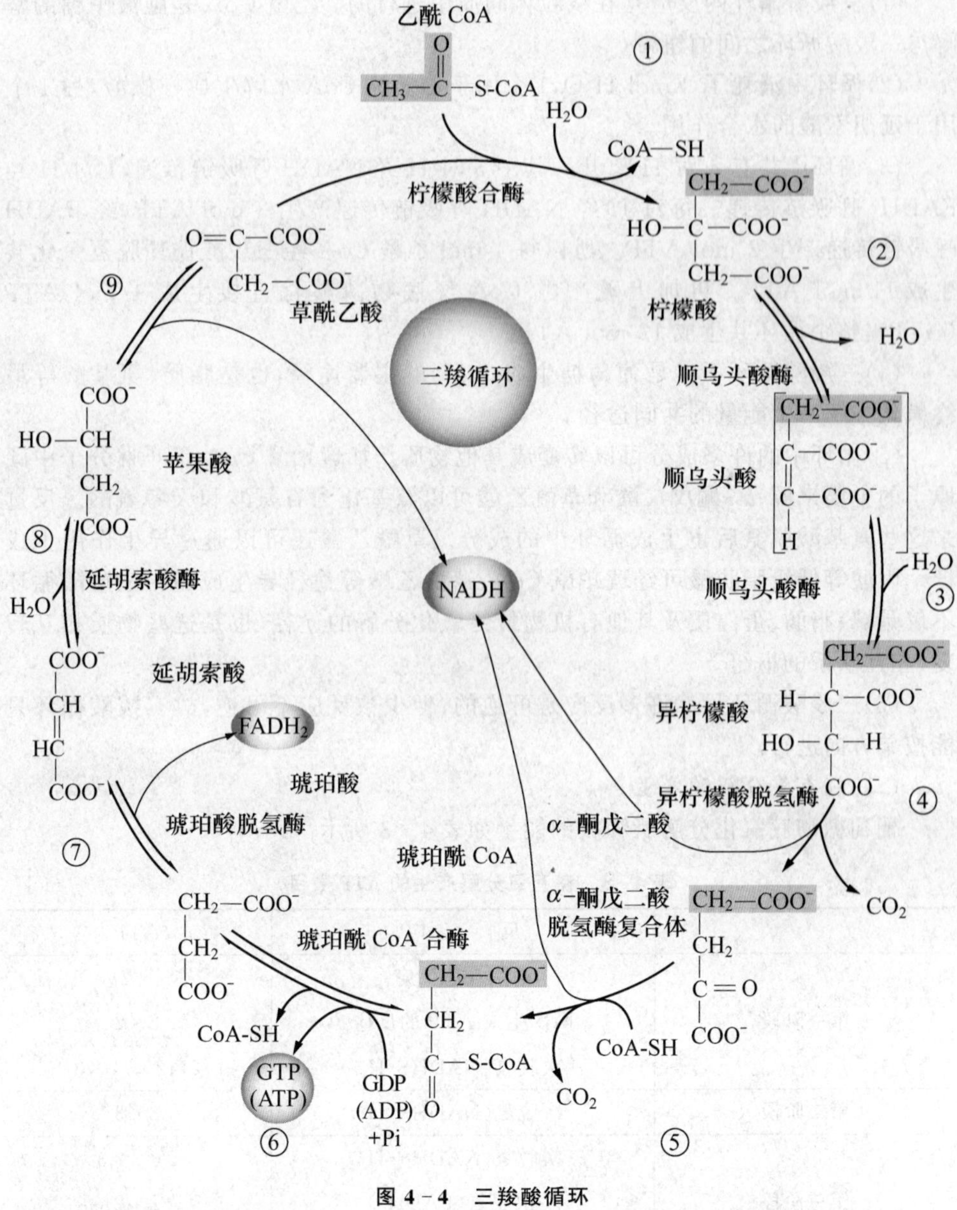

图 4－4　三羧酸循环

注：图中括号内数字代表催化相应反应的酶：①柠檬酸合酶；②乌头酸酶；③乌头酸酶；④异柠檬酸脱氢酶；⑤α－酮戊二酸脱氢酶复合体；⑥琥珀酰 CoA 合酶；⑦琥珀酸脱氢酶；⑧延胡索酸酶；⑨苹果酸脱氢酶

三羧酸循环的特点：

(1)三羧酸循环的反应是在线粒体间质中进行的。乙酰 CoA 是胞液中糖的酵解与三羧酸循环之间的纽带。

(2)循环中消耗了 2 mol H_2O，1 个用于柠檬酰 CoA 水解生成柠檬酸，另 1 个用于延胡索酸的水合作用。

(3)循环中共有 4 对 H 离开。其中 3 对 H 经 NADH 呼吸链传递，1 对 H 经 $FADH_2$ 呼吸链传递。每对 H 经 NADH 呼吸链传递产生 3 mol ATP，经 FADH 呼吸链传递产生 2 mol ATP。所以每 1 mol 乙酰 CoA 经三羧酸循环脱氢氧化共生成 11 mol ATP。再加上琥珀酰 CoA 经底物磷酸化直接生成 1 mol ATP (GTP)，整个循环共生成 12 mol ATP。

(4)三羧酸循环不仅是葡萄糖生成 ATP 的主要途径，也是脂肪、氨基酸等最终氧化分解产生能量的共同途径。

(5)循环中的许多成分可以转变成其他物质。如琥珀酰 CoA 是卟啉分子中碳原子的主要来源；α-酮戊二酸和草酰乙酸可以氨基化为谷氨酸和天冬氨酸。反过来这些氨基酸脱氨后也生成循环中的成分。草酰乙酸还可以通过异生作用生成糖。丙酸等低级脂肪酸可经琥珀酰 CoA、草酰乙酸等途径异生成糖。三羧酸循环不仅是糖、脂肪、蛋白质及其他有机物最终氧化分解的途径，也是这些物质相互转变、相互联系的枢纽。

(6)三羧酸循环虽然许多反应是可逆的，但少数反应不可逆，故三羧酸循环只能按单方向进行。

(三)糖有氧分解的能量

葡萄糖彻底氧化分解所释放的能量如表 4-3 所示。

表 4-3　糖有氧分解产生的 ATP 数目　　mol

	反　应	ATP
第一阶段	两次耗能反应	−2
	两次生成 ATP 的反应	2×2
	一次脱氢($NADH+H^+$)	2×2 或 2×3
第二阶段	一次脱氢($NADH+H^+$)	2×3
第三阶段	三次脱氢($NADH+H^+$)	2×3×3
	一次脱氢($FADH_2$)	2×2
	一次生成 ATP 的反应	2×1
净生成		36 或 38

由表 4－3 可见，每 1 mol 葡萄糖彻底氧化成 H_2O 和 CO_2 时，净生成 36 mol 或者 38 mol ATP。这与糖酵解只生成 2 mol ATP 相比，大 18～19 倍。因此，在一般情况下，动物体内各组织细胞除红细胞外主要由糖的有氧分解获得能量。

(四)糖有氧分解的生理意义

糖的有氧分解可产生大量能量，是动物体利用糖或其他物质氧化获取能量最有效的方式。其中的三羧酸循环过程已被公认为是糖、脂肪和氨基酸在细胞内氧化供能的共同途径。

三羧酸循环不仅供给机体能量，而且也是糖、脂肪和蛋白质三大物质相互转化的枢纽。三羧酸循环中生成的各种中间产物，对其他化合物的生物合成有重要意义。在细胞生长发育期间，三羧酸循环可提供多种化合物如氨基酸、脂肪酸等的碳骨架。

三、磷酸戊糖途径

糖酵解和有氧分解是生物体内糖分解代谢的主要途径，但不是唯一途径。磷酸戊糖途径就是 6 个碳的葡萄糖直接氧化为 5 个碳的核糖，并且释放出 1 mol CO_2 的途径，这个途径是 1931 年瓦博(Otto Warburg)发现 6－磷酸葡萄糖脱氢酶后开始研究的。有时也称磷酸戊糖支路或旁路。

(一)磷酸戊糖途径的反应过程

磷酸戊糖途径是在细胞液中进行的，可以分为氧化和非氧化两个阶段。

1. 氧化阶段　在此阶段，从 6－磷酸葡萄糖开始，在 6－磷酸葡萄糖脱氢酶和 6－磷酸葡萄糖酸脱氢酶的催化下，经过 2 次脱氢氧化，生成磷酸戊糖、NADPH＋H^+ 和 CO_2。具体过程如下：

(1)6－磷酸葡萄糖脱氢氧化。催化此反应的酶是 6－磷酸葡萄糖脱氢酶，辅酶是 $NADP^+$，产物是 6－磷酸葡萄糖内酯和 NADPH＋H^+。

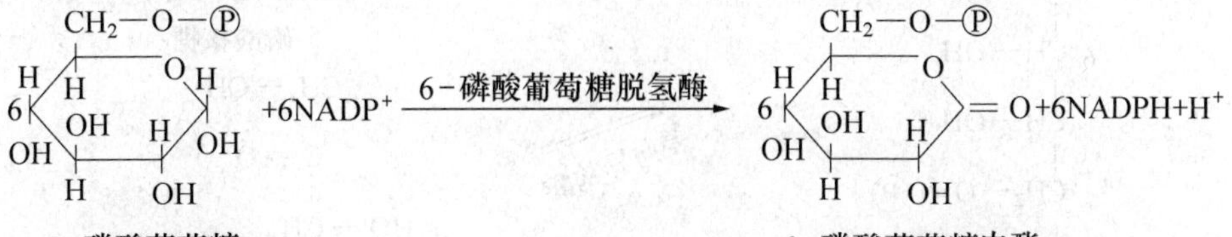

6－磷酸葡萄糖　　6－磷酸葡萄糖内酯

(2)6－磷酸葡萄糖内酯水解。催化此反应的酶是内酯酶，产物是 6－磷酸葡萄糖酸。

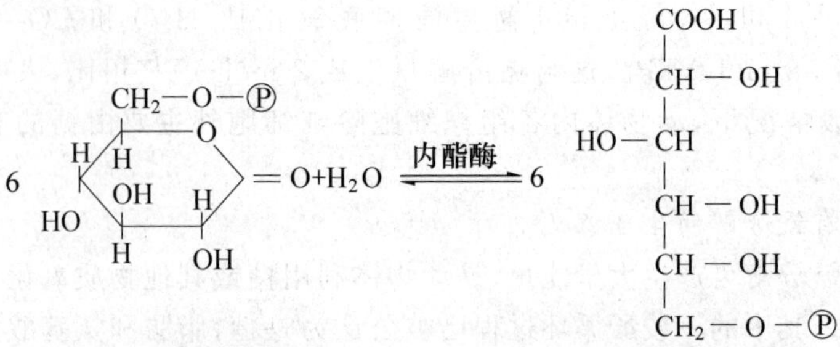

6-磷酸葡萄糖内酯　　　　6-磷酸葡萄糖酸

(3)6-磷酸葡萄糖酸氧化脱羧。6-磷酸葡萄糖酸在6-磷酸葡萄糖酸脱氢酶的催化下，脱氢脱羧生成5-磷酸核酮糖、$NADPH+H^+$和CO_2。

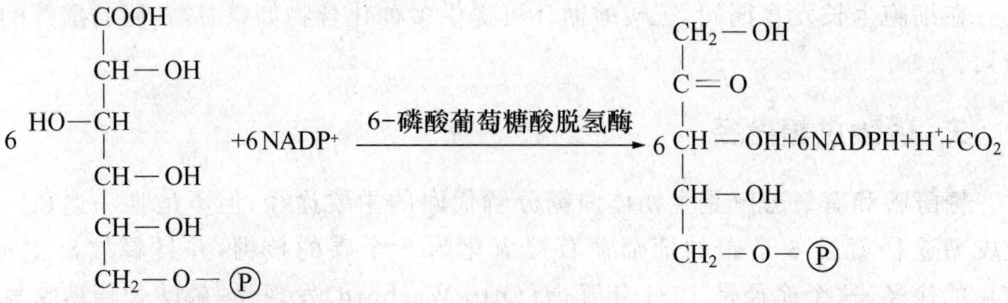

6-磷酸葡萄糖酸　　　　5-磷酸核酮糖

(4)磷酸戊糖之间的异构化。5-磷酸核酮糖异构化生成两种异构体，即5-磷酸木酮糖和5-磷酸核糖。

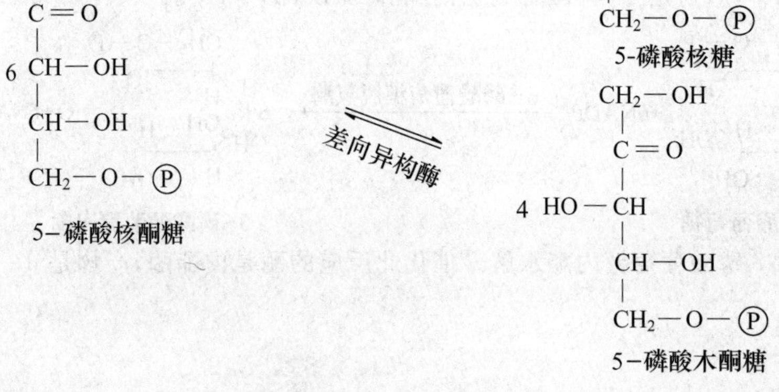

5-磷酸核酮糖　　5-磷酸核糖　　5-磷酸木酮糖

2. 非氧化阶段　此阶段反应的实质是基团的转移。反应由五碳糖开始，先后经过二碳酮醇基、三碳醛醇基、二碳酮醇基转移（简称二三二转移）使磷酸戊糖重排。最后又重新生成6-磷酸果糖。

(1)二碳基团的转移。5-磷酸木酮糖在转酮醇酶的催化下，将分子中的二碳基团转移给5-磷酸核糖，生成7-磷酸景天庚酮糖和3-磷酸甘油醛。

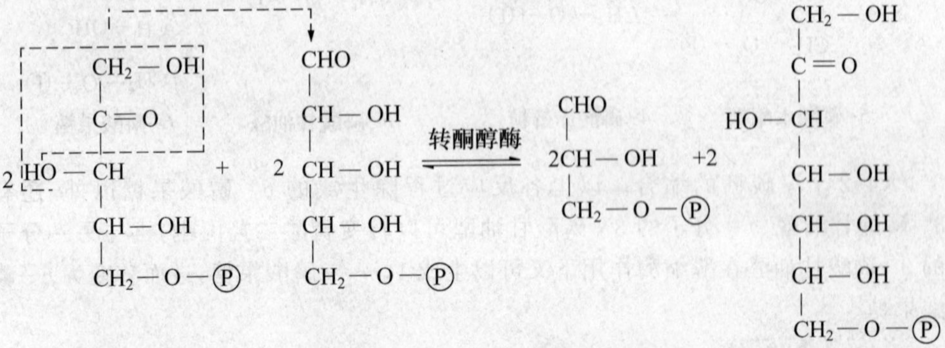

5-磷酸木酮糖　　5-磷酸核糖　　3-磷酸甘油醛　　7-磷酸景天庚酮糖

(2)三碳基团转移。生成的7-磷酸景天庚酮糖在转醛醇酶催化下，将其分子中的三碳基团转移给3-磷酸甘油醛，生成4-磷酸赤藓糖和6-磷酸果糖。

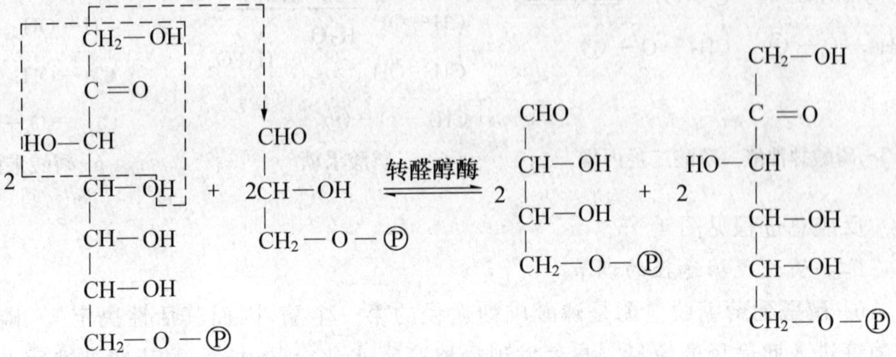

7-磷酸景天庚酮糖　　3-磷酸甘油醛　　4-磷酸赤藓糖　　6-磷酸果糖

(3)二碳基团转移。以上未参加反应的5-磷酸木酮糖在转酮醇酶的催化下，将分子中的二碳基团转移给4-磷酸赤藓糖，生成3-磷酸甘油醛和6-磷酸果糖。

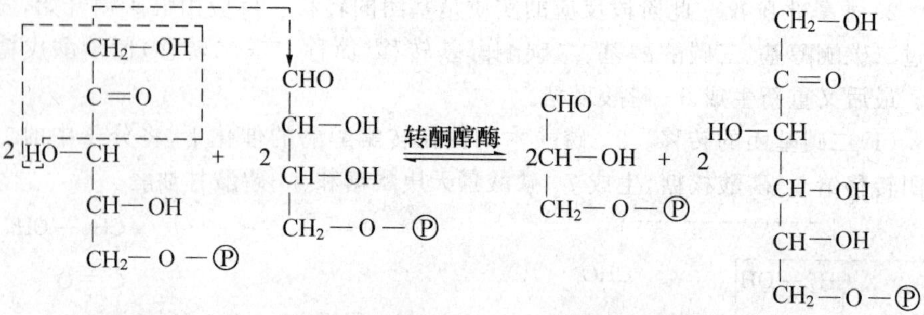

5-磷酸木酮糖　　4-磷酸赤藓糖　　3-磷酸甘油醛　　6-磷酸果糖

(4)2个三碳糖的缩合。以上各反应过程除生成的6-磷酸果糖以外，还有3-磷酸甘油醛。一分子的3-磷酸甘油醛可以转变磷酸二羟丙酮，再与另一分子的3-磷酸甘油醛在醛缩酶作用下又可以生成1,6-二磷酸果糖，进而转变为6-磷酸果糖。

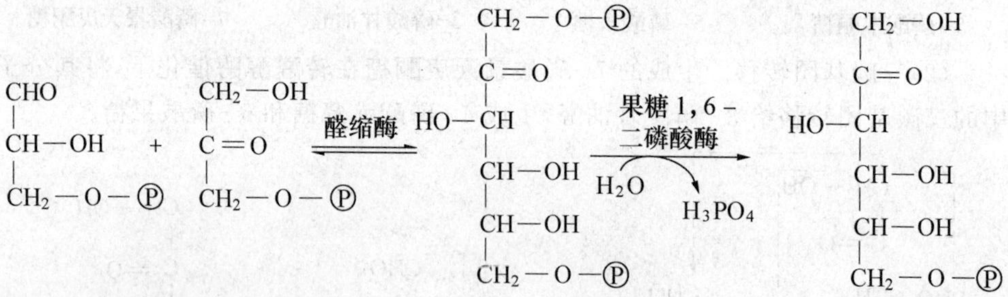

3-磷酸甘油醛　磷酸二羟丙酮　　1,6-二磷酸果糖　　6-磷酸果糖

反应总过程见图4-5。

(二)磷酸戊糖途径的调节

6-磷酸葡萄糖脱氢酶是磷酸戊糖途径的第一个酶，因而其活性决定6-磷酸葡萄糖进入此途径的流量。早就发现摄取高碳水化合物饮食，尤其在饥饿后重饲时，肝内此酶含量明显增加，以适应脂酸合成的需要。但是NADPH能强烈抑制6-磷酸葡萄糖脱氢酶的活性，所以磷酸戊糖途径的调节主要是受NADPH / $NADP^+$比值的影响。当NADPH / $NADP^+$比值升高磷酸戊糖途径被抑制，比值降低时激活。因此，磷酸戊糖途径的流量取决于对NADPH的需求。

(三)磷酸戊糖途径的生理意义

(1)磷酸戊糖途径中生成的5-P-核糖是核酸合成所必需的，反之，核酸分解产生的戊糖也要经此途径进行代谢。

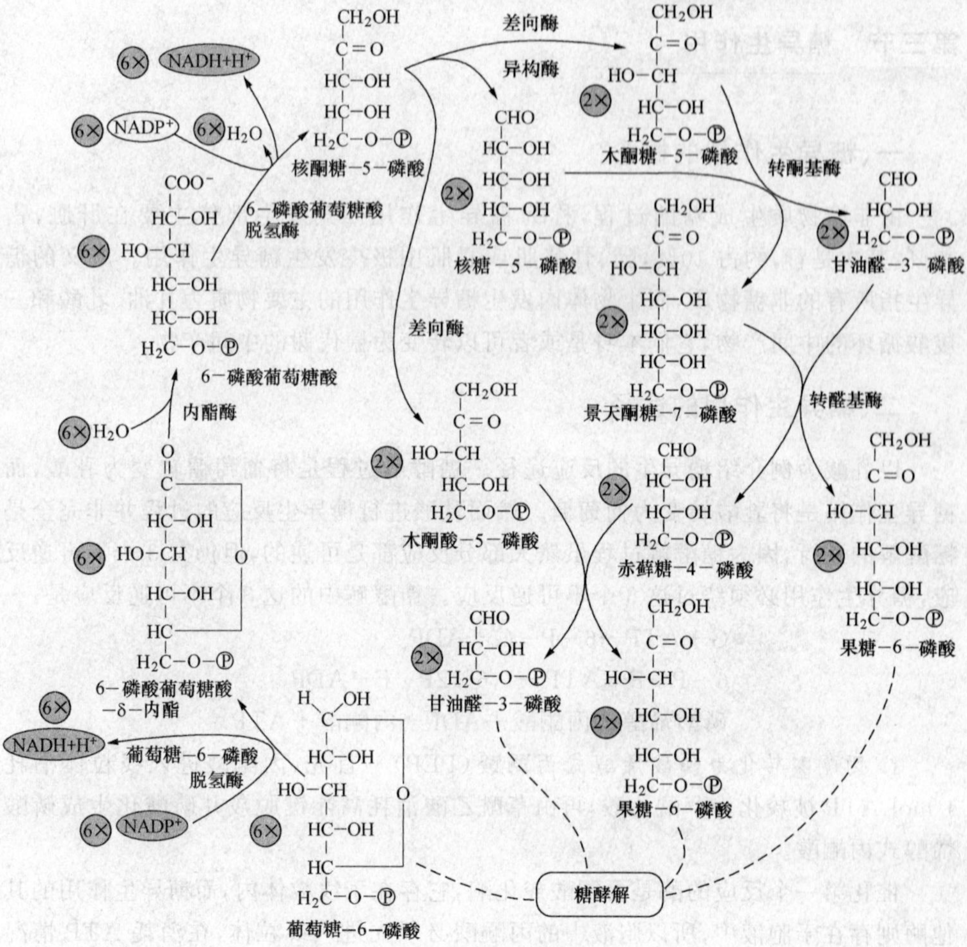

图 4－5 磷酸戊糖途径

(2)反应中产生较多的 NADPH。它是许多化合物如脂肪酸、类固醇等生物合成时的供氢体。

(3)磷酸戊糖途径是糖分解代谢的保证，其中间产物 3－P－甘油醛可进入糖酵解和有氧分解途径，是 3 种途径的交叉点。如果某一途径因受某种因素的影响不能进行时，则可通过其进入另一种分解途径，从而保证糖的分解继续进行。

第三节　糖异生作用

一、糖异生作用的概念

由非糖物质生成糖的过程，称为糖异生作用。其发生部位主要在肝脏，占90%，其次是肾，约占10%，脑、骨骼肌或心肌中极少发生糖异生作用。广义的糖异生指所有的非糖物质，而生物体内发生糖异生作用的主要物质为甘油、乳酸和三羧酸循环的中间产物，它们本身是或者可以转变为糖代谢的中间产物。

二、糖异生作用的途径

以乳酸为例介绍糖异生的反应途径。糖酵解过程是将葡萄糖转变为乳酸，而糖异生作用是将乳酸转变为葡萄糖。然而乳酸进行糖异生反应的过程并非完全是糖酵解的逆行，因为糖酵解过程虽然大部分反应都是可逆的，但仍有3个不可逆反应，糖异生作用必须绕过这3个不可逆反应。糖酵解中的这3个不可逆反应是：

$$G + ATP \rightarrow 6-P-G + ADP$$

$$6-P-F + ATP \rightarrow 1,6-2P-F + ADP$$

$$\text{磷酸烯醇式丙酮酸} + ADP \rightarrow \text{丙酮酸} + ATP$$

1. 丙酮酸转化为磷酸烯醇式丙酮酸(PEP)　首先，丙酮酸进入线粒体消耗1 mol ATP被羧化为草酰乙酸，再由草酰乙酸消耗高能键脱羧并磷酸化生成磷酸烯醇式丙酮酸。

催化第一个反应的酶是丙酮酸羧化酶，它存在于线粒体内，而糖异生作用的其他酶则存在于胞液中，所以胞液中的丙酮酸必须先进入线粒体，在消耗ATP情况下，被羧化成草酰乙酸，生成的草酰乙酸不能直接通过线粒体膜，需要被苹果酸脱氢酶还原为苹果酸，苹果酸被载体运过线粒体膜进入胞液。苹果酸在胞液中经苹果酸脱氢酶催化再生成草酰乙酸进行上述第二个反应。两步反应的总和见图4-6。

2. 1,6-二磷酸果糖水解成6-磷酸果糖　催化此反应的酶是1,6-二磷酸果糖酶。

$$1,6\text{-二磷酸果糖} + H_2O \xrightarrow{1,6\text{-二磷酸果糖酶}} 6\text{-磷酸葡萄糖} + Pi$$

3. 6-磷酸葡萄糖水解成葡萄糖　催化此反应的酶是6-磷酸葡萄糖酶。

$$H_2O + 6\text{-磷酸葡萄糖} \xrightarrow{6\text{-磷酸葡萄糖酶}} \text{葡萄糖} + Pi$$

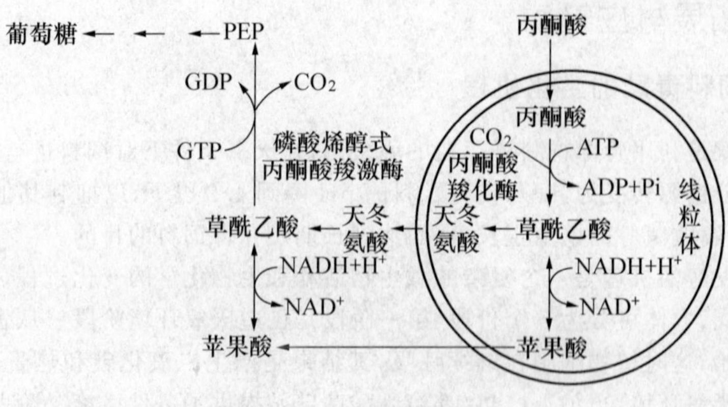

图 4－6　丙酮酸羧化过程

至此，我们把糖异生作用的途径及其与糖酵解作用的比较归纳为图 4－7。

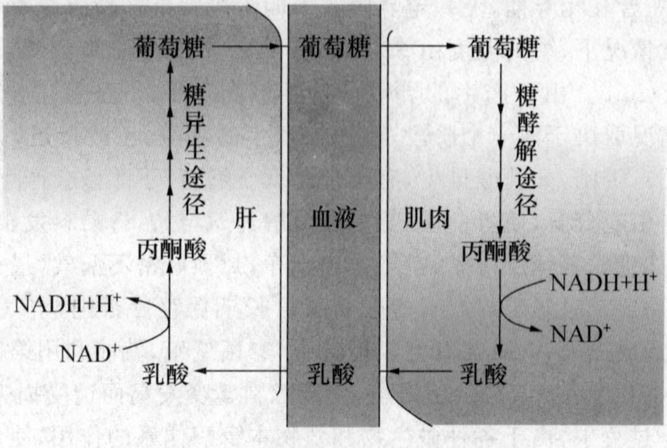

图 4－7　糖酵解途径与糖异生作用

三、糖异生作用的生理意义

1. 维持血糖恒定　在动物饥饿或糖类摄入不足时，都要靠糖异生作用提供葡萄糖维持血糖的正常浓度，以便各组织细胞从血液中摄入葡萄糖供其利用。而草食动物体内的糖主要靠糖异生作用提供。

2. 清除产生的大量乳酸　当动物体剧烈运动后肌肉内产生大量的乳酸。乳酸经血液循环运至肝脏，通过糖异生作用转变为糖，故糖异生作用可清除体内过多的乳酸，从而避免因乳酸过多引起的酸中毒。

拓展与应用

一、饲料青贮的生化机理

青贮就是利用青绿饲料中存在的乳酸菌,在厌氧条件下对饲料进行发酵,使饲料中的部分糖源转变为乳酸,使青贮料的 pH 降到 4.2 以下,以抑制其他好氧微生物如霉菌、腐败菌等的繁殖生长,从而达到长期贮存青饲料的目的。

青贮发酵的机理是一个复杂的微生物活动和生物化学的变化过程。其持续的时间约 3 周,大体可分为 5 个价段:第一阶段是创造厌氧环境阶段。从青贮原料放入窖中开始,这时植物细胞在继续呼吸,其结果是产生二氧化碳和热量,使青贮料逐渐变为厌氧环境,再加上产热,都给乳酸菌繁殖提供了条件。第二阶段主要是产生乙酸阶段。酸的浓度增加又给乳酸菌开始繁殖创造了条件。第三阶段是乳酸开始产生阶段。也是乙酸菌在较高的酸中不能生活而受到限制的阶段。以上 3 个阶段需 3～5 d,三者互相穿插,无一定界限。第四阶段则是乳酸菌增殖和乳酸形成的阶段。在正常情况下,窖内温度由 33℃降到 25℃,pH 由 6 降到 3.4～4.0。这个阶段持续 15～20 d。由于产生的乳酸已达到最高水平,乳酸菌本身也受到抑制。第五阶段的情况取决于前 4 个阶段,首先如产生的乳酸、乙酸量足,就可以预防其他杂菌的作用。否则,如乳酸量少,有害杂菌就会增殖;丁酸菌会产生丁酸,进而作用于青贮原料引起分解,使蛋白质、氨基酸分解为氨与胺,青贮料发出臭味,影响适口性。其次,如青贮窖镇压得紧,空气排出干净,封顶严密不漏气(最初几天下沉最多,封顶下沉后要及时培土封严),青贮料就可长期保存。否则,空气一旦进入,就会氧化产热,造成损失;同时在有空气情况下,霉菌繁殖,就能利用第四阶段所产生的乳酸,使 pH 下降后,随之杂菌增殖,使青贮料霉变发臭而遭受损失。

青贮发酵过程中,由于各种微生物和植物本身酶体系的作用,使青贮料发生一系列生物化学变化。

1. 碳水化合物　在青贮的过程中,只要有氧存在,且 pH 不发生急剧变化,植物呼吸酶就有活性。当产生的热引起青贮作物的温度达到相当高时,青贮作物中的水溶性碳水化合物就会被氧化为二氧化碳和水。如果在填充过程中和填充后,青贮作物未能充分压实,空气就有可能透入,温度也会继续升高。若未能及时发现,会导致过热青贮料,不仅造成营养分损失,而且青贮质量低劣。

在正常青贮时,可迅速形成厌氧环境,青饲料中易溶性碳水化合物全部转化成乳酸、乙酸、琥珀酸及醇类,其中主要为乳酸,同时放出少量的热量。碳水化合物转化成乳酸的过程,是非氧化分解过程,不生成二氧化碳,所以能量损失很少。已糖生成乳酸时,同质发酵乳酸菌比异质发酵乳酸菌更为有效,因为异质发酵除了产生乳酸外，还产生甲烷、甘露醇和乙酸等。发酵中也有半纤维素的水解作用，生成的戊糖也可发酵生成乳酸。

青贮料中乙酸，是由乙醇通过微生物的作用生成，其形成比乳酸早，当酸度高时呈游离状态，酸度低时，与盐基结合成乙酸盐。青贮温度达到30～40℃，pH为4.2以上，正适于酪酸菌繁殖活动，此时才产生酪酸。低温发酵，不形成酪酸。

2. 含氮化合物　处于生长期的饲料作物，总氮中有75%～90%的氮以蛋白氮的形式存在。收获后，植物蛋白酶会迅速将蛋白质水解为氨基酸，在12～24 h内，20%～25%的总氮可被转化为非蛋白氮。青贮料中蛋白质的变化，与pH的高低有密切关系，当pH小于4.2时，蛋白质因植物细胞酶的作用，部分蛋白质即分解成氨基酸，且较稳定，并不造成损失，但当pH大于4.2时，由于腐败菌的活动，氨基酸便被分解成氨、硫化氢和胺类，使蛋白质品质下降。多数非蛋白氮以氨基酸的形式存在，但由于植物脱羧酶的作用，有些氨基酸可进一步降解生成胺，特别是谷氨酸和天门冬氨酸。乳酸菌分解氨基酸的能力有限，它仅能将丝氨酸和精氨酸分别转化为3-羟基丁酮和鸟氨酸。然而，在梭菌占主导地位时，氨基酸改变甚多，主要包括三类反应，即脱氨基作用、脱羧基作用和氧化-还原偶联反应，其结果是生成胺、二氧化碳、酮酸和脂肪酸。

3. 有机酸与缓冲能　植物的缓冲能力，即其抗御pH改变的能力，是影响青贮饲料调制的重要因素。在4～6的pH范围内，青绿饲料缓冲能的70%～80%靠有机酸盐、磷酸盐、硫酸盐、硝酸盐和氯化物维持，植物蛋白质的缓冲作用占10%～20%。禾本科植物含有柠檬酸和苹果酸等有机酸，青贮期间这些酸经乳酸菌发酵可生成乳酸、乙酸、甲酸、乙醇、丁二醇和3-羟基丁酮产物；而豆科牧草粗蛋白含量高于禾本科牧草，因此豆科牧草的缓冲能高于禾本科牧草，这一特性使得豆科牧草比禾本科牧草难以青贮。青贮过程中，乳酸盐、乙酸盐和其他产物的形成可使缓冲能值升高。pH较低的青贮饲料，缓冲能值可能比原值增大3～4倍；限制发酵可减少缓冲物质的生成。

4. 色素和维生素等　青贮期间最明显的变化是饲料的颜色。由于有机酸对叶绿素的作用，使其成为脱镁叶绿素，导致青贮饲料变为浅棕色。维生素A的前体物——β-胡萝卜素的破坏与温度和氧化程度有关，二者都高时，β-胡萝卜素损失较多。但贮存较好的青贮料，胡萝卜素的损失可低于30%。

在青贮过程中，由生物化学变化所造成的养分损失是不可避免的，一般损失量约占原料干物质的8%。由于表面腐败或液汁排出，青贮制作时的损失也约占8%，这种损失则是可避免的。青贮条件和技术正常，或者采用添加物进行特种青贮，其损失量就可减少到最少的程度。据试验，牧草青贮料采用普通青贮法制成者，粗蛋白质损失量为17.6%，可消化蛋白质损失量为5.7%。日晒原料胡萝卜素损失量为80%，添加尿素的青贮料，胡萝卜素的损失量为50%，维生素 B_1 和烟酸损失小，维生素 B_2 损失多。不管青贮条件如何良好，维生素C的损失量均达60%～65%。无机盐类含量变化不大。加酸青贮者，钙的损失可达10%～20%。

二、动物体的糖代谢障碍

（一）高血糖与糖尿病

1.概念　空腹血糖水平高于正常范围称为高血糖。如果血糖值高于肾糖阈值时，超过了肾小管对糖的最大重吸收能力，则尿中就会出现糖，此现象称为糖尿。

2.发生原因及表现

（1）生理性高血糖：在生理情况下，由于糖的来源增加可引起生理性高血糖。例如一次性进食大量糖时，血糖浓度急剧升高，可引起饮食性高血糖。

（2）病理性高血糖：在病理情况下，如升高血糖激素分泌亢进或胰岛素分泌障碍均可导致高血糖，以至于出现糖尿。由于胰岛素分泌障碍所引起的高血糖和糖尿，称为糖尿病。

糖尿病时，可出现多方面的糖代谢紊乱：血糖不易进入组织细胞；糖原合成减少，肝糖原分解增强；组织细胞氧化利用糖的能力减弱；糖异生作用增强。总之血糖的来源增加而去路减少，出现持续性高血糖和糖尿。

（二）低血糖

1.概念　空腹血糖水平低于正常范围称为低血糖。低血糖严重影响脑的正常功能。

2.低血糖的常见原因

（1）饥饿或不能进食：此时外源性血糖的来源断绝，内源性的肝糖原已经枯竭，糖异生作用亦相应减弱，供不应求，因而造成低血糖。

（2）胰岛素 β-细胞增生，胰岛素分泌过多，引起低血糖。

（3）严重肝脏疾患，肝功能低下，糖原的合成、分解及糖异生等糖代谢过程均受损，肝不能及时有效地调节血糖浓度，故易产生低血糖。

（4）内分泌机能异常（垂体机能或肾上腺机能低下），使对抗胰岛素的升糖激素分泌减少，也会引起低血糖。

思考与练习

1.简述糖酵解作用的过程和生理意义。

2.葡萄糖分解为丙酮酸各反应过程中，有氧和无氧条件有何区别？调控部位、氧化部位及底物磷酸化部位有何变化？

3.何为三羧酸循环？写出反应过程，并标示4次脱氢反应的过程及辅酶。

4.糖酵解和有氧分解分别能产生多少ATP？一次三羧酸循环能产生多少ATP？

5.写出乳酸异生成葡萄糖的过程。

6.简述糖有氧分解的生理意义。

7.简述糖异生的生理意义。

第五章 脂类代谢

知识目标：

- 了解脂类物质的组成和生理功能，掌握血浆脂蛋白的分类、组成及生理功能。
- 了解脂肪的分解代谢与生物合成、磷脂、胆固醇的代谢。
- 掌握脂肪酸的氧化途径，酮体的生成与利用。

第一节 脂类概述

脂类是油脂和类脂的总称，是生物体内重要的有机分子。油脂由 1 分子甘油和3 分子高级脂肪酸缩合而成，也称甘油三酯、真脂或中性脂肪。类脂则包括磷脂、糖脂、固醇及其酯和脂肪酸。脂类在化学组成和结构上虽然有很大差异，但都难溶于水，而易溶于乙醚、氯仿、苯等非极性有机溶剂。

按化学组成，通常将脂类分为单纯脂、复合脂和衍生脂；根据脂类在畜禽体内的分布，又可将脂类分为贮脂和构成细胞成分的组织脂。贮脂主要为中性脂肪，以动物的皮下结缔组织、大网膜、肠系膜和肾脏周围等组织中贮存最多，称为脂库。贮脂的含量随动物机体的营养状况变动，因此含量不稳定。组织脂的成分主要由脂类组成，分布于动物体内的所有细胞中，是构成细胞的膜系统（质膜和细胞器膜）的成分，其含量一般不受营养条件的影响，因此相当稳定。

一、脂类的生理功能

1. 氧化供能和贮存能量　脂肪和糖一样是能源物质，氧化 1 g 脂肪可以释放 38 kJ 的能量，而氧化 1 g 葡萄糖只释放 17 kJ 的能量。另外，脂肪是疏水物质，贮存时不伴有水的贮存，1 g 脂肪只占有 1.2 mL 的体积；而糖是亲水物质，贮存时伴有水的贮存，贮存 1 g 糖原所占的体积约为贮存 1 g 脂肪的 4 倍，即机体贮存脂肪的效率约为贮存糖原的 9 倍多。因此，脂肪是动物机体用以贮存能量的主要形式。当动物摄入的能源物质超过机体所需的消耗量时，就可以脂肪的形式贮存起来；而当摄入的能源物质不能满足生理活动需要时，则动用体内贮存的脂肪氧化供能。

2.保护机体组织、协助脂溶性维生素吸收　内脏周围的脂肪组织具有固定内脏器官、减少摩擦和缓冲外部冲击的作用，皮下脂肪能有效防止机体机械损伤与热量散失，能抵御振动、低温等对动物的伤害。

脂溶性维生素A，维生素D、维生素E、维生素K和胡萝卜素可溶于饲料的脂肪中，并同脂肪一起被吸收。因此，饲料中脂类缺乏或吸收障碍时，往往发生脂溶性维生素缺乏或不足。

3.供给不饱和脂肪酸　动物机体有几种不饱和脂肪酸不能合成，必须由饲料供给，称为必需脂肪酸，主要有亚油酸(十八碳二烯酸)、亚麻油酸(十八碳三烯酸)和花生四烯酸(二十碳四烯酸)。必需脂肪酸是组成细胞膜磷脂、胆固醇酯和血浆脂蛋白的重要成分，还可衍生为前列腺素、血栓素和白三烯等生物学活性物质而参与细胞的代谢调节。必需脂肪酸缺乏，会影响磷脂代谢，造成膜结构异常，通透性改变，膜中脂蛋白的形成和脂肪的转运受阻，并与炎症、过敏反应、免疫、心血管疾病等病理过程有关。反刍动物瘤胃中的微生物能够合成必需脂肪酸，因此不必由饲料专门供给。

4.类脂是构成组织细胞的必要成分　类脂是细胞系统的基本原料。细胞的膜系统包括细胞膜和细胞器膜，主要由磷脂、胆固醇与蛋白质结合而成的脂蛋白构成。细胞膜系统的完整性是细胞进行正常生理活动的重要保证。类脂和胆固醇还是神经末梢的重要成分，有绝缘作用，对神经兴奋的定向传导有重要意义。

此外，类脂还可以转变为多种生理性物质，如性激素、肾上腺皮质激素、维生素D_3和促进脂类消化吸收的胆汁酸都可以由胆固醇衍生而来，磷脂代谢的某些中间产物则可作为信号分子参与细胞代谢的调节过程。

二、脂类的运输、贮存与动员

(一)脂类的运输

1.血脂与血浆脂蛋白

(1)血脂。血浆中所含的脂类统称为血脂，包括脂肪、磷脂、胆固醇及其酯和游离脂肪酸。磷脂中主要为卵磷脂，约占70%；鞘磷脂和脑磷脂分别占25%和10%左右。胆固醇以酯型为主，约占2/3，醇型约占1/3。血脂的来源有外源性的，即直接从饲料中摄取的；也有内源性的，即肝脏、脂肪组织等合成后释放进入血浆的。

血脂的含量随生理状态不同而改变，动物的品种、年龄、性别、饲养状况都会影响血脂的组成和水平。

(2)血浆脂蛋白。脂类不溶于水，因此不能以游离形式运输，而是与血浆中的蛋白质结合起来进行运输。除游离脂肪酸和血浆清蛋白结合成复合物运输外，其他脂类都以血浆脂蛋白的形式运输。

①血浆脂蛋白的结构。血浆脂蛋白呈球状，核心由疏水的甘油三酯和胆固醇构成；外层由兼有极性和非极性基团的载脂蛋白、磷脂和胆固醇包裹，非极性基团朝向疏水的内核，极性基团朝外，形成可溶性的颗粒在血液中运输。

②血浆脂蛋白的分类。因各类血浆脂蛋白中所含脂类的比例不同，以致密度不同，所以可利用梯度超速离心技术，将血浆脂蛋白进行分离。按密度从小到大分别称为乳糜微粒(CM)、极低密度脂蛋白(VLDL)、低密度脂蛋白(LDL)和高密度脂蛋白(HDL)。乳糜微粒含甘油三酯最多，高达80%～95%；蛋白质最少，仅约占1%，其颗粒最大，密度最小。极低密度脂蛋白含甘油三酯达50%～70%；但其蛋白质含量增多，约占10%，密度变大。低密度脂蛋白含胆固醇及胆固醇脂最多，为40%～50%。高密度脂蛋白含蛋白质最多，约占50%，密度最高，颗粒最小。

2.血浆脂蛋白的主要功能

(1)乳糜微粒(CM)。小肠黏膜上皮细胞将饲料中的脂类消化吸收后，再重新合成甘油三酯、磷脂，与吸收的胆固醇及载脂蛋白共同形成CM。CM经淋巴入血，在运输过程中，脂肪不断在酶的催化下，水解释放出脂肪酸和甘油，并进入肌肉、脂肪组织贮存和利用。在此过程中，CM不断变化，称为CM残余颗粒，到肝脏被肝组织摄取利用。由于CM中的脂肪主要来源于饲料，所以说，CM的功能是运输外源性脂肪。

(2)极低密度脂蛋白(VLDL)。由肝细胞合成的甘油三酯、载脂蛋白以及磷脂、胆固醇等在肝细胞内共同组成VLDL。此外，小肠黏膜细胞也能合成少量VLDL。VLDL被分泌入血后，其中的甘油三酯被水解，水解产物被肝外组织摄取利用。可见，VLDL是运输肝合成的内源性甘油三酯的主要形式。

VLDL在运输时，脂肪不断在脂蛋白脂肪酶的作用下水解，产物脂肪酸等被组织利用，最后颗粒中脂类主要为胆固醇酯。而VLDL的密度不断增加，转变为低密度蛋白。

(3)低密度脂蛋白(LDL)。LDL是在血浆中由VLDL转变而来的，含有丰富的胆固醇和胆固醇酯，是向转运肝脏合成的胆固醇的主要形式。肝及肝外组织的细胞膜表面广泛存在LDL受体，可特异识别并结合此脂蛋白。当血浆中LDL与此受体结合后，受体将聚集成簇，吞入细胞内与溶酶体融合，进一步被降解。

(4)高密度脂蛋白(HDL)。HDL是由肝和小肠黏膜细胞合成的，以肝为主。初合成后分泌入血的HDL称为新生HDL，它可接受外周中的胆固醇并将其酯化，逐步转变为成熟HDL。成熟HDL可被肝细胞摄取利用。因此，HDL的作用就是从肝外组织将胆固醇转运到肝内进行代谢。

血浆脂蛋白的组成及性质见表5－1。

表5－1　血浆脂蛋白的性质、组成及主要生理功能

密度分类法	密度/(g·cm^3)	颗粒直径/nm	含量/%				脂类/脂肪(约)	合成部位	主要生理功能
			蛋白质	脂肪	胆固醇	磷脂			
乳糜微粒	<0.95	80～500	0.5～2	80～95	1～4	5～7	98/2	小肠黏膜细胞	转远外源性脂肪
极低密度脂蛋白	0.95～1.006	25～80	5～10	50～70	10～15	10～15	90/10	肝细胞	转远外源性脂肪
低密度脂蛋白	1.006～1.063	20～25	20～25	10	45～50	20	79/21	血浆	转远外源性脂肪
高密度脂蛋白	0.063～1.210	7.5～10	45～50	5	20	25	50/50	肝、血浆	将胆固醇转运至肝脏

(二)脂类的贮存和动员

动物机体所有组织均可储存脂肪。然而,脂肪组织是大量贮存脂肪的场所,因此被称为脂库。动物种类不同,食物来源、环境条件、习惯等的不同,贮存脂肪的性质也不同。如果长期饲喂同样类型食物,也可改变贮存脂肪的性质。

脂库中的部分脂肪水解为甘油和脂肪酸释放出来,称为脂肪的动员。动员的强度可根据机体的生理需要进行调整。例如,动物饱食之后,贮存脂肪就有所增加;在饥饿或患慢性疾病时,贮脂减少。正常情况,机体在胰岛素和胰高血糖素的作用下,脂肪的储存和动员维持动态平衡。

第二节　脂肪的分解代谢

一、脂肪的水解

当动物机体需要能量时,贮存在脂肪细胞中的脂肪在脂肪酶的作用下,被逐步水解为脂肪酸和甘油并释放入血液,供其他组织氧化利用,这一过程也称为脂肪动员。体内除成熟的红细胞外,都能氧化分解脂肪。

动物机体的脂肪酶存在于脂肪细胞中,活性受激素调节。例如在禁食、饥饿或交感神经兴奋时,肾上腺激素、去甲肾上腺素、胰高血糖素等分泌增加,激活腺苷酸环化酶,使细胞内 cAMP 水平升高,进而依赖 cAMP 的蛋白激酶活化,后者将脂肪酶磷酸化而激活,促进脂肪动员;而胰岛素和前列腺素等与上述激素作用相反,使

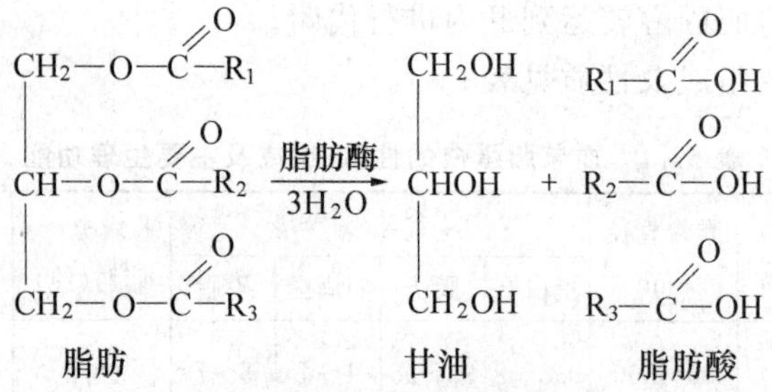

图 5－1 脂肪的水解

脂肪酶活性受到抑制，从而抑制脂肪分解。在人和动物消化道内也存在着脂肪酶，水解食物中的脂肪，这个过程称为脂肪的消化。

二、甘油的代谢

由于脂肪组织中甘油激酶活性很低，所以脂肪水解产生的甘油直接经血液运送至肝、肾、肠等组织利用。主要在肝脏中甘油激酶的作用下，转变为 α－磷酸甘油，然后再脱氢生成磷酸二羟丙酮，后者沿糖分解途径进一步分解，或经糖异生途径转变为葡萄糖或糖原。甘油的代谢途径如图 5－2 所示。

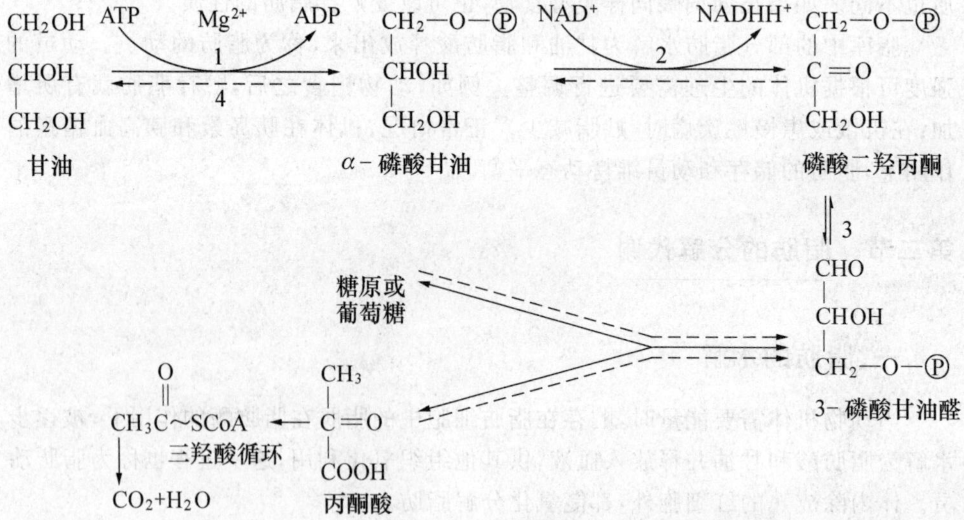

图 5－2 甘油的代谢

1. 甘油激酶；2. 磷酸甘油脱氢酶；3. 磷酸丙糖异构酶；4. 磷酸酶

上述反应过程中，实线为甘油的分解，虚线为甘油的合成

三、脂肪酸的分解代谢

(一)脂肪酸的β-氧化

脂肪酸可以在体内的许多组织细胞内进行氧化分解，在供氧充足的条件下，分解生成CO_2和水，并释放大量能量供机体利用，但以肌肉组织和肝脏最为活跃。脂肪酸的氧化有多种形式，其中以β-氧化为主。β-氧化是从脂肪酸的羧基端β-碳原子开始，碳链逐次端裂，每次产生一个二碳化合物，即乙酰辅酶A，所以称为β-氧化。

1. 脂肪酸的活化　脂肪酸在氧化分解之前，必须先在胞液中活化为脂酰CoA。脂肪酸在脂酰CoA合成酶催化下，消耗ATP，并需辅酶A参与，生成活化的脂酰CoA。

$$\underset{\text{脂肪酸}}{RCOOH}+\underset{\text{辅酶A}}{HS-CoA}+ATP\xrightarrow[Mg^{2+}]{\text{脂酰CoA合成酶}}\underset{\text{脂酰辅酶A}}{RCO-SCoA}+AMP+\underset{\text{焦磷酸}}{PPi}$$

2. 脂酰CoA进入线粒体　催化脂酰CoA氧化分解的酶系存在于线粒体基质内，因此脂酰CoA必须进入线粒体才能进行氧化分解。然而无论长链脂肪酸或脂酰CoA都不能透过线粒体内膜而进入线粒体，必须通过一种特异转运载体——肉毒碱(肉碱)的转运才能进入线粒体。

肉碱通过其羟基与脂酰基连接成酯，生成脂酰基肉碱而透过线粒体内膜。由于线粒体内膜两侧存在肉碱脂酰转移酶(外侧为酶Ⅰ，内侧为酶Ⅱ)，能催化脂酰基在脂酰CoA和肉碱之间转移，最后在膜内侧形成脂酰CoA，完成了脂酰辅酶A进入线粒体的过程。其过程如图5-3所示。

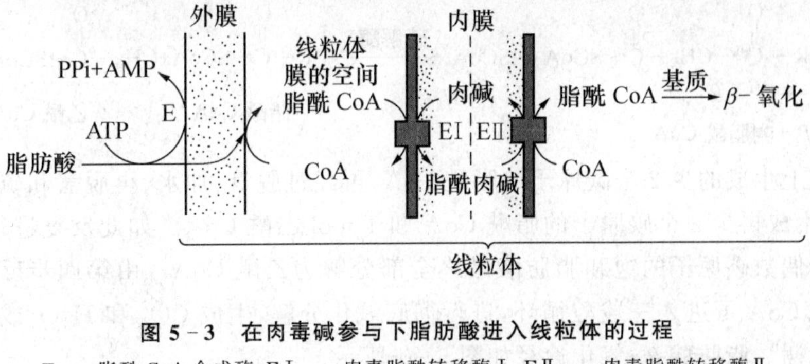

图5-3　在肉毒碱参与下脂肪酸进入线粒体的过程

E——脂酰CoA合成酶；EⅠ——肉毒脂酰转移酶Ⅰ；EⅡ——肉毒脂酰转移酶Ⅱ

3. 脂肪酸的β-氧化　进入线粒体基质内的脂酰CoA，在脂肪酸β-氧化酶系的催化下，逐步氧化分解。脂酰 CoA 的 β-氧化过程可分为下列 4 步反应：

①脱氢：转入线粒体的脂酰 CoA 在脂酰 CoA 脱氢酶的催化下，在其 α，β 碳原子上各脱下一个氢原子，生成 α，β-烯脂酰 CoA，而脱下的一对氢原子被 FAD 接受生成 $FADH_2$。

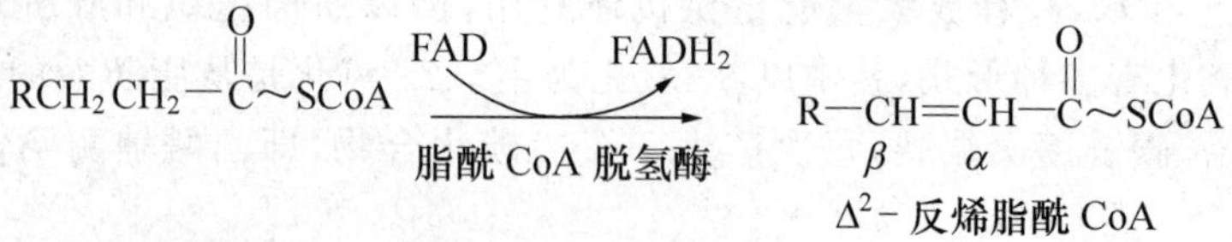

②加水：α，β-烯脂酰 CoA 在 α，β-烯脂酰 CoA 水合酶催化下，加入 1 分子水，生成 β-羟脂酰 CoA，此反应可逆。

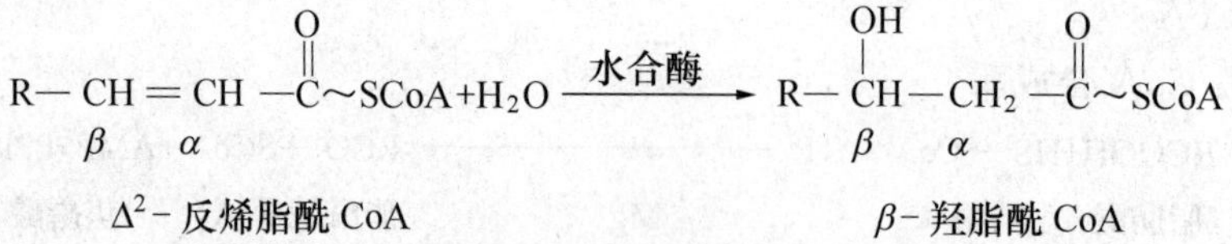

③再脱氢：β-羟脂酰 CoA 再经 β-羟脂酰 CoA 脱氢酶催化下脱氢，生成 β-酮脂酰 CoA，脱下的氢由辅酶 NAD^+ 接受生成 $NADH+H^+$。

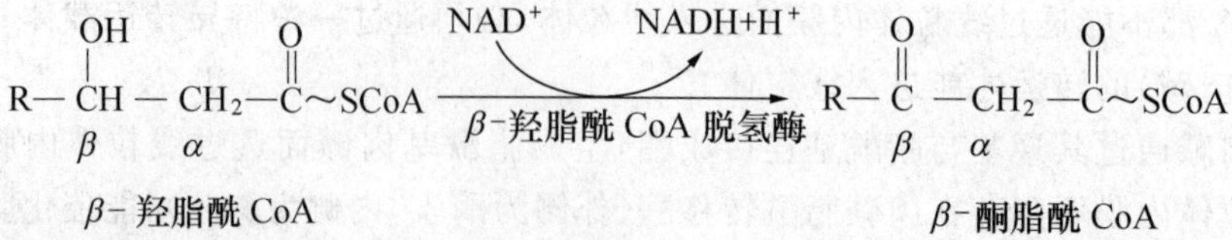

④硫解：β-酮脂酰 CoA 在 β-酮脂酰 CoA 硫解酶催化下，与 1 分子 HS—CoA 作用，生成 1 mol 乙酰 CoA 和比原来少 2 个碳原子的脂酰 CoA。

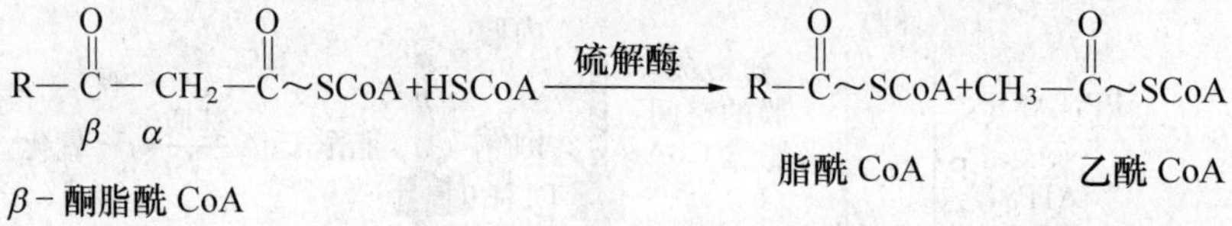

以上生成的少 2 个碳原子的脂酰 CoA，再经过脱氢、加水、再脱氢和硫解四步反应，生成再少 2 个碳原子的脂酰 CoA 和 1 mol 乙酰 CoA。如此反复进行，就可使一个偶数碳原子的饱和脂肪酸最终全部分解为乙酰 CoA。由第四步反应生成的乙酰 CoA 可进入三羧酸循环，进行彻底氧化分解，生成 CO_2 和 H_2O，或经其他途径代谢。脂肪酸 β-氧化途径如图 5-4 所示。

4. 乙酰 CoA 的去向　脂酰辅酶 A 经 β-氧化生成的乙酰辅酶 A 大部分进入三羧酸循环，彻底氧化分解生成二氧化碳和水，并释放出能量。也可以参加合成代

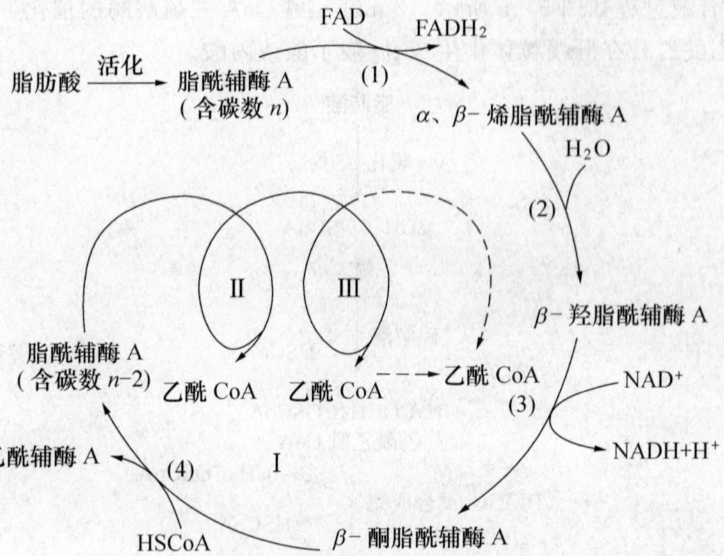

图 5-4　脂肪酸 β-氧化途径

(1)脱氢;(2)加水;(3)再脱氢;(4)硫解

谢,例如生成酮体、长链脂肪酸、胆固醇等。

5. 能量释放　以软脂酸为例,说明其产生 ATP 情况。软脂酸为 16 碳饱和脂肪酸,共需经过 7 次 β-氧化,生成 8 mol 乙酰 CoA 以及 7 mol $FADH_2$ 和7 mol $NADH+H^+$。每摩尔 $FADH_2$ 经呼吸链氧化后生成 2 mol ATP,7 mol $NADH+H^+$ 产生 14 mol ATP;每摩尔 $NADH+H^+$ 经呼吸链氧化后生成 3 mol ATP,7 mol $NADH+H^+$ 产生 21 mol ATP;每摩尔乙酰 CoA 经三羧酸循环氧化时可生成 12 mol ATP,8 mol 乙酰 CoA 可生成 96 mol ATP。以上总共产生 131 mol ATP(即 14 mol+21 mol+96 mol)。脂肪酸在活化时消耗了 2 个高能键,相当于消耗 2 mol ATP,因此氧化 1 mol 软脂酸净生成 129 mol ATP。

(二)酮体的生成和利用

在正常情况下,脂肪酸在心肌、肾脏和骨骼肌等组织中能被彻底氧化生成 CO_2 和 H_2O。但脂肪酸在肝细胞中的氧化却很不完全,经常出现一些脂肪酸氧化的中间产物,包括乙酰乙酸、β-羟丁酸和丙酮,统称为酮体。

1. 酮体的生成　酮体主要在肝细胞线粒体中由 β-氧化生成的乙酰 CoA 缩合而成,并以 β-羟基-β-甲基戊二酸单酰 CoA(HMGCoA)为重要的中间产物。酮体生成的全套酶系位于肝细胞线粒体的内膜或基质中,其中 HMGCoA 合成酶是此反应途径的限速酶。除肝脏外,肾脏也能生成少量酮体。

酮体合成过程如图 5－5 所示。2 mol 乙酰 CoA 在硫解酶的催化下，缩合成乙酰乙酸，乙酰乙酸在肝线粒体中生成 β－羧丁酸或丙酸。

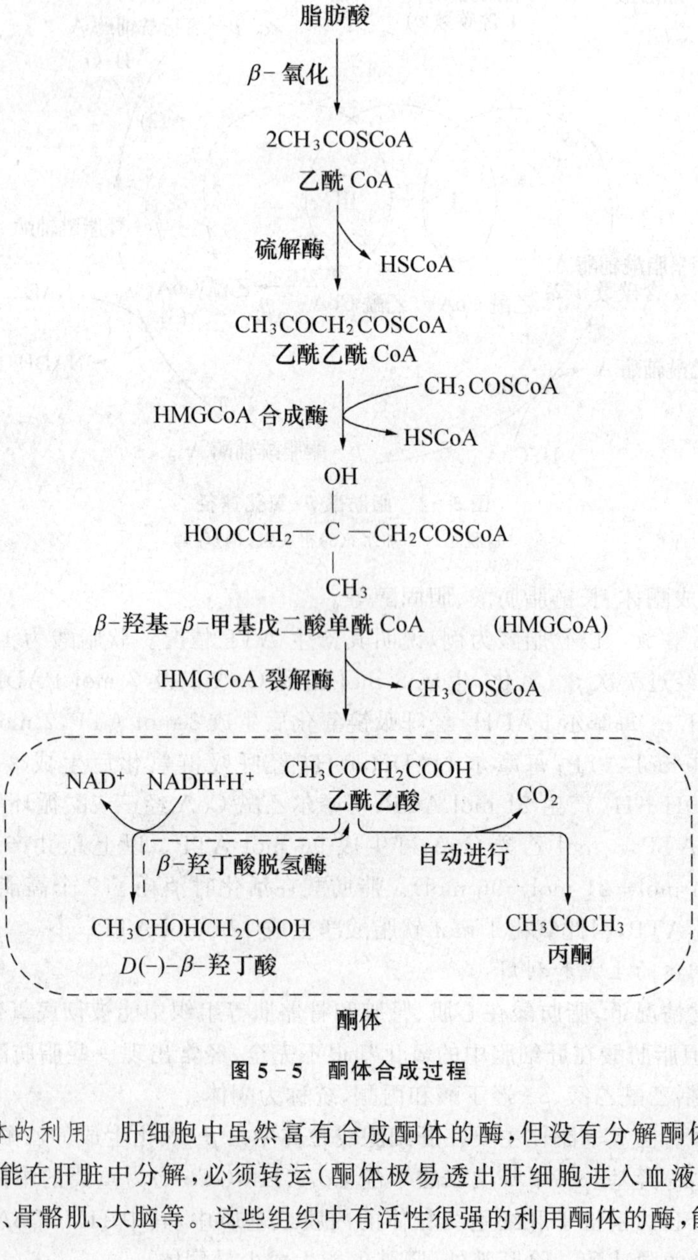

图 5－5 酮体合成过程

2. 酮体的利用　肝细胞中虽然富有合成酮体的酶，但没有分解酮体的酶。因此，酮体不能在肝脏中分解，必须转运（酮体极易透出肝细胞进入血液）到肝外组织，如心肌、骨骼肌、大脑等。这些组织中有活性很强的利用酮体的酶，能够氧化酮体供能。

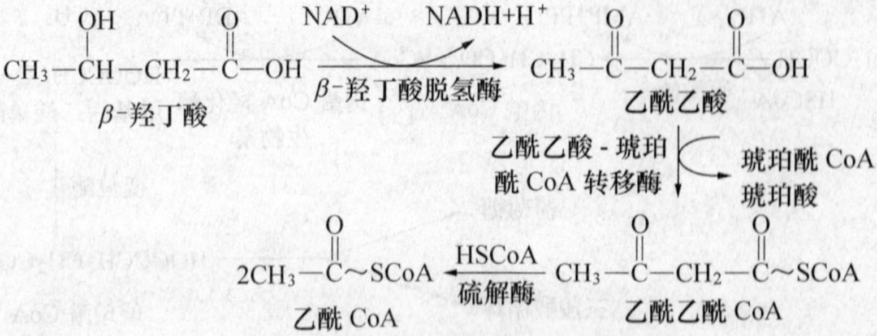

图 5－6　酮体的利用

3. 酮体产生和利用的生理意义　酮体是脂肪酸在肝脏不完全氧化分解时产生的正常中间产物，是肝脏输出能源的一种形式，具有重要的生理意义。

当机体缺少葡萄糖时，需要动用脂肪供应能量。肝脏分解脂肪酸生成的酮体，因分子较小、易溶于水、便于运输，因而能快速供肝外组织利用。而且肌肉组织对脂肪酸的利用能力有限，因此可优先利用酮体以节约葡萄糖；大脑不能利用脂肪酸，却能利用显著量的酮体。例如在饥饿时，人的大脑可利用酮体代替其所需葡萄糖量的 25%左右，与其他脂肪酸相比，酮体能更有效的代替葡萄糖，机体通过肝脏将脂肪酸集中转化成酮体，以利于肝脏外组织利用；当酮体含量显著升高时，可反馈性地抑制脂肪的动员作用。

4. 酮病　动物体在正常情况下，血液中酮体含量很少，肝脏产生酮体的速度和肝外组织利用酮体的速度处于动态平衡状态。人血浆中酮体含量为 0.3～0.5 mg/100 mL，其中乙酰乙酸占 30%，β－羟丁酸占 70%，反刍动物正常情况下血中酮体也在这个水平。但在有些情况下，如长期饥饿、高产乳牛初泌乳及绵羊妊娠后期，肝中产生的酮体多于肝外组织的消耗量，易造成酮体在体内积存，形成酮病。患酮病时，反刍动物血中酮体含量常超过 20 mg/100 mL。此时，不仅血中酮体含量升高，酮体还可随乳、尿排出体外，分别称为酮血症、酮乳症和酮尿症。由于酮体主要成分是酸性物质，所以大量积存时常导致动物体内酸碱平衡失调，引起酸中毒。

（三）丙酸的代谢

在动物体内的脂肪酸，绝大多数都是含有偶数碳原子的，但奇数碳原子脂肪酸的代谢也很重要。例如纤维素在反刍动物瘤胃中发酵产生低级挥发性脂肪酸，主要是乙酸、丙酸和丁酸。此外，许多氨基酸脱氧基后也产生奇数碳原子脂肪酸。长链奇数碳原子脂肪酸经 β－氧化，最后生成丙酰 CoA 时，就不再进行 β－氧化，而是被羧化生成甲基丙二酸单酰 CoA，继续进行代谢。丙酸的代谢反应如图 5－7 所示。

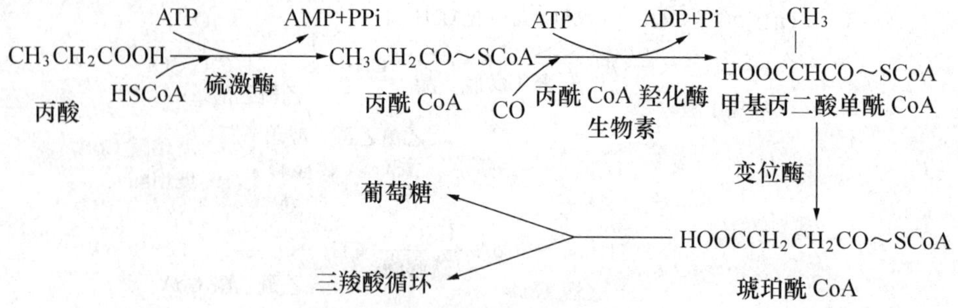

图 5-7 丙酸的代谢

反刍动物体内的葡萄糖，约有 50%来自丙酸的异生作用(根据所喂饲料不同，比例亦不相同)，其余大部分来自氨基酸。可见丙酸代谢对于反刍动物是非常重要的。丙酸代谢中还需要维生素 B_{12}，因此反刍动物对维生素 B_{12} 的需要量比其他动物高，不过瘤胃中的微生物能够合成并提供足量的维生素 B_{12}。

第三节 脂肪的合成代谢

动物的肝脏和脂肪组织是合成脂肪最活跃的组织。合成脂肪的直接原料是 α-磷酸甘油和脂酰辅酶 A。

一、α-磷酸甘油的来源

α-磷酸甘油有两个来源：一是糖分解途径的中间产物磷酸二羟丙酮还原生成；二是肠道消化吸收的甘油以及脂肪组织分解产生的甘油，在甘油激酶(肝脏)的催化下，消耗 ATP 生成。其过程见图 5-2。

二、脂肪酸的合成

动物体合成脂肪时的脂肪酸也有两个来源：一是来自于饲料中的脂类，二是在体内合成。

(一)长链脂肪酸合成的场所

脂肪酸合成酶系存在于肝、肾、脑、肺、乳腺和脂肪组织中。肝细胞和脂肪组织细胞的胞液是动物合成脂肪的主要场所。脂肪组织除了自身能够以葡萄糖为原料合成脂肪酸和脂肪外，还主要摄取来自小肠和肝合成的脂肪酸，然后再合成脂肪，成为贮存脂肪的仓库。

（二）长链脂肪酸合成的原料

所有的高等动物都是以乙酰 CoA 为原料合成长链脂肪酸的，但乙酰 CoA 的来源却不相同。非反刍动物的乙酰 CoA 主要来自糖代谢（葡萄糖分解代谢产生丙酮酸，在线粒体中氧化脱羧生成乙酰 CoA），也有很少一部分来自消化道吸收的乙酸。反刍动物主要利用吸收来的乙酸和少量丁酸，使其分别转变为乙酰 CoA 及丁酰 CoA，用于脂肪酸的合成。

脂肪酸的合成是在胞液中进行的，反刍动物吸收的乙酸可以直接进入胞液转变成乙酰 CoA，而非反刍动物的乙酰 CoA 须通过线粒体内膜从线粒体内转移到线粒体外的胞液中才能利用。然而线粒体膜不允许 CoA 的衍生物自由通过，必须借助于柠檬酸-丙酮酸循环的转运途径实现乙酰 CoA 的上述转移。即乙酰 CoA 首先与线粒体中的草酰乙酸缩合成柠檬酸，然后柠檬酸透出线粒体膜进入胞液中，在柠檬酸裂解酶的作用下，裂解为乙酰 CoA 和草酰乙酸。乙酰 CoA 即可进行脂肪酸的合成；而草酰乙酸可还原为苹果酸后脱氢、脱羧，重新生成丙酮酸（图 5-8）。

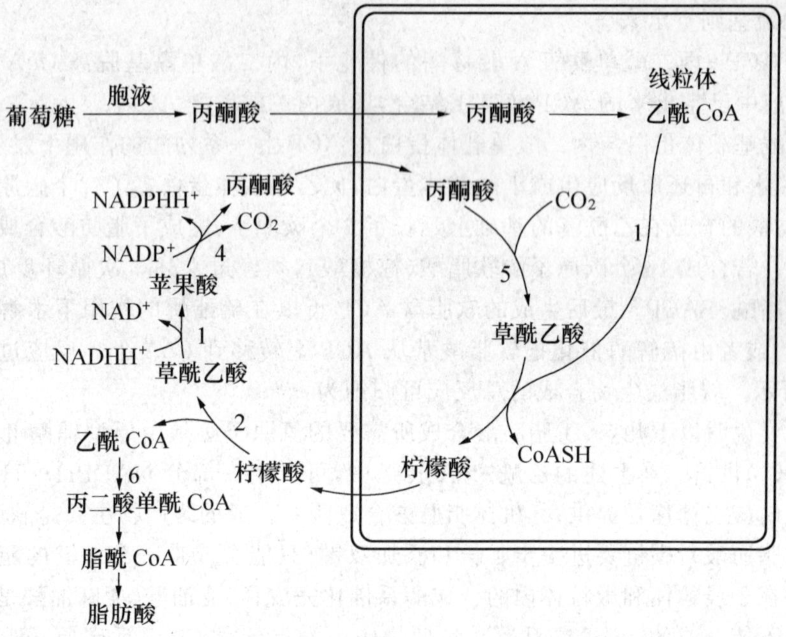

图 5-8　乙酰 CoA 转运机制

（三）丙二酸单酰 CoA 的合成

以乙酰 CoA 为原料合成脂肪酸，并不是这些二碳单位的简单缩合。除了 1 分子乙酰 CoA 外，其余所有的乙酰 CoA 首先要羧化成丙二酸单酰 CoA。

这一不可逆反应由乙酰 CoA 羧化酶催化，该酶是脂肪酸合成的限速酶，存在于细胞液中，以生物素为辅基，柠檬酸是其激活剂。

$$\underset{\text{乙酰 CoA}}{CH_3-\overset{\overset{\displaystyle O}{\|}}{C}-SCoA}+CO_2 \xrightarrow[\text{乙酰 CoA 羧化酶，生物素}]{ATP \quad ADP+Pi} \underset{\text{丙二酸单酰 CoA}}{HO-\overset{\overset{\displaystyle O}{\|}}{C}-CH_2-\overset{\overset{\displaystyle O}{\|}}{C}\sim SCoA}$$

（四）脂肪酸生物合成的过程

动物体内许多组织的胞液中有合成脂肪酸的酶系，它们是一组多酶复合体，含有 7 种酶和酰基载体蛋白（ACP）。ACP 牢固地结合了脂肪酸合成酶系，成为合成脂肪酸“装配线”的主要部分。

乙酰 CoA 在乙酰转移酶作用下，其乙酰基与 ACP 巯基相连，生成乙酰基载体蛋白。但乙酰基并不停留在 ACP 巯基上，而是很快转移到另一个酶——β-酮脂酰-ACP 合成酶（简称缩合酶）的活性中心的半胱氨酸巯基上，成为乙酰缩合酶，ACP 的巯基则空出来。

在 ACP-丙二酸单酰酶 A 转移酶的催化下，丙二酸单酰基脱离 CoA 转移到前面反应中已空出来的 ACP 巯基上结合，形成丙二酸单酰 ACP。

乙酰基载体蛋白与丙二酸单载体蛋白在 ACP 上一系列酶的作用下发生缩合、还原、脱水和再还原反应生成丁酰载体蛋白，使乙酰载体蛋白多了 2 个碳原子。至此，脂肪酸的合成在乙酰基的基础上延长了 2 个碳原子，完成了脂肪酸合成的第一轮反应。若合成 16 个碳原子的软脂酸（棕榈酸），须经过上述 7 次循环反应，最终形成软脂酰-SACP。最后生成的软脂酰 ACP 可以在硫酯酶的作用下水解释放出软脂酸，或者由硫解酶催化把软脂酰基从 ACP 上转移到 CoA 上。反应过程如图 5-9 所示。软脂酸生物合成的总反应可归纳为：

需要说明以下几点：①脂肪酸合成所需要的氢原子必须由原型辅酶Ⅱ（NADPH＋H^+）供给。在上述的乙酰 CoA 转运中，可产生一部分 NADPH＋H^+，不足部分由磷酸戊糖途径提供；②机体脂肪酸合成酶系合成的终产物主要是软脂酸（16 碳饱和脂肪酸），碳链要进一步延长和添加双键（只能合成带一个双键的脂肪酸），则由存在于线粒体和微粒体内的合成酶系催化完成；③亚油酸、亚麻油酸是单胃动物体内不能合成的脂肪酸，因为这些动物体内没有催化 C9 以后碳原子上引入双键的酶，必须从食物中获得，所以将其称为必需脂肪酸。

三、脂肪的合成

哺乳动物的肝脏和脂肪组织是合成脂肪最活跃的组织。在胞液中合成的软脂

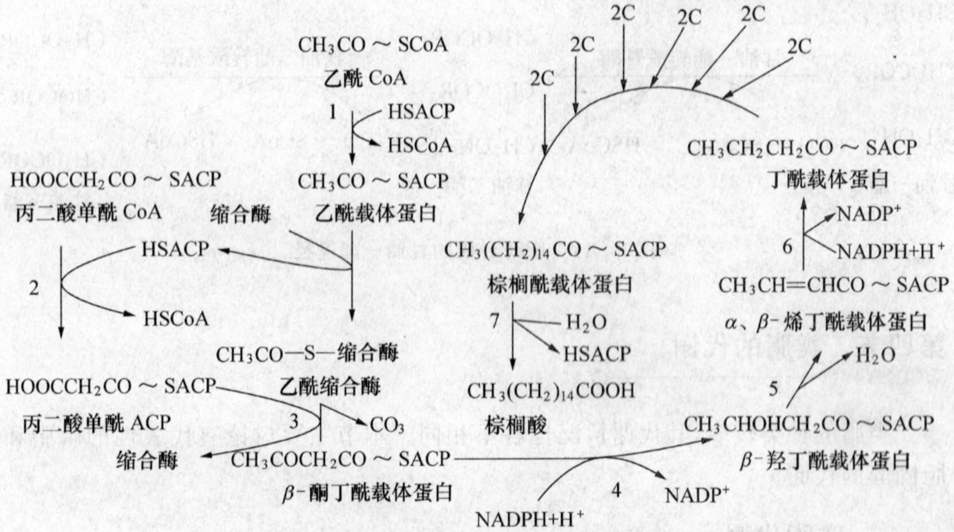

图 5-9 软脂酸合成过程

1. 乙酰 CoA-ACP 酰基转移酶；2. 丙二酸单酰 CoA-ACP 酰基转移酶；3. β-酮脂酰 ACP 合成酶（缩合酶）；4. β-酮脂酰 ACP 还原酶；5. β-羟脂酰 ACP 脱水酶；6. 烯脂酰 ACP 还原酶；7. 脂酰 ACP 水解酶

酸和主要在内质网形成的其他脂肪酸，以及摄入体内的脂肪酸，都可以进一步合成甘油三酯。体内合成甘油三酯有两条途径。

（一）α-磷酸甘油（甘油磷酸二酯）途径

肝细胞和脂肪细胞主要按此途径合成甘油三酯，过程如图 5-10 所示。

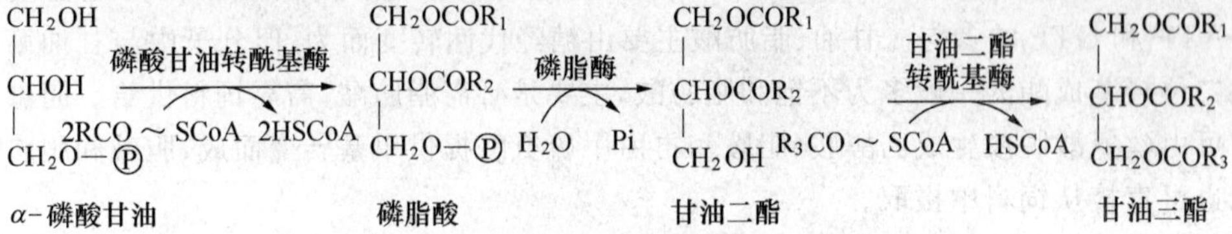

图 5-10 脂肪合成的 α-磷酸甘油途径

动物体内的转酰基酶对 16 碳和 18 碳的脂酰 CoA 的催化能力最强，所以脂肪中 16 碳和 18 碳脂肪酸的含量最多。

（二）脂肪合成的甘油一酯途径

在小肠黏膜上皮细胞内，消化吸收的甘油一酯可作为合成甘油三酯的前体，再与 2 mol 的脂酰 CoA 经转酰基酶催化反应生成甘油三酯。过程如图 5-11 所示。

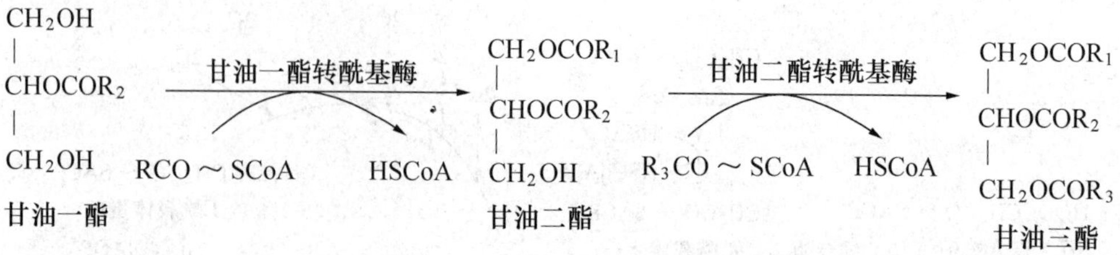

图 5-11 脂肪合成的甘油一酯途径

第四节 类脂的代谢

类脂的种类较多,其代谢情况也各不相同。本节主要讨论有代表性的磷脂和胆固醇的代谢。

一、磷脂代谢

含磷酸的脂类称为磷脂,广泛分布于机体各组织细胞,是细胞结构的重要成分。磷脂可为分两类:甘油磷脂和鞘磷脂。体内以甘油磷脂含量最多,特别是卵磷脂(磷脂酰胆碱)和脑磷脂(磷脂酰乙醇氨)。

(一)甘油磷脂的合成

全身各组织细胞的内质网均含合成磷脂的酶,都能合成磷脂,但以肝、肾及小肠等组织最为活跃。

合成甘油磷脂需甘油、脂肪酸、磷酸盐、胆碱或胆胺等为原料,同时还需要ATP和GTP的参与。甘油、脂肪酸主要由糖经代谢转变而为,但分子中与甘油第二位羟基成酯的一般多为不饱和脂肪酸,主要是必需脂肪酸,需靠饲料供给。胆碱可由丝氨酸脱羧生成乙醇胺(胆胺),再由甲硫氨酸提供甲基转变而成,胆碱和胆胺也可直接从饲料中摄取。

卵磷脂和脑磷脂的合成过程如图5-12所示。卵磷脂是构成血浆脂蛋白的重要原料,卵磷脂合成受阻,会导致血浆脂蛋白的合成障碍,影响肝脏内脂肪的运出,使脂肪在肝脏中堆积,形成脂肪肝。根据其发病的生化机制,临床上常用甲硫氨酸、胆碱、必需脂肪酸、叶酸及维生素 B_{12}(叶酸及维生素 B_{12} 促进胆碱的合成)作为预防和治疗此类脂肪肝的药物。

(二)甘油磷脂的降解

甘油磷脂的分解代谢主要是由体内存在的磷脂酶催化的水解过程。根据磷脂酶作用的特异性不同,分为磷脂酶 A_1、A_2、B、C 及 D 等。它们分别作用于磷脂分

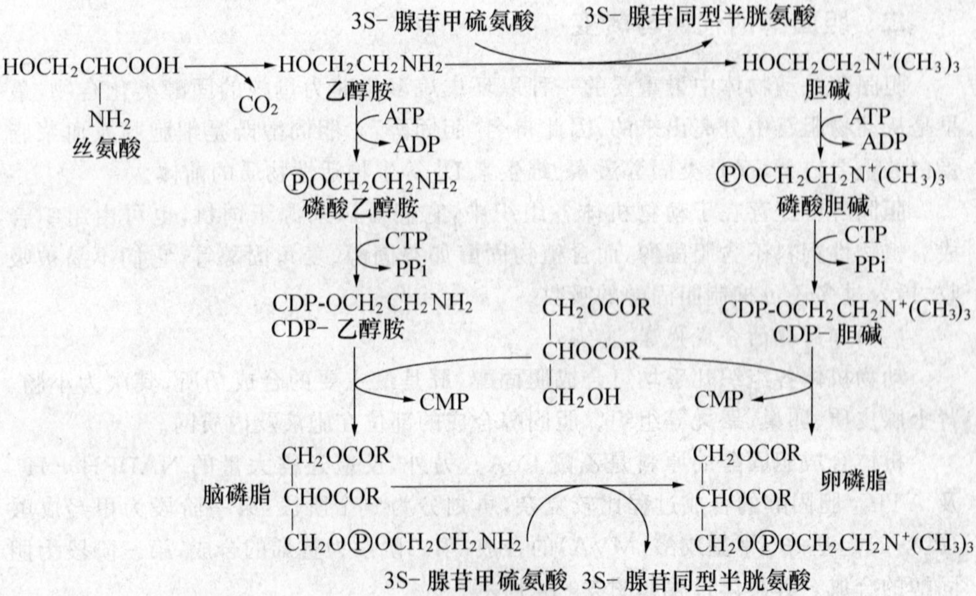

图 5-12　卵磷脂和脑磷脂的合成过程

子中不同的酯键。

磷脂酶 A_1,A_2 分别作用于甘油磷脂的第 1,2 位酯键,产生溶血磷脂 2 和溶血磷脂 1。溶血磷脂是各种甘油磷脂经水解脱去一个脂酰基后的产物,是一类具有较强表面活性的物质,能使红细胞及其他细胞破裂,引起溶血或细胞坏死。蛇毒中磷脂酶 A_2 的活性相当高,故被蛇咬后会发生溶血作用。溶血磷脂 2 和溶血磷脂 1 又可分别在磷脂酶 B_2(即溶血磷脂酶 2)和磷脂酶 B_1(即溶血磷脂酶 1)的催化下,水解脱去酰基生成不具有溶血性的甘油磷酸胆碱和脂肪酸,从而失去溶血作用。生成的甘油磷酸胆碱通过胆碱磷酸酶的作用,水解生成磷酸甘油和胆碱。磷酸甘油经甘油的 3 位磷酸酯键,产物是甘油二酯和磷酸胆碱(或磷酸胆胺)。而磷脂酶 D 可以水解磷酸与胆碱之间的酯键,生成磷脂酸及胆碱。甘油磷脂的分解代谢过程如图 5-13 所示。

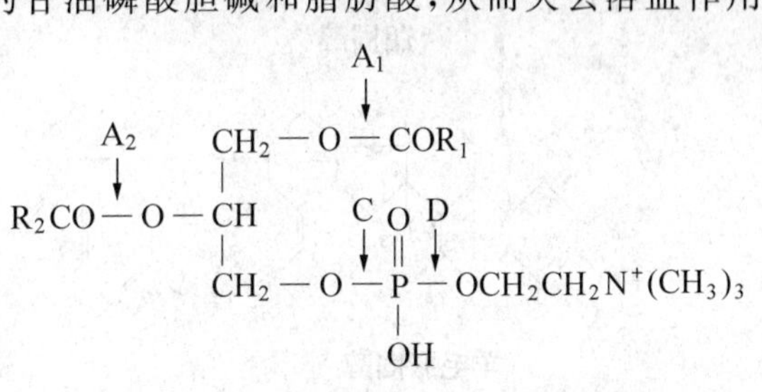

图 5-13　磷脂酶对甘油磷脂的分解

A_1—磷脂酶 A_1　A_2—磷脂酶 A_2

C—磷脂酶 C　D—磷脂酶 D

二、胆固醇的代谢与转变

胆固醇是动物体中最重要的一种以环戊烷多氢菲为母核的固醇类化合物，最早是从动物胆石中分离出来的，因此得名“胆固醇”。胆固醇既是细胞膜及血浆脂蛋白的重要成分，又是类固醇激素、维生素 D_3 等生物活性物质的前体。

胆固醇广泛存在于动物机体各组织中，它们可以来源于饲料，也可由组织合成。植物性饲料不含胆固醇，而含植物固醇如谷固醇、麦角固醇等，它们不易被吸收，摄入过多还可抑制胆固醇的吸收。

(一)胆固醇的合成代谢

动物机体各组织几乎均可合成胆固醇，肝是最主要的合成场所，其次为小肠、肾上腺皮质、卵巢、睾丸等组织。胆固醇合成的部位在胞液及内质网。

机体合成胆固醇的原料是乙酰 CoA。另外，反应还需大量的 $NADPH+H^+$ 及 ATP。胆固醇的合成过程比较复杂，可划分为 3 个阶段：第一阶段为甲羟戊酸(β,δ-二羟基-β-甲基戊酸，MVA)的合成；第二阶段为鲨烯的合成；第三阶段为胆固醇的合成。其具体过程如图 5－14 所示。

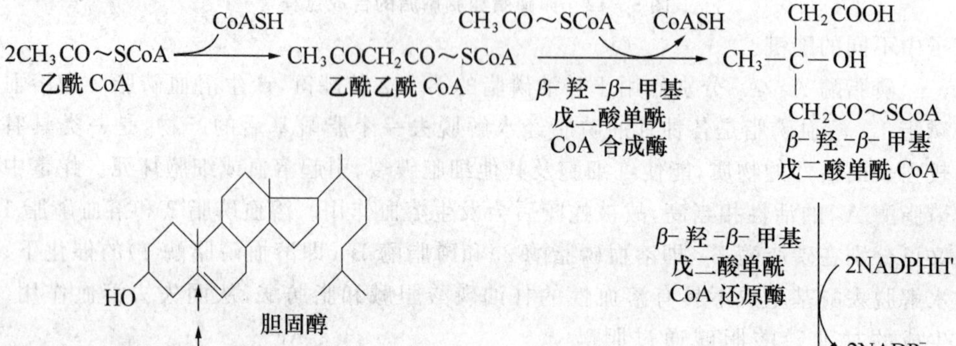

图 5－14 胆固醇生物合成

(二)胆固醇的转变与排泄

血浆中的胆固醇大部分来自肝脏的合成，少部分来自饲料，并有两种存在形式，即游离型和酯型，其中以酯型为主。胆固醇在体内并不被彻底氧化分解为二氧化碳和水，而是经氧化、还原转变为其他含环戊烷多氢菲母核的化合物，其中大部分进一步参与体内代谢，或被排除体外。

1. 构成细胞膜　血液中一部分胆固醇被运送到组织，构成细胞膜的组成部分。

2. 转变为维生素 D_3　胆固醇经修饰后转化为 7-脱氢胆固醇，后者在动物皮下经紫外光照射转变为维生素 D_3。

3. 转化为类固醇激素　胆固醇在肾上腺皮质细胞中，可转变为肾上腺皮质激素；在睾丸中，可转变为睾酮等雄性激素；在卵巢中，可转变为孕酮等雌性激素。如图 5-15 所示。

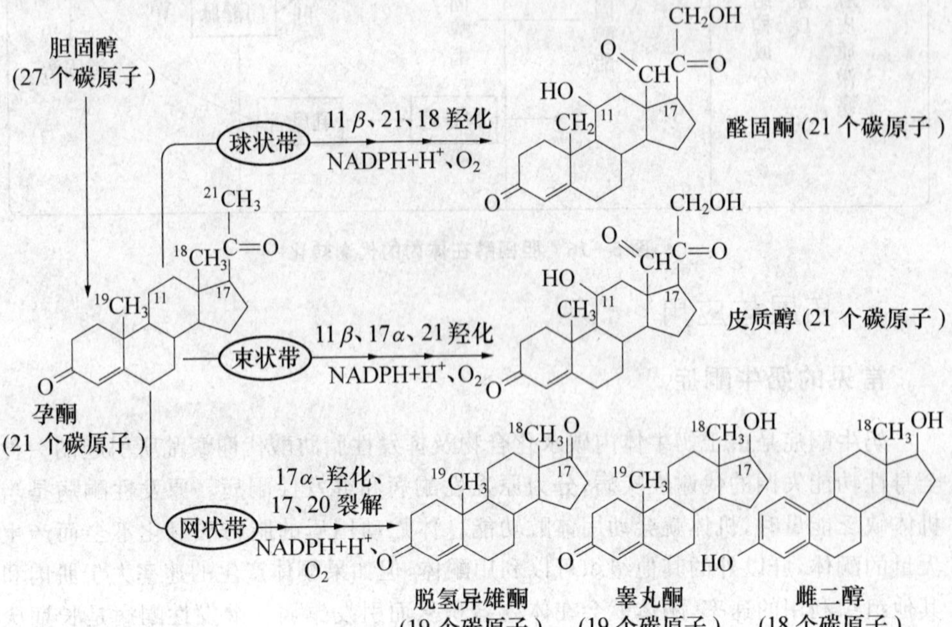

图 5-15　胆固醇的生物转变

4. 合成胆汁酸　这是胆固醇在体内代谢的主要去路。机体合成的约 2/5 的胆固醇转化为胆汁酸。胆汁酸的钠盐或钾盐随胆汁经胆道排入小肠，促进脂类的乳化，既有利于肠道脂肪酶的消化作用，又有利于脂类及脂溶性维生素的吸收。

进入肠道的胆汁酸又可被肠壁细胞重新吸收，经门静脉运回肝脏，形成胆盐的“肝肠循环”，以使胆汁酸再被利用。据测定，人体每天进行 6～12 次肝肠循环。肝脏排入肠腔的胆汁酸有 95%以上都被重吸收，未被重吸收的少部分转变为粪固醇排出体外(图 5-16)。

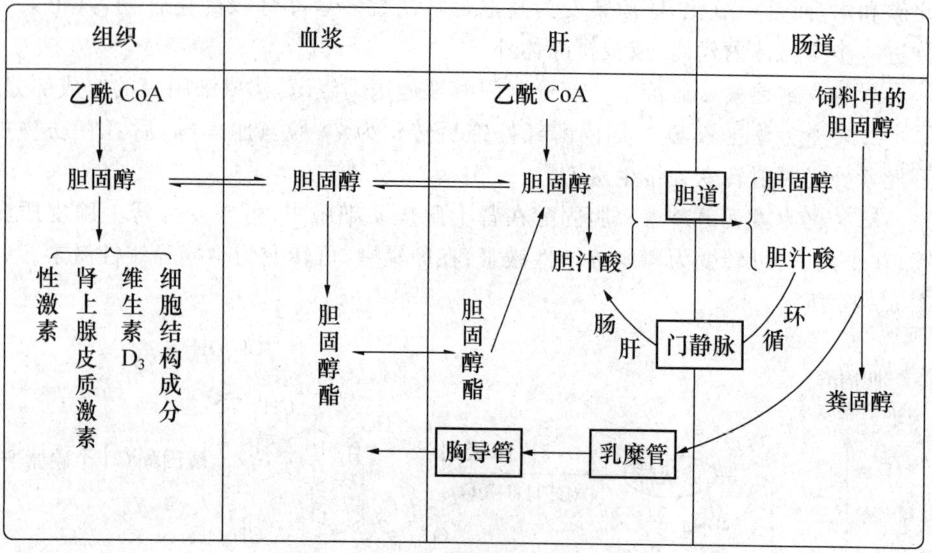

图 5-16 胆固醇在体内的代谢转化

拓展与应用

常见的奶牛酮症

奶牛酮症是由于奶牛体内碳水化合物及挥发性脂肪酸代谢紊乱所引起的一种全身性功能失调的代谢性疾病,分为原发性酮病和继发性酮病。原发性酮病是当机体缺乏能量时,机体就会动用体贮功能。体贮动用后的脂肪酸氧化不全而产生大量的酮体,肝以外的其他组织可以利用酮体,但如果酮体产生的速率大于肌肉和其他组织利用的速率,酮体就会在体内蓄积从而引发酮病。继发性酮病是长期厌食的牛,由于瘤胃微生物区系改变,影响发酵产生生酮的挥发性脂肪酸,从而可能导致酮病的发生。创伤性网胃炎、真胃变位、真胃炎、子宫内膜炎等都可继发引起奶牛酮病。其临床症状表现为低血糖、高血脂以及食欲减退,临床生化特征为血、尿、乳中的酮体含量显著增加。临床症状表现为兴奋、昏睡、血酮升高、血糖降低以及体重迅速下降,低乳或无乳。本病也称酮血病、酮尿病、醋酮血病。

引起奶牛酮病发生的生化机制是在生理状态下,反刍动物瘤胃内生成的乙酸和丁酸,经瘤胃壁的吸收后,生成乙酰辅酶 A,大部分乙酰辅酶 A 与草酰乙酸缩合成柠檬酸。进入到三羧酸循环氧化供能;一部分生成脂酰辅酶 A,和血中葡萄糖生成的一磷酸甘油。以及由磷酸戊糖途径生成的 NADPH 合成脂肪；小部分乙酰辅酶 A 在肝脏和瘤胃内缩合成乙酰乙酰辅酶 A。进而形成乙酰乙酸，乙酰乙酸脱羧基变为丙酮，还原则生成 β-羟丁酸。乙酰乙酸、丙酮和 β-羟丁酸统称为酮体，正常时其量甚少。当糖和生糖物质（如丙酸）不足时，即动用体脂和体蛋白，此时，脂肪酸的分解增多，形成大量的乙酰辅酶 A。这些乙酰辅酶 A 由于草酰乙酸、甘油和 NADPH 都减少，即难以与草酰乙酸缩合成柠檬酸，进入到三羧酸循环中，继续氧化供能，又不能与甘油和 NADPH 合成脂肪，势必会产生大量的酮体，在组织和血液内蓄积，因而发生酮病。

奶牛酮病的预防措施要根据奶牛各生产阶段，及时调整蛋白质饲料、脂肪饲料的给量，防止喂量过多，引发酮病。要加强奶牛饲养管理，饲喂营养全价日粮。在饲养中应限制或降低高能量的浓缩饲料的进食量。增加干草喂量。通常按干物质计算，精料不高于 30%，青贮料不低于 30%，干草不低于 30%，块根 10%。精粗饲料比例应以 30∶70 为宜，按混合料计，以每日 3～4 kg 即可，青贮每日 15～20 kg，干草量不限。产奶牛除日喂基础精料 3 kg 外，每产 3 kg 奶给 1 kg 精料。注意饲喂组合，确保多样配合，不能偏喂单一饲料，保证优质干草、甜菜、胡萝卜等含糖和维生素丰富的饲料供应。

思考与练习

一、名词解释

1. β-氧化 2. 酮体 3. 血脂 4. 血浆脂蛋白

二、简答题

1. 简述血浆脂蛋白的分类及其功能。
2. 酮体是如何产生和利用的？有哪些生理意义？
3. 试述丙酸代谢对反刍动物的重大意义。
4. β-氧化作用有哪几步酶促反应？主要生成什么物质？

第六章　氨基酸代谢

知识目标：

- 掌握蛋白质营养价值、氮平衡、必需氨基酸的基本概念。
- 掌握氨基酸分解代谢的一般规律，包括脱氨基作用、转氨基作用、联合脱氨基作用和脱羧基作用。
- 了解芳香族氨基酸代谢。了解一碳单位代谢及含硫氨基酸的代谢。
- 了解氨基酸的生理功能、氨基酸的酶促降解概况、氨基酸的合成代谢。

蛋白质是生命活动的物质基础。蛋白质的代谢包括合成代谢和分解代谢，由于蛋白质首先分解为氨基酸才能进行各种代谢，氨基酸是蛋白质的基本组成单位，所以蛋白质的代谢重点是氨基酸的代谢，氨基酸代谢包括合成代谢和分解代谢两方面，本章重点论述分解代谢。

第一节　蛋白质的营养作用

一、蛋白质的生理功能

动物为了维持生存和正常生长必须从食物中不断摄入蛋白质。食物蛋白质对动物的必要性不能被糖类、脂类等别的营养物质代替。蛋白质在动物体内的生理功能主要有三方面。

（一）维持组织细胞的生长、修补和更新

蛋白质是动物组织细胞的最重要的成分，约占细胞干重的一半。食物中必须提供充足的蛋白质，才能维持组织细胞生长、更新和修补需要。此功能为蛋白质所特有，不能由糖或脂类代替。例如幼龄动物的生长，成年动物的繁殖、产乳、产蛋，动物受伤或手术后的恢复等，都必须摄入蛋白质。动物体内的蛋白质在完成一定的生理功能后被降解，尽管原有蛋白质分解生成的氨基酸也能被用于新的蛋白质的合成，但由于代谢过程中许多的氨基酸被损耗，因此动物必须不断地从食物中获取蛋白质。

（二）转变成生理活性物质

蛋白质还可以转变成一些生理活性物质，包括胺类、神经递质、激素、嘌呤、嘧啶等，在机体内发挥催化、运输、代谢调节等重要作用。某些蛋白质还具有特殊的生理功能，如血红蛋白运输氧，血浆中的多种凝血因子参加血液凝固，肌肉中的肌动球蛋白与肌肉收缩有关。此外，酶、抗体、受体都是蛋白质。以上功能是其他物质不能替代的。

（三）氧化供能

蛋白质也是能源物质，每克蛋白质在体内彻底氧化分解可释放约 17.19 kJ 的能量，与 1 g 葡萄糖相当。但在一般营养状况下，氧化供能不是蛋白质的主要功能，这种功能可由糖及脂类代替。

综上所述，蛋白质是生命的物质基础，所有的动物都需要不断地由食物中摄取蛋白质。当食物中不含蛋白质或蛋白质含量不足时，会导致动物的生长停滞、疾病发生，甚至死亡。

二、蛋白质的营养价值

（一）氮平衡

为了了解动物体内摄入的蛋白质是否能满足机体生理活动的需要，可通过氮平衡(nitrogen balance)测定来进行。所谓氮平衡是指机体摄入与排出氮量之间的关系。一般蛋白质的含氮量约为 16%，因此测得样品的含氮量乘以 6.25，即可得出其粗蛋白的大致含量。测定氮平衡的方法是，测定动物在一定时间内摄入的氮量并与同期内排出的氮量加以比较。动物主要以尿和粪便及少量汗液排出含氮物质。尿中含氮量代表体内蛋白质的分解量，而粪中含氮量则表示未被机体吸收的蛋白质的量。对于泌乳和产蛋的动物，氮的排出量还应包括乳和蛋中的含氮量。测定氮平衡的结果常有以下 3 种情况：

1. 氮的总平衡　氮的总平衡指摄入的氮量与排出氮量相等。这代表动物获得蛋白质的量与丢失的量大致相等，体内蛋白质维持相对平衡，见于正常成年动物。一般成人每日食入约 70 g 蛋白质即可维持氮的总平衡，成年动物因品种及生理状态不同而异。

2. 氮的正平衡　氮的正平衡指摄入的氮量大于排出氮量。这意味着动物体内蛋白质的含量增加，称为蛋白质(或氮)在体内沉积。此种状态多见于生长发育期、妊娠期、病后康复或组织损伤后修复期的动物。

3. 氮的负平衡　氮的负平衡指摄入的氮量小于排出的氮量。这表示动物体内蛋白质的消耗多于补充，见于疾病、饥饿和营养不良等情况，说明动物由食物摄入的蛋白质不足。应当注意的是，供应充足的蛋白质不一定就能满足代谢的需要。因为食物蛋白质的质量也是十分重要的，只有被充分利用的蛋白质，才能真正保障机体健康。

(二)必需氨基酸

动物在合成体蛋白时，20 种氨基酸都是必需的。体内有氮源时，动物可由其他原料(主要是糖)合成某些氨基酸，这些氨基酸称为非必需氨基酸。但是另外一些氨基酸，动物体本身不能合成或合成量不能满足需要，必须由食物蛋白质提供，这些氨基酸称为必需氨基酸。对于正在生长的动物，共有 10 种氨基酸是必需的，即赖氨酸、色氨酸、苯丙氨酸、甲硫(蛋)氨酸、苏氨酸、亮氨酸、异亮氨酸、缬氨酸、组氨酸、精氨酸。此外，雏鸡还需要甘氨酸。成年反刍动物由于瘤胃中的微生物能够利用饲料中的含氮物质合成各种必需氨基酸，可以被畜体吸收利用，所以提供必需氨基酸对于反刍动物不像其他动物那样重要。对于植物和微生物来说，能够利用糖代谢的中间产物合成所需的氨基酸，所以就没有必需氨基酸和非必需氨基酸之分。

(三)蛋白质的营养价值

食物蛋白质中所含的各种氨基酸在其含量的比例方面与机体本身的蛋白质存在着差异，摄入细胞内的氨基酸一部分在体内分解，不能全部用于合成体蛋白质。所以，不同的食物蛋白质的利用率存在差别。衡量某种蛋白质的营养价值的高低，最常用的一个指标是“生理价值”。蛋白质的生理价值指食物中蛋白质被动物机体合成组织蛋白质的利用率。即

$$\text{蛋白质的生理价值}=\frac{\text{氮的保留量}}{\text{氮的吸收量}}\times 100\%$$

食物蛋白质的氨基酸组成与动物体的蛋白质组成愈接近，其利用率愈高，生理价值也就愈高。与动物体蛋白完全相同的食物蛋白质，其生理价值最高(为 100)。非必需氨基酸在体内能够合成，所以这部分氨基酸不影响蛋白质的营养价值，而必需氨基酸在体内不能合成，所以它们在食物中的含量决定蛋白质的生理价值。食物中必需氨基酸的组成与体蛋白越相似的，其生理价值越高；反之，其生理价值越低。一般地，动物蛋白质的生理价值比植物蛋白质高。

在畜禽饲养时，常把原来生理价值较低的不同蛋白质饲料混合使用，其必需氨基酸互相补充，提高饲料蛋白的生理价值，这称为饲料蛋白质的互补作用。例如，谷类蛋白中赖氨酸含量较少，色氨酸含量较多；豆类蛋白中相反，赖氨酸含量较多，色氨酸含量较少。当它们单独饲喂动物时，生理价值都比较低，但它们混合使用时，可以取长补短，大大提高其生理价值。

第二节　氨基酸的一般分解代谢

任何一种正常蛋白质在体内都要经历降解和更新的过程，经过这种转换可以使蛋白质的生物活性得到调节，以适应外界环境条件的变化和生理机能的需要。此外，还可以维持体内氨基酸的平衡和碳、氮等元素的再利用。一般情况下，动物体内蛋白质处于不断降解与合成的动态平衡。

细胞内的蛋白质代谢是以氨基酸为中心的代谢。动物体内的氨基酸有两个来源：一是外源性氨基酸，是食物蛋白质在消化道中被蛋白酶水解成氨基酸，通过小肠吸收，进入血液；二是内源性氨基酸，是体蛋白被组织蛋白质酶水解产生的和由其他物质合成的。内源性氨基酸和外源性氨基酸共同组成了动物体内的氨基酸代谢库，它们只是来源不同，在代谢上没有差别，共同参与体内的代谢活动。氨基酸代谢库通常以游离氨基酸总量计算，机体没有专门的组织器官贮存氨基酸，氨基酸代谢库实际上包括细胞内液、细胞间液和血液中的氨基酸。

氨基酸的主要功用是合成机体所需要的各种蛋白质和多肽，也能合成其他含氮的生物活性物质。除了维生素以外（维生素 PP 例外），体内的各种含氮物质几乎都可由氨基酸转变而成，包括蛋白质、肽类激素、氨基酸衍生物、黑色素、嘌呤碱、嘧啶碱、肌酸、胺类、辅酶或辅基等。超过机体蛋白质合成所需要的多余氨基酸不能贮存，也不能以氨基酸的形式直接排出，只能氧化分解并提供能量。

组成蛋白质的氨基酸主要有 20 种，它们的化学结构不同，其代谢有所差异。但它们都含有 α-氨基和羧基，有共同的代谢途径。氨基酸的一般分解代谢就是指这种共同的代谢途径。氨基酸的共同代谢途径有脱氨作用和脱羧作用，其中脱氨作用是氨基酸分解代谢的主要方式，脱羧作用是次要方式。氨基酸的代谢状况见图 6-1。

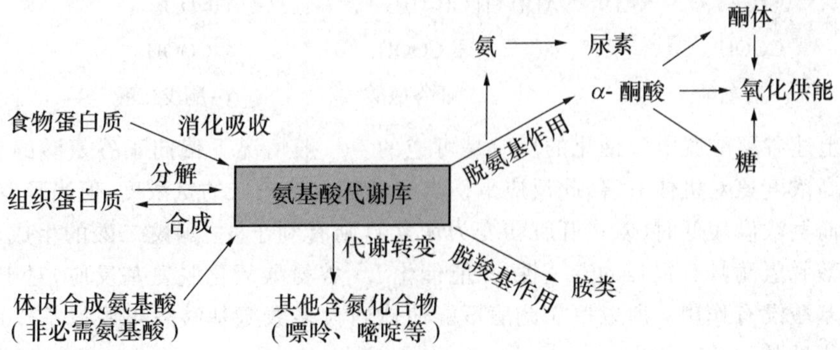

图 6-1　氨基酸代谢概况

一、氨基酸的脱氨基作用

在酶的作用下，氨基酸脱去氨基的过程，称脱氨基作用（deamination）。动物体内氨基酸的脱氨基作用主要有3种方式：氧化脱氨基作用、转氨基作用及联合脱氨基作用，其中以联合脱氨基作用最为重要。动物的脱氨基作用主要在肝脏、肾脏、肌肉中进行。

（一）氧化脱氨基作用

氨基酸在酶的作用下，在氧化脱氢的同时释放出游离的氨，生成相应的α-酮酸，这一过程称为氧化脱氨基作用。其反应如下：

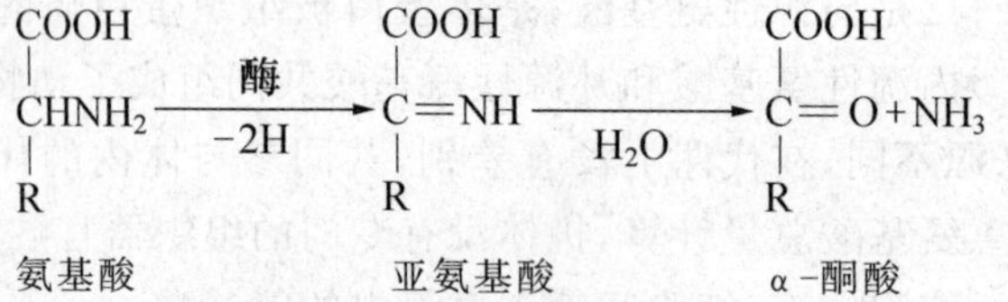

已知在动物体内有3种酶催化氨基酸脱氨基反应：①*L*-氨基酸氧化酶：此酶以FMN为辅基，催化*L*-氨基酸的氧化脱氨基作用，但在体内分布不广，活性不强；②*D*-氨基酸氧化酶：此酶以FAD为辅酶，在体内分布广，活性也强。由于生物体内的氨基酸绝大多数是*L*-型的，因此这类酶在氨基酸代谢中的作用不大；③*L*-谷氨酸脱氢酶：此酶广泛存在于高等动物的肝、肾和脑等组织中，有较强的活性，催化*L*-谷氨酸氧化脱氨生成α-酮戊二酸，其辅酶是NAD^+或$NADP^+$，反应式为：

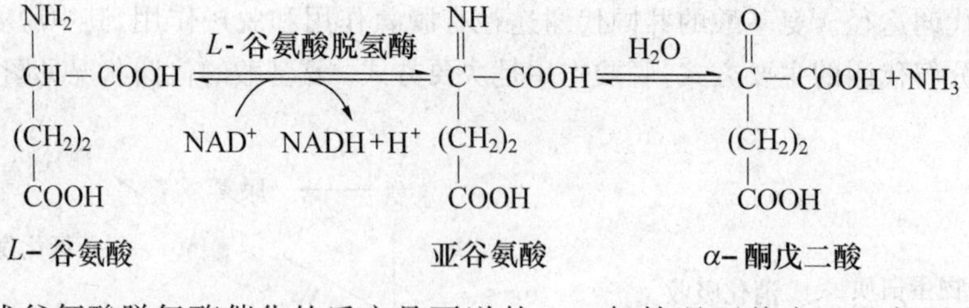

上述谷氨酸脱氢酶催化的反应是可逆的。一般情况下偏向于谷氨酸的合成，因为高浓度氨对机体有害，此反应平衡点有助于保持较低的氨浓度，但当谷氨酸浓度高而氨浓度较低时（氨在肝脏转变为尿素），则有利于α-酮戊二酸的生成。*L*-谷氨酸脱氢酶具有很强的专一性，只能催化*L*-谷氨酸氧化脱氨基反应，对于其他的氨基酸没有作用。所以单靠此酶不能使体内大多数氨基酸发生脱氨基作用，还需要借助其他的方式进行。

(二)转氨基作用

在氨基转移酶(转氨酶)的催化下,某一氨基酸的 α-氨基转移到另一种 α-酮酸的酮基上,生成相应的氨基酸,原来的氨基酸则转变成其相应的 α-酮酸,这种作用称转氨基作用。

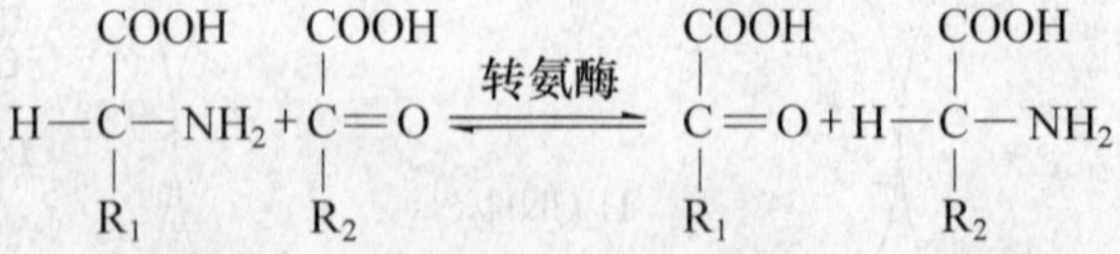

氨基酸　　α-酮酸　　α-酮酸　　α-氨基酸

上述转氨基反应是可逆的。动物体内的大多数氨基酸(除苏氨酸和赖氨酸外)都参与转氨基过程,并存在多种转氨酶,但大多数转氨酶都需要以 α-酮戊二酸为特异的氨基受体,而对作为氨基供体的氨基酸要求并不严格。如谷草转氨酶(GOT)和谷丙转氨酶(GPT),这是机体内两种重要的转氨酶,可催化以下氨基酸的转氨基反应:

$$\alpha\text{-酮戊二酸}+\text{天冬氨酸}\underset{}{\overset{GOT}{\rightleftharpoons}}\text{谷氨酸}+\text{草酰乙酸}$$

$$\alpha\text{-酮戊二酸}+\text{丙氨酸}\underset{}{\overset{GPT}{\rightleftharpoons}}\text{谷氨酸}+\text{丙酮酸}$$

在正常情况下,上述转氨酶主要存在于细胞中,在各组织器官中,以心脏和肝脏中的活性为最高,而血清中的活性很低。当这些组织细胞受损时,可有大量的转氨酶逸入血液,于是血清中的转氨酶活性升高。故可作为医学临床中一些疾病的诊断依据,如 GOT 和 GPT 在血清中的活性可分别作为心肌梗塞、急性肝炎诊断和预后的指标之一。

转氧酶的种类虽然很多,但辅酶只有一种,即磷酸吡哆醛。其功能是传递氨基,磷酸吡哆醛从氨基酸接受氨基之后转变成磷酸吡哆胺。而磷酸吡哆胺又将氨基转给 α-酮酸,而重新生成磷酸吡哆醛(图 6-2)。

转氨酶在人和动物的心肌、脑、肝、肾等组织中含量较高,由于转氨基作用是可逆的,故可使代谢产生的丙酮酸、α-酮戊二酸、草酰乙酸转变为相应的氨基酸。因此,转氨基作用对糖和蛋白质代谢产物的相互转变有着重要的意义。

(三)联合脱氨基作用

动物体内的氧化脱氨基作用一般只能催化谷氨酸氧化脱氨;转氨基作用虽然普遍存在,但仅仅是氨基的转移,并没有把氨基最终脱去。所以动物体内大多数氨基酸脱氨基是通过氧化脱氨基作用和转氨基作用两种方式联合起来进行的,称为联合脱氨基作用。联合脱氨基作用是机体内不同氨基酸迅速脱氨的主要方式,主要有 2 种反应途径。

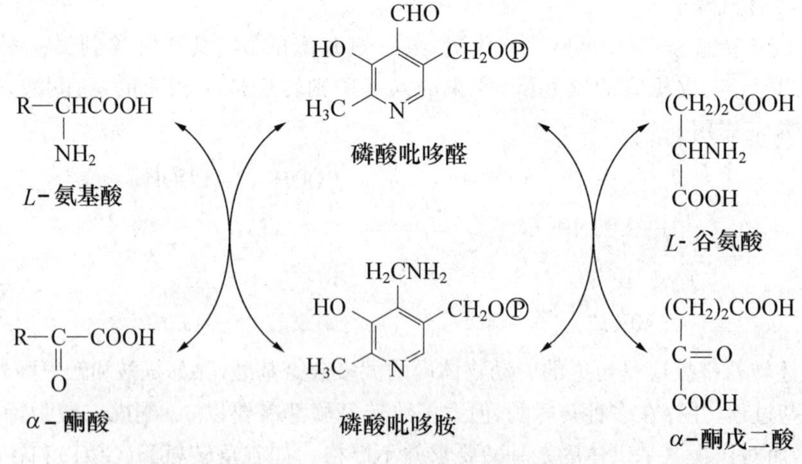

图 6-2 磷酸吡哆醛传递氨基的作用

1. 由 L-谷氨酸脱氢酶和转氨酶联合催化的联合脱氨基作用 在肝、肾等组织中转氨酶催化多种氨基酸与 α-酮戊二酸进行氨基转换，即各种氨基酸先与 α-酮戊二酸进行转氨基反应，将其氨基转给 α-酮戊二酸生成谷氨酸和相应的 α-酮酸，然后谷氨酸再在 L-谷氨酸脱氢酶的催化下进行氧化脱氨基作用，生成氨和 α-酮戊二酸。α-酮戊二酸在此过程中只起氨基传递作用，在反应过程中不被消耗(图 6-3)。

此种联合脱氨作用是可逆的过程，主要在肝、肾、脑等组织中进行，它也是体内

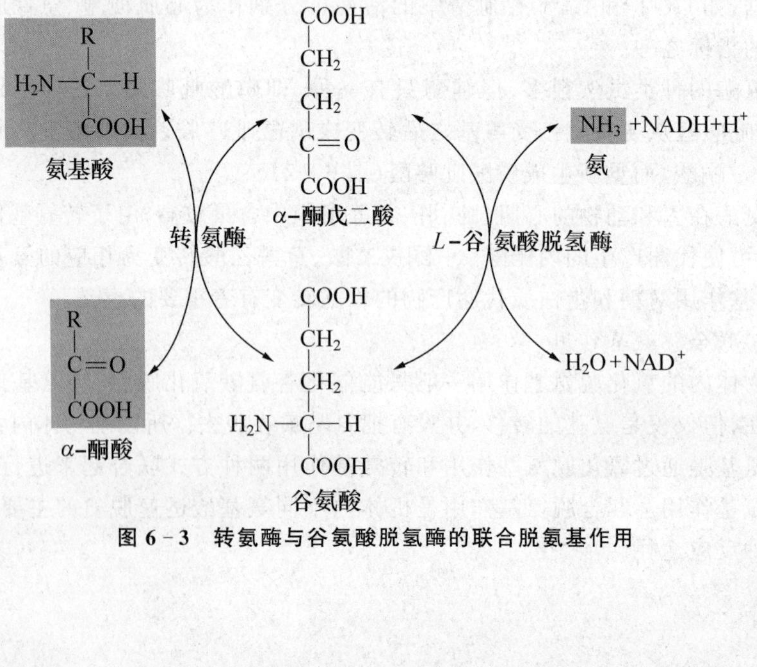

图 6-3 转氨酶与谷氨酸脱氢酶的联合脱氨基作用

合成非必需氨基酸的重要途径。

2. 由转氨基作用和嘌呤核苷酸循环联合催化的脱氨基作用　骨骼肌、心肌和脑组织中 L-谷氨酸脱氢酶含量很少，活性很低，所以不能通过上述形式的联合脱氨基反应脱氨。但这些组织中腺苷酸脱氨酶、腺苷酸代琥珀酸合成酶和腺苷酸代琥珀酸裂解酶的含量及活性都很高。因此，这些组织中存在着另一种氨基酸脱氨基反应——嘌呤核苷酸循环。

氨基酸首先通过连续的转氨基作用将氨基转移给草酰乙酸生成天冬氨酸，天冬氨酸与次黄嘌呤核苷酸(IMP)反应生成腺苷酸代琥珀酸，再经过裂解，释放出延胡索酸并生成腺嘌呤核苷酸(AMP)。腺嘌呤核苷酸(AMP)在腺苷酸脱氨酶催化下脱去氨基生成次黄嘌呤核苷酸(IMP)，最终完成氨基酸的脱氨基作用。IMP 还可以继续参加上述反应，所以，这种联合脱氨基作用称为嘌呤核苷酸循环。具体过程概括见图 6-4。

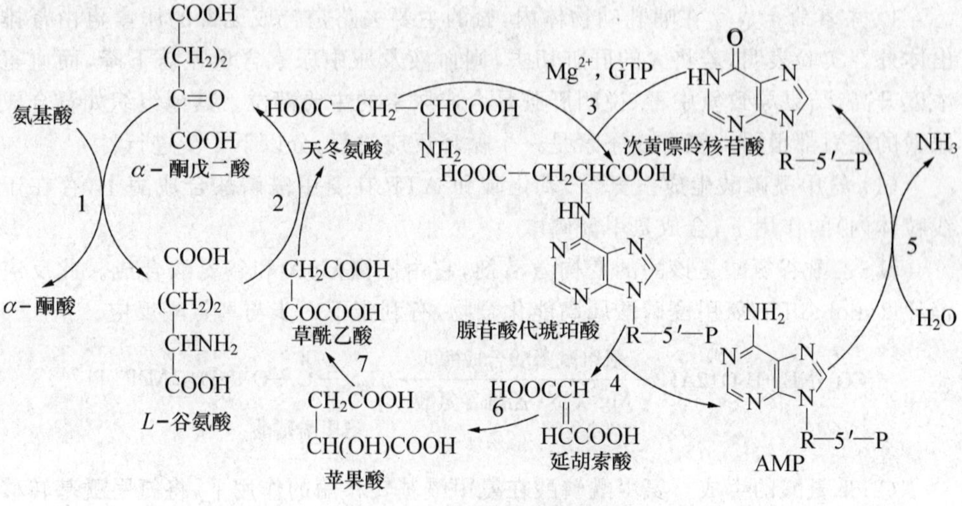

图 6-4　嘌呤核苷酸循环

1. 转氨酶；2. 天冬氨酸氨基转移酶；3. 腺苷酸代琥珀酸合成酶；
4. 腺苷酸代琥珀酸裂解酶；5. 腺苷酸脱氨酶；6. 延胡索酸酶；7. 苹果酸脱氢酶

嘌呤核苷酸循环不仅把氨基酸代谢与糖代谢、脂代谢联系起来，也把氨基酸代谢与核苷酸代谢联系起来。此外，嘌呤核苷酸循环在肌肉组织代谢中也具有重要作用。肌肉活动增加时需要三羧酸循环增强来供能，而此过程需三羧酸循环中间产物增加，肌肉组织中缺乏能催化这种补偿反应的酶，只能依赖嘌呤核苷酸循环补充中间产物——草酰乙酸。嘌呤核苷酸循环的联合脱氨是不可逆的，因而不能通过其逆过程合成非必需氨基酸。

二、氨基酸脱氨基产物的代谢

(一)氨的代谢

机体内氨基酸经过脱氨基代谢产生氨;胺类物质如肾上腺素、去甲肾上腺素等的氧化分解可产生氨;核苷酸及其降解产物嘌呤、嘧啶等化合物分解代谢中也产生氨。消化道吸收来的氨进入血液,形成血氨。低水平的血氨是对动物有用的物质,可以通过脱氨基过程的逆反应与α-酮酸结合形成非必需氨基酸;还可以参与嘌呤、嘧啶等重要含氮物质的合成;一少部分氨可以与谷氨酸或天冬氨酸反应分别生成谷氨酰胺和天冬酰胺。但氨具有毒性,特别是高等动物的脑组织对氨的作用特别敏感。血液中的氨含量达到1%时,就可以引起中枢神经系统中毒。因此,动物体内过多的氨必须及时代谢,才能保证动物的健康。

动物体内氨的去路有3条代谢途径:

1. 尿素的生成　在哺乳动物体内,氨的主要去路是合成无毒的尿素再由肾排出体外。实验表明,若将犬的肝脏切去,则血液及尿中尿素含量显著下降,而血氨浓度升高,结果导致氨中毒,说明肝脏是合成尿素的主要部位。其他组织如肾合成尿素的能力都很弱。氨合成尿素是一个循环反应过程,分以下4步进行。

(1) 氨甲酰磷酸生成。氨、二氧化碳和ATP在氨甲酰磷酸合成酶Ⅰ(存在于线粒体内)的作用下,合成氨甲酰磷酸。

N-乙酰谷氨酸是该酶的变构激活剂,它由乙酰CoA和谷氨酸合成。此反应消耗2 mol ATP,氨甲酰磷酸属高能化合物,有利于下一步与鸟氨酸反应。

$$CO_2+NH_3+H_2O+2ATP \xrightarrow[Mg^{2+},\ N\text{-乙酰谷氨酸}]{\text{氨甲酰磷酸合成酶 I}} H_2N-\overset{\displaystyle O}{\overset{\|}{C}}-O\sim \text{Ⓟ}+2ADP+Pi$$

氨甲酰磷酸

(2)瓜氨酸的生成。氨甲酰磷酸在氨甲酰基转移酶的作用下,将氨甲酰基转移给鸟氨酸生成瓜氨酸并释放出磷酸,此反应在肝线粒体中进行。

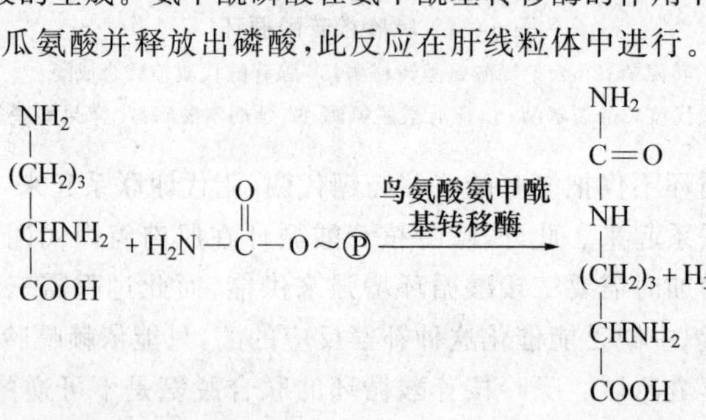

鸟氨酸　　氨甲酰磷酸　　　　　　　　瓜氨酸

此反应不可逆，其中所需的鸟氨酸是由胞液经线粒体内膜上的载体转运进入线粒体的，瓜氨酸合成后，又由线粒体内膜上的载体转运至胞液。

(3)精氨酸的生成。瓜氨酸形成后即离开线粒体转入细胞液中，由精氨酸代琥珀酸合成酶催化与天冬氨酸形成精氨酸代琥珀酸，该酶需 ATP 提供能量及 Mg^{2+} 的参与。然后，精氨酸代琥珀酸经裂解酶催化分解为精氨酸和延胡索酸。

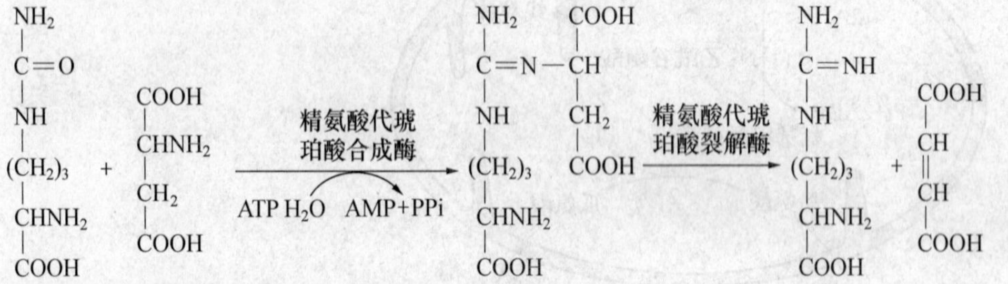

瓜氨酸 天冬氨酸 精氨酸代琥珀酸 精氨酸 延胡索酸

上式中精氨酸胍基中的一个 N 原子由天冬氨酸提供，生成的延胡索酸转变为草酰乙酸，后者又可接受转氨基反应而来的氨基生成天冬氨酸，然后再参加精氨酸代琥珀酸的生成。这就使得多种氨基酸的氨基氮源源不断地参加到尿素合成之中。

(4)精氨酸水解为鸟氨酸和尿素。精氨酸在精氨酸酶催化下水解生成尿素和鸟氨酸。鸟氨酸可再进入线粒体参与瓜氨酸的合成。

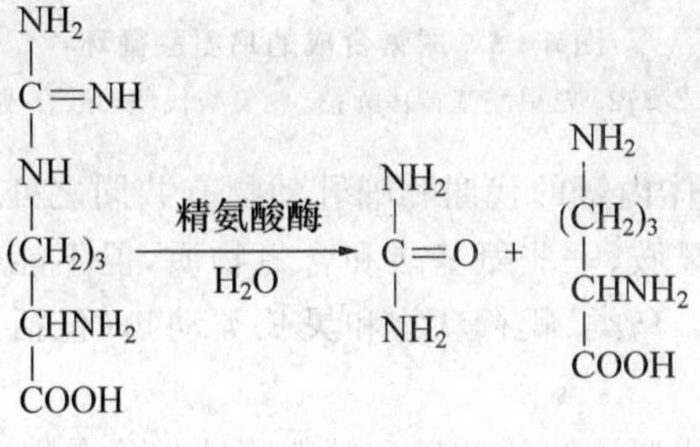

精氨酸 尿素 鸟氨酸

由于尿素合成过程是从鸟氨酸开始的，最后又重新生成鸟氨酸，形成了一个循环过程，故这一过程又称鸟氨酸循环(ornithine cycle)或尿素循环。

综合上述过程，可将尿素合成总的反应方程式归结为：

$$CO_2 + NH_3 + 3ATP + 天冬氨酸 + 2H_2O \rightleftharpoons 尿素 + 延胡索酸 + 2ADP + AMP + PPi + 2Pi$$

尿素的合成是一个耗能的过程，需消耗 3 mol 的 ATP，4 个高能磷酸键。形成

1 mol 尿素，实际上可以消除 2 mol 氨和 1 mol 二氧化碳。这样一方面可以清除体内的氨，另一方面还可以排除代谢废物二氧化碳。因此，尿素循环对于哺乳动物有着十分重要的生理意义。尿素生成的总途径如图 6－5 所示。

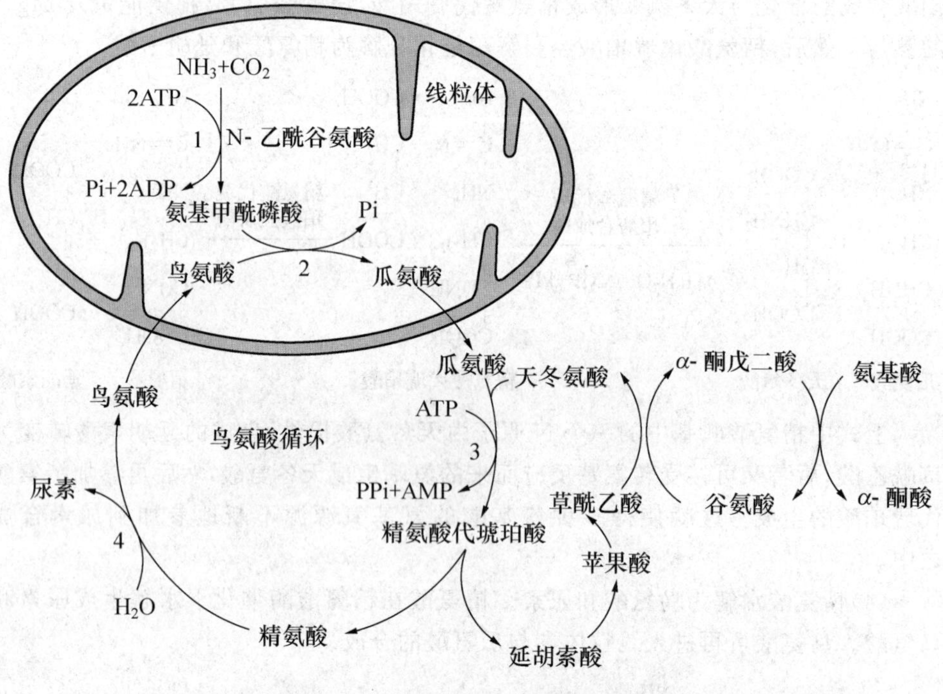

图 6－5　尿素合成的鸟氨酸循环

1. 谷氨酰胺合成酶；2. 氨甲酰基转移酶；3. 精氨酸代琥珀酸合成酶；4. 精氨酸酶

2. 生成尿酸　禽体内氨的代谢和哺乳动物有共同之处，也有不同之处。家禽体内的氨可合成谷氨酰胺、一些氨基酸和含氮物质，但不能合成尿素，大部分氨通过合成尿酸排出体外。鸟类、爬行动物和灵长类动物（包括人）也可以将嘌呤核苷酸转变成尿酸排泄。

尿酸主要由细胞代谢分解的核酸和其他嘌呤类化合物以及食物中的嘌呤经酶的作用分解而来，因此，尿酸的合成过程与核苷酸的代谢密切相关。

AMP 在脱氨酶、GMP 在还原酶催化下可以生成 IMP，IMP 经过水解、氧化后形成尿酸。另外，AMP 和 GMP 经过核苷酸酶水解除去磷酸分别形成腺嘌呤核苷和鸟嘌呤核苷。腺嘌呤核苷脱去氨基形成次黄嘌呤核苷。鸟嘌呤核苷和次黄嘌呤核苷再经过代谢也能转变成尿酸。当尿酸生成过多或排泄不充分时，血液中的尿酸及尿酸盐浓度较高，在肾脏、舌和关节等的软组织处形成结晶，沉淀下来引起剧烈疼痛，导致痛风症。

3. 生成谷氨酰胺 氨可以在动物体内谷氨酰胺合成酶作用下形成谷氨酰胺，谷氨酰胺对机体无毒，它是机体运输和贮存氨的主要方式，也是氨暂时解毒方式。谷氨酰胺经血液运输到肝或肾，再经谷氨酰胺酶水解为谷氨酸及氨。氨在肝脏可合成尿素，在肾则以铵盐形式由尿排出。

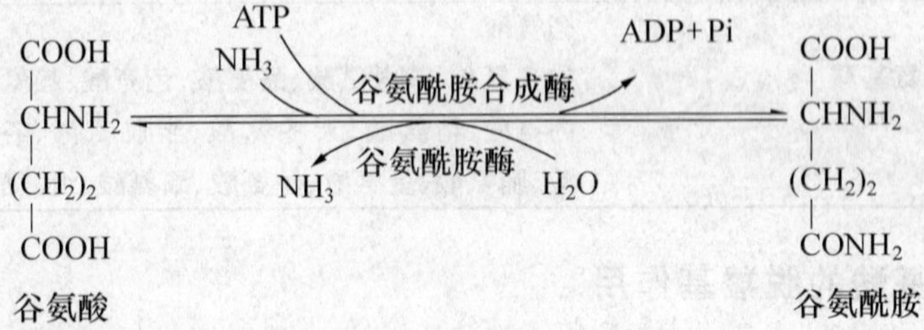

谷氨酰胺生成的意义：肝外组织解除氨毒；是脑、肌肉等组织向肝或肾运输氨的主要形式，经谷氨酰胺酶作用分解成谷氨酸和 NH_3，此 NH_3 是尿氨的主要来源，占尿中氨总量的 60%，是氨的贮存形式，为某些含氮化合物的合成提供原料。例如，谷氨酰胺的酰胺氮是核苷酸中嘌呤环和嘧啶环的氮原子的直接供体。

(二)α-酮酸的代谢和非必需氨基酸的合成

氨基酸经脱氨基作用之后生成相应的α-酮酸，不同α-酮酸的代谢主要有下述 3 条去路。

1. 氧化成水和二氧化碳 氨基酸脱氨基后产生的α-酮酸在体内可以直接或间接形成乙酰 CoA 或三羧酸循环的中间产物，通过三羧酸循环与氧化磷酸化彻底氧化，产生 CO_2 和水，并释放出能量供机体生命活动的需要。

2. 转变成糖或脂肪 氨基酸脱氨后生成的α-酮酸可转变为糖、脂肪和酮体。将在体内可以转变成糖的氨基酸称为生糖氨基酸，能转变为酮体者称为生酮氨基酸，二者兼有则称为生糖兼生酮氨基酸(表 6-1)。这是因为生糖氨基酸脱氨所生成的α-酮酸可以转变为丙酮酸或三羧酸循环中各种中间产物，这些物质可进一步异生为葡萄糖；生酮氨基酸对应的α-酮酸，可以转变为乙酰 CoA 或乙酰乙酰 CoA，进一步转变为酮体或脂肪酸，而生糖兼生酮氨基酸对应的α-酮酸，以上两种代谢方式兼而有之。

3. 氨基化生成非必需氨基酸 动物体内氨基酸的脱氨基作用与α-酮酸的还原氨基化作用是一对可逆反应，并处于动态平衡中。当体内氨基酸过剩时，脱氨基作用相应地加强；相反，当机体需要氨基酸时，还原氨基化作用加强，从而合成某些氨基酸。但由α-酮酸加上氨基只能生成非必需氨基酸，不能转化成必需氨基酸。

因为与必需氨基酸相对应的α-酮酸不能在体内合成，所以必需氨基酸只能从食物中获得。

表6-1 氨基酸生糖及生酮性质的分类

（生物化学．李巧枝．2006）

类 别	氨 基 酸
生酮氨基酸	亮氨酸
生糖兼生酮氨基酸	异亮氨酸、苯丙氨酸、酪氨酸、色氨酸、赖氨酸
生糖氨基酸	丙氨酸、精氨酸、天冬氨酸、半胱氨酸、谷氨酸、甘氨酸、脯氨酸、蛋氨酸、丝氨酸、缬氨酸、组氨酸、苏氨酸

三、氨基酸的脱羧基作用

氨基酸在氨基酸脱羧酶的作用下，脱去羧基产生二氧化碳和相应胺，这一过程称为氨基酸的脱羧作用(decarboxylation)。这是氨基酸分解代谢的次要途径。催化这些反应的是氨基酸脱羧酶，其辅酶是磷酸吡哆醛。氨基酸脱羧作用的一般反应如下：

$$\underset{\alpha-\text{氨基酸}}{H-\overset{\displaystyle R}{\overset{|}{\underset{\underset{\displaystyle COOH}{|}}{C}}}-NH_2} \xrightarrow[\text{磷酸吡哆醛}]{\text{氨基酸脱羧酶}} \underset{\text{胺}}{RCH_2NH_2} + CO_2$$

虽然动物体内正常情况下只有少量经由氨基酸脱羧作用产生的胺类，但大多数具有极其重要的生理作用，见表6-2。

表6-2 动物机体中一些氨基酸脱羧产物及其重要的生理作用

（生物化学．周顺伍．1999）

来源	脱羧产物	产物的生理作用
谷氨酸	γ-氨基丁酸(GABA)	中枢神经元的抑制性神经递质
组氨酸	组胺	血管舒张剂，可引起血压下降和局部水肿；促胃液分泌；与过敏反应密切相关
色氨酸	5-羟色胺(5-HT)	在脑中可作为抑制性神经递质；在外周组织，有收缩血管的作用
半胱氨酸	牛磺酸	胆汁酸的组成成分；与机体的生长发育有关
鸟氨酸、精氨酸等	多胺	调节细胞生长繁殖

氨基酸脱羧生成的胺可在胺氧化酶的催化下生成醛和氨。醛在醛脱氢酶的催化下，加水脱氢生成有机酸。有机酸再经 β-氧化作用，生成乙酰 CoA。乙酰 CoA 进入三羧酸循环，最后被彻底氧化成 CO_2 和 H_2O。

$$R-CH_2NH_2+O_2+H_2O\xrightarrow{\text{胺氧化酶}}R-CHO+NH_3+H_2O_2$$

$$2H_2O_2\xrightarrow{\text{过氧化氢酶}}2H_2O+O_2$$

第三节　个别氨基酸的代谢

氨基酸在动物体内除了共同的一般代谢途径外，许多氨基酸还有其特别的代谢途径，并且在代谢途径之间以及与其他代谢物之间存在密切的联系。某些氨基酸的代谢中间产物还具有特殊的生理功能。下面介绍几种在动物体内有重要生理意义的氨基酸的代谢。

一、提供一碳基团的氨基酸代谢

某些氨基酸，如甘氨酸、丝氨酸、组氨酸、蛋氨酸等在代谢过程中能生成含一个碳原子的基团，经过转移参与生物合成过程。这些含一个碳原子的基团称为一碳单位或一碳基团。有关一碳单位生成和转移的代谢称为一碳单位代谢。体内的一碳单位有：甲基（$-CH_3$）、甲烯基（$=CH_2$），甲炔基（$\equiv CH$）、甲酰基（$-CHO$）及亚氨甲基（$-CH=NH$）等。它们可分别来自甘氨酸、组氨酸、丝氨酸、色氨酸、蛋氨酸等（图 6-6）。

1. 一碳单位代谢的辅酶　一碳单位不能游离存在，通常与四氢叶酸（FH_4）结合而转运或参加生物代谢，FH_4 是一碳单位代谢的辅酶。四氢叶酸由叶酸经二氢叶酸还原酶催化转变而形成。

2. 一碳单位的功能

（1）一碳单位是合成嘌呤和嘧啶的原料，在核酸生物合成中有重要作用。如 $N^5,N^{10}-CH=FH_4$（N^5,N^{10}-亚甲四氢叶酸）直接提供甲基用于脱氧核苷酸 dUMP 向 dTMP 的转化。$N^{10}-CHO-FH_4$ 和 $N^5,N^{10}-CH=FH_4$ 分别参与嘌呤碱中 C_2，C_3 原子的生成。

（2）S-腺苷蛋氨酸（SAM）提供甲基可参与体内多种物质合成。例如肾上腺素、胆碱、胆酸等。

一碳单位代谢将氨基酸代谢与核苷酸及一些重要物质的生物合成联系起来。

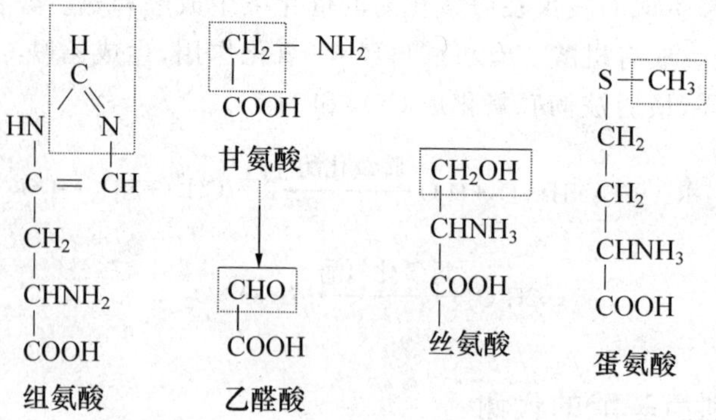

图 6-6 一碳单位的来源

一碳单位代谢的障碍可造成某些病理情况，如巨幼红细胞贫血等。磺胺药及某抗癌药（氨甲喋呤等）正是分别通过干扰细菌及瘤细胞的叶酸、四氢叶酸合成，进而影响核酸合成而发挥药理作用的。

二、芳香族氨基酸的代谢

芳香族氨基酸包括苯丙氨酸、酪氨酸和色氨酸。苯丙氨酸经苯丙氨酸羟化酶作用生成酪氨酸，所以合并在一起讨论。

1. 苯丙氨酸和酪氨酸的代谢　正常情况下苯丙氨酸经羟化生成酪氨酸，此反应是不可逆的，所以体内的酪氨酸不能转变成苯丙氨酸。苯丙氨酸羟化酶先天性缺乏使苯丙氨酸积累，并转变为苯丙酮酸而引起苯酮酸尿症。酪氨酸代谢的主要途径有 3 种。

(1)转变成儿茶酚胺。酪氨酸经酪氨酸羟化酶催化生成 3，4-二羟苯丙氨酸（多巴）；多巴经多巴脱羧酶催化生成多巴胺；多巴胺在多巴胺氧化酶催化下生成去甲肾上腺素；而后由 S-腺苷蛋氨酸（SAM）提供甲基使去甲肾上腺素甲基化生成肾上腺素。多巴胺、去甲肾上腺素、肾上腺素统称为儿茶酚胺，是重要的含氮小分子激素。

(2)合成黑色素。在黑色素细胞中，酪氨酸在酪氨酸酶催化下羟化生成多巴，多巴再经氧化生成多巴醌而进入合成黑色素的途径。所形成的多巴醌进一步环化和脱羧生成吲哚醌。黑色素即是吲哚醌的聚合物。人体若缺乏酪氨酸酶，黑色素合成障碍，皮肤、毛发变“白”，称为白化病(albinism)。

(3)分解生成延胡索酸及乙酰乙酸进一步代谢。酪氨酸分解代谢的主要方式，是先经转氨基作用，转变为对羟苯丙酮酸，然后氧化脱羧生成尿黑酸，进一步在尿黑酸氧化酶及异构酶等作用下，逐步转变为乙酰乙酸及延胡索酸。延胡索酸可进入三羧酸循环参与糖代谢，乙酰乙酸可进入脂肪代谢途径。因此，苯丙氨酸和酪氨酸均为生糖兼生酮氨基酸。

2. 色氨酸的代谢　色氨酸是必需氨基酸。大多数蛋白质中含量均较少，机体对其摄取少，分解亦少。动物体内的色氨酸除参加蛋白质合成外，还有几条不同的代谢途径。可经氧化脱羧生成5-羟色胺。并可降解产生糖、酮等成分，此过程中产生一碳单位及尼克酸等。

(1)色氨酸氧化脱羧转变为5-羟色胺。5-羟色胺主要存在于脑组织、胃肠壁中，血液中含量较少。5-羟色胺的生理作用是使微血管收缩和血压升高，亦有作为神经递质、中和肾上腺素和去甲肾上腺素等作用。当色氨酸代谢失调时，可引起神经系统的功能障碍。

(2)色氨酸氧化可转变为尼克酸。尼克酸是合成NAD和NADP的前体，NAD和NADP是不需氧的脱氢酶的辅酶，参与体内氧化还原反应。这是体内合成维生素的一个特例，但其合成量很少，不能满足机体的需要。

(3)在肝中，通过色氨酸加氧酶的作用生成一碳单位。

3. 含硫氨基酸的代谢　动物体内的含硫氨基酸有甲硫氨酸、半胱氨酸和胱氨酸。蛋氨酸可转变为半胱氨酸和胱氨酸，后两者也可以互变，但后者不能变成蛋氨酸，所以蛋氨酸是必需氨基酸。

(1) 谷胱甘肽及活性基团。谷胱甘肽(GSH)是由谷氨酸、半胱氨酸和甘氨酸所组成的三肽。

谷胱甘肽分子上的活性基团是半胱氨酸的巯基(—SH)。它有氧化态与还原态两种形式，由谷胱甘肽还原酶催化其互相转变，辅酶是NADPH。

$$2G-SH \underset{+2H}{\overset{-2H}{\rightleftharpoons}} G-S-S-G$$

GSH是重要的生物还原剂，在动物体解毒、氨基酸转运及代谢中均有重要作用。GSH可保护某些蛋白质及酶分子的巯基不被氧化，从而维持其生物活性。如红细胞中含有较多GSH，对保护红细胞膜完整性及促使高铁血红蛋白还原为血红蛋白均有重要作用。此外，体内产生的过氧化物及自由基，亦可通过含硒的GSH过氧化酶而被清除。

(2)蛋氨酸代谢。蛋氨酸中含有S-甲基，可参与多种转甲基的反应生成多种含甲基的生理活性物质。在腺苷转移酶催化下与ATP反应生成S-腺苷蛋氨酸(SAM)。SAM中的甲基是高度活化的，称活性甲基，SAM称为活性蛋氨酸。

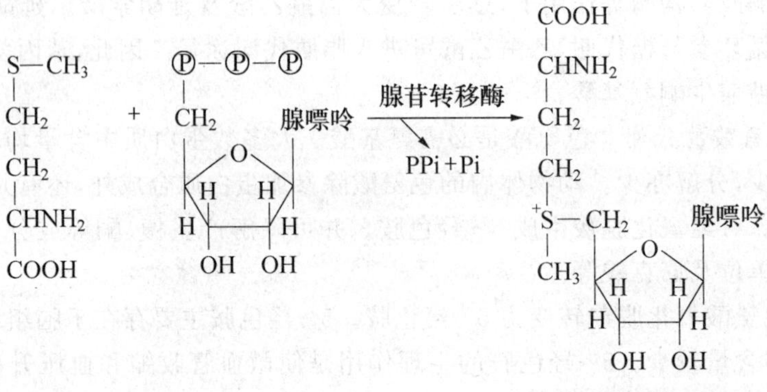

蛋氨酸　　ATP　　S-腺苷同型半胱氨酸

SAM 是体内最主要的甲基供体。在不同甲基转移酶的催化下，SAM 将甲基转移给各种甲基接受体而形成许多甲基化合物，如肾上腺素、胆碱、甜菜碱、肉毒碱、肌酸等都是从 SAM 中获得甲基的。

SAM 转出甲基后形成 S-腺苷同型半胱氨酸（SAH），SAH 水解释出腺苷变为同型半胱氨酸（hCys）。同型半胱氨酸可以接受 $N^5-CH_3—FH_4$ 提供的甲基再生成蛋氨酸，形成一个循环过程，称为蛋氨酸循环（methionine cycle）。此循环的生理意义在于蛋氨酸分子中甲基可间接通过 $N^5-CH_3—FH_4$ 由其他非必需氨基酸提供，以防蛋氨酸的大量消耗（图 6-7）。

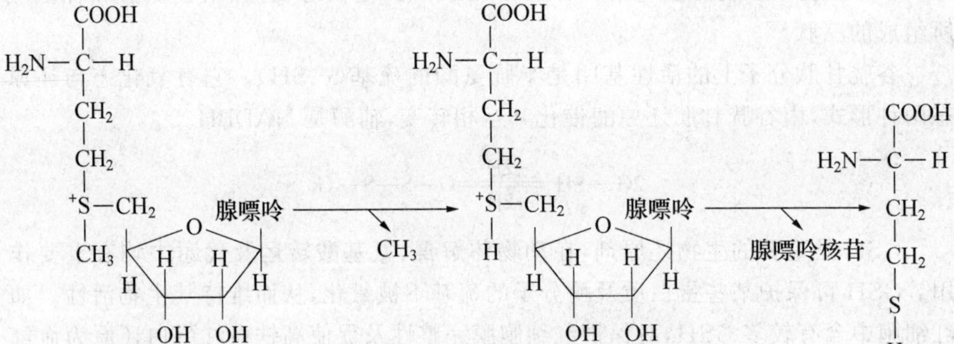

S-腺苷蛋氨酸　　S-腺苷同型半胱氨酸　　同型半胱氨酸

同型半胱氨酸甲基转移酶的辅酶是甲基维生素 B_{12}。维生素 B_{12} 缺乏会引起蛋氨酸循环受阻，即甲基转移反应受阻导致叶酸以 $N^5-CH_3—FH_4$ 形式在体内堆积。这样，其他形式的叶酸大量消耗，以这些叶酸作辅酶的酶活力降低，影响了嘌呤和胸腺嘧啶的合成，因而影响核酸的合成，引起巨幼细胞性贫血。也就是说，维

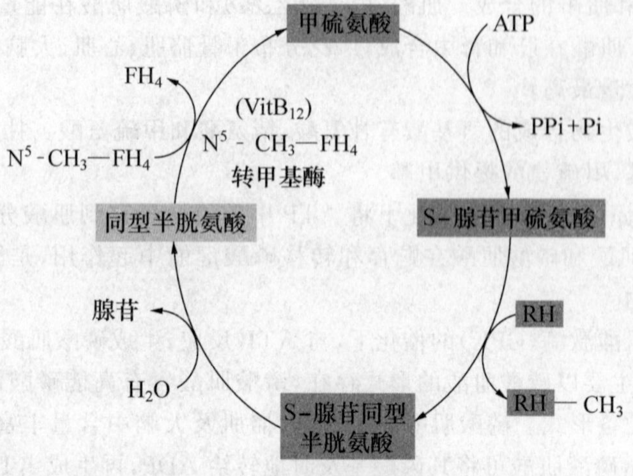

图 6-7 S-腺苷蛋氨酸循环

生素 B_{12} 对核酸合成的影响是间接地通过影响叶酸代谢而实现的。

虽然蛋氨酸循环可生成蛋氨酸,但体内不能合成同型半胱氨酸,只能由蛋氨酸转变而来,所以体内实际上不能合成蛋氨酸,必须由食物供给。

(3)半胱氨酸和胱氨酸的代谢。半胱氨酸含巯基(—SH),胱氨酸含有二硫键(—S—S—),两者可通过氧化还原而互变。胱氨酸不参与蛋白质的合成,蛋白质中的胱氨酸由半胱氨酸残基氧化脱氢而来。在蛋白质分子中两个半胱氨酸残基间所形成的二硫键对维持蛋白质分子构象起重要作用。而蛋白分子中半胱氨酸的巯基是许多蛋白质或酶的活性基团,又被称为"巯基酶"。

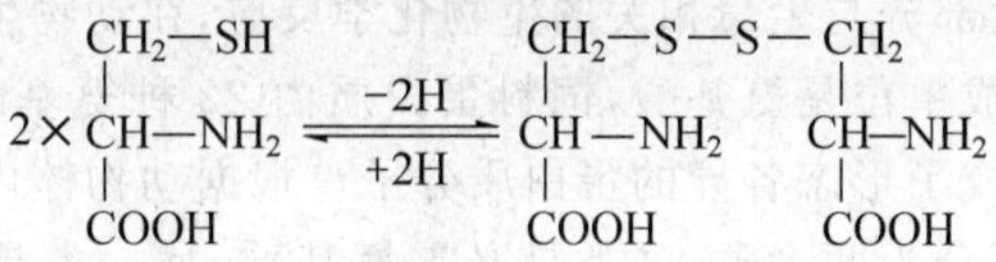

半胱氨酸　　　　胱氨酸

机体中半胱氨酸主要降解为丙酮酸。此外,含硫氨基酸经分解代谢可生成硫酸。半胱氨酸是体内硫酸根的主要来源。体内的硫酸根一部分以无机盐形式从尿中排出,一部分经 ATP 活化生成 3′-磷酸腺苷-5′-磷酸硫酸(PAPS),即活性硫酸根。PAPS 的性质活泼,在肝脏的生物转化中有重要作用。例如,类固醇激素可与 PAPS 结合成硫酸酯而被灭活,一些外源性酚类亦可形成硫酸酯而增加其溶解性以利于从尿中排出。此外,PAPS 也可参与硫酸角质素及硫酸软骨素等分子中硫酸化氨基多糖的合成。

(4)肌酸和肌酐的合成。肌酸(甲基胍乙酸)和磷酸肌酸在能量贮存及利用中起重要作用。肌酸在肝和肾中合成,广泛分布于骨骼肌、心肌、大脑等组织中,尤其以骨骼肌中含量最高。

参与肌酸生物合成的氨基酸有甘氨酸,精氨酸和甲硫氨酸。甘氨酸为骨架,精氨酸提供脒基,甲硫氨酸提供甲基。

肌酸在肌酸激酶(CPK)催化下将ATP中的磷酸转移到肌酸分子中形成磷酸肌酸(CP)。肌酸和磷酸肌酸在贮存和转移磷酸键能中起作用,是能量贮存、利用的重要化合物。

肌酸在肌酸激酶(CPK)的催化下,与ATP反应,生成磷酸肌酸和ADP。肌肉所含的肌酸,主要以磷酸肌酸的形式存在,磷酸肌酸含有高能磷酸键,是肌肉收缩的一种能量贮备形式。磷酸肌酸在心肌、骨骼肌及大脑中含量丰富。当肌肉收缩消耗ATP时,磷酸肌酸可将其磷酸基及时地转给ADP,再生成ATP。

肌酸分子内脱水环化生成肌酐,但肌酐不能再转变成肌酸。磷酸肌酸也可以脱磷酸变为肌酐。肌酐随尿液排出体外。肌酐的生成量与肌肉中的肌酸和磷酸肌酸的含量成正比。而肌酸和磷酸肌酸的含量又与骨骼肌的量成正比。成年动物骨骼肌的量比较恒定,所以随尿液排出体外的肌酐量也比较恒定,一般不受食物、运动和尿容量的影响。

拓展与应用

动物配合饲料中氨基酸的有效合理利用

蛋白质是动物最重要的营养素之一,是生命的物质基础,它是机体的重要组成成分,参与动物绝大部分与生命相关的生物化学反应,在动物生命活动中起着重要作用。蛋白质的组成单位是氨基酸,饲料蛋白质由22种氨基酸组成,氨基酸通过不同的排列组合构成了形态各异的蛋白质分子。根据动物体内能否合成或合成的速度快慢,氨基酸可分为两大类:一类是必需氨基酸,另一类是非必需氨基酸。必需氨基酸在一般饲料中含量较少,如蛋氨酸、赖氨酸、色氨酸等,这几种氨基酸缺乏时往往会影响其他氨基酸的利用率,因此又称为限制性氨基酸。

蛋白质饲料是指干物质中粗蛋白含量达到或超过20%、粗纤维含量低于18%的饲料,又分为植物性蛋白质饲料和动物性蛋白质饲料。植物性蛋白质饲料以各种油料子实榨油后的饼粕为主(主要有大豆、棉籽、花生、菜籽等饼粕);动物性蛋白质饲料包括鱼粉、肉粉及肉骨粉、血粉、皮革粉、羽毛粉、蚕蛹粕(粉)等。蛋白质品质的优劣是通过氨基酸的数量与比例来衡量的,各种饲料中粗蛋白质的含量和品质差别很大。就其含量而言,动物性饲料中最高(40%~80%),油饼类次之

(30%～40%),糠麸及禾本科子实类较低(7%～13%)。就其质量而言,动物性饲料、豆科及油饼类饲料中蛋白质品质较好。

1. 氨基酸平衡问题　日粮蛋白质中各种必需氨基酸的种类、数量和相互之间的比例与动物的需要相符合,即氨基酸平衡,氨基酸平衡的蛋白被称为“理想蛋白”。按照“理想蛋白”配制日粮,日粮蛋白质的利用率就较高,饲料的成本相对降低,饲养动物的效益较高。

2. 按可消化氨基酸配制日粮　大多数日粮氨基酸不能被完全消化,许多常用原料如玉米和豆粕中的限制性氨基酸大约 90%可被消化,个别氨基酸之间会存在差异。一些植物蛋白饲料的氨基酸消化率非常低,而动物蛋白饲料的氨基酸消化率随加热程度的不同变化很大。目前,饲料可消化氨基酸的数据还不是非常完整,而且可消化氨基酸的测定还受不同动物的体质、内源氮损失、尿氮损失等因素的影响而使测定结果稍有差异,但按可消化氨基酸配制日粮是未来配料的趋势,这样,既可使原料得到合理利用,又可改善动物生产性能,还可减少排泄氮对环境的污染。

3. 蛋白原料间的协同作用　实际配料时使用 2 种以上的蛋白饲料比使用单一蛋白饲料效果要好。比如,玉米-豆粕型日粮中适当添加花生粕和棉粕,使氨基酸更容易平衡,限制性氨基酸,如蛋氨酸、赖氨酸、苏氨酸的添加量减少,饲料成本降低。

思考与练习

1. 什么是蛋白质生理价值？必需氨基酸有哪些？如何提高饲料中蛋白质的营养价值？
2. 试述氨基酸脱氨基作用的几种主要形式。
3. 简述体内联合脱氨作用的特点和意义。
4. 动物体内尿素是怎样形成的？生理意义是什么？
5. 简述氨基酸脱氨基后生成的 α-酮酸的主要代谢途径。
6. 简述蛋氨酸循环的代谢过程及生理意义。
7. 简述鸟氨酸循环的过程及生理意义。
8. 论述氨在血液中运输的基本过程与生理意义。

第七章 核酸和蛋白质的生物合成

知识目标：

• 了解参与 DNA 复制、RNA 转录、蛋白质生物合成的酶，现代生物技术。

• 掌握核酸和蛋白质合成后的加工、修饰，DNA 复制的方式，逆转录。

• 掌握中心法则，半保留复制，转录，RNA 在蛋白质合成中的功能，遗传密码及特性，基因。

核酸(nucleic acid)是生物体的基本组成物质，是遗传信息的携带者，从高等动、植物到简单的病毒都含有核酸。它在生物的个体发育、生长、繁殖、遗传和变异等生命过程中起着极为重要的作用。蛋白质是生命活动的物质基础，几乎在一切生命过程中都起着关键的作用。蛋白质和核酸都是生物大分子。蛋白质是信息大分子，是 DNA 的遗传信息体现者。因此，核酸合成与蛋白质合成有着密切的关系。

第一节 DNA 的生物合成

DNA 的生物合成主要是以复制的方式进行的。所谓复制，就是指以亲代 DNA 分子为模板，按照碱基配对原则，形成与亲代 DNA 分子完全相同的两个子代 DNA 分子的过程。

一、半保留复制

(一)DNA 半保留复制的含义

DNA 呈双股螺旋结构，这样的结构对于维持遗传物质的稳定性和复制的准确性都是极为重要的。DNA 的两条链是严格遵循 A—T 和 G—C 碱基配对所形成的氢键联合在一起，这两条链是互补的。Watson 和 Crick 提出 DNA 双螺旋结构模型时就推测，在 DNA 复制时，亲代 DNA 的双螺旋先行解旋和分开，然后以每条链为模板，按照碱基配对原则，在这两条链上各形成一条互补链。这样，从亲代

DNA 的分子可以精确地复制成两个子代 DNA 分子。每个子代 DNA 分子中，有一条链是从亲代 DNA 来的，另一条则是新形成的，所以叫做半保留复制(semiconservative replication)(图 7－1)。1957 年 Meselson 及 Stahl 通过实验证实了半保留复制的模式。DNA 的半保留复制可以使遗传信息的传递保持相对的稳定性，这和它的遗传功能是相吻合的，说明半保留复制具有重要的生物学意义。

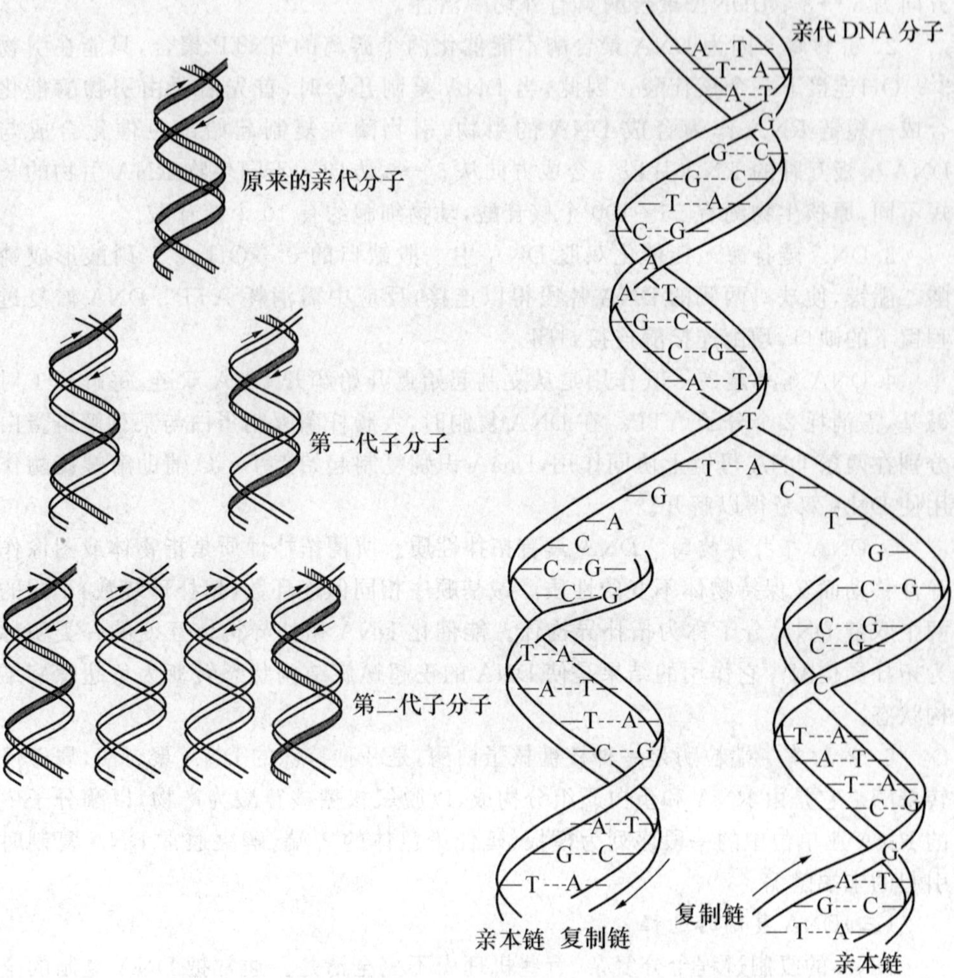

图 7－1 DNA 的半保留复制

(二)参与 DNA 复制的酶类

DNA 合成的反应是很复杂的，催化反应的酶也有多种，现将与 DNA 合成有关的几种酶和相关的蛋白质因子简要介绍如下：

1. DNA 聚合酶　DNA 聚合酶是指以脱氧核苷三磷酸作为前体，催化合成 DNA 的一类酶，又叫依赖 DNA 的 DNA 聚合酶。真核生物与原核生物的 DNA 聚合酶组成不同，但性质基本相似。催化的共同特点为：①需要 DNA 为模板；②需要 RNA 为引物，即 DNA 聚合酶不能催化从无到有的反应；③DNA 链的生长方向为 5′→3′；④DNA 聚合酶具有外切酶活性。

2. 引物酶　因为 DNA 聚合酶不能催化两个游离的 dNTP 聚合，只能在引物 3′—OH连接下一个核苷酸。因此，当 DNA 复制开始时，首先需要由引物酶催化合成一短链 RNA 作为合成 DNA 的引物，引物酶在复制起始部位催化合成与 DNA 模板互补的 RNA 片段。合成方向从 5′→3′方向。不同生物 RNA 引物的长短不同，原核生物约有 55～100 个核苷酸，动物细胞约有 10 个核苷酸。

3. DNA 连接酶　能催化双股 DNA 中一股缺口的 3′—OH 与 5′磷酸形成磷酸二酯键，使缺口两侧的 DNA 片段得以连接，反应中需消耗 ATP。DNA 修复过程留下的缺口，均由连接酶连接封闭。

4. DNA 解螺旋酶　其作用是从复制起始点开始解开 DNA 双链，每解开 1 对碱基，需消耗 2 个分子 ATP。在 DNA 复制时，大肠杆菌复制蛋白与某种解链蛋白分别在两条 DNA 母链上协同作用，DnaA 识别复制起始点 DnaC 辅助解螺旋酶作用使 DNA 双链得以解开。

5. DNA 拓扑异构酶　DNA 具有拓扑性质。所谓拓扑性质是指物体或图像作弹性移动而又保持物体不变的性质。碱基顺序相同但连环数(拓扑环绕数)不同的两个双链 DNA 分子称为拓扑异构体。能催化 DNA 拓扑异构体互变的一类酶称为拓扑异构酶。它作用的结果是使 DNA 的正超螺旋结构状态转变为负超螺旋结构状态。

6. 端粒酶　端粒酶是一种核糖核蛋白酶，是一种特殊的 DNA 聚合酶，属于反转录酶。它是由 RNA 和蛋白质组分构成，以脱氧核糖核苷酸为产物，以酶分子中的 RNA 亚单位中的一段序列为模板，延伸染色体的 3′端，解决通常 DNA 复制时引起的末端隐缩。

(三)DNA 复制的过程

DNA 的复制过程十分复杂，有些机理尚不完全清楚。通常把 DNA 复制的全部过程分为以下 3 个阶段。

1. 复制的起始　DNA 的复制有特定的起始位点，叫做复制原点。许多生物的复制原点都是富含 A、T 的区段。原核细胞 DNA 复制只有一个起始位点，多数已被克隆并测定了核苷酸序列；真核细胞 DNA 复制有多个起始位点，目前还没有准确鉴定出来。

DNA 半保留复制分别以两条链为模板，合成两条互补新链。因此，在合成前必须使双螺旋两条链分开，形成复制的眼点即复制叉。DNA 解旋酶和 DNA 拓扑异构酶在此起重要作用。

DNA 双链解开后，接下去可以进行 DNA 的合成。链的延伸为 5′→3′。由于 DNA 聚合酶均需要 DNA 模板和 3′端的自由—OH，才能进行 DNA 的合成，使 DNA 链延伸，它们并不能直接启动 DNA 的合成。现在有充分的证据表明，RNA 作为引物参与了 DNA 合成的起始。人们很早就发现 RNA 聚合酶利用 DNA 的模板，不需要特殊的引物可以直接合成 RNA。因此 DNA 合成前，以 DNA 为模板，根据碱基配对原则，在一种特殊的 RNA 聚合酶即引物酶的催化下，先合成一段长 5～60 个核苷酸的 RNA 引物，提供 3′端自由—OH。然后，在 DNA 聚合酶Ⅲ的作用下进行 DNA 的合成。

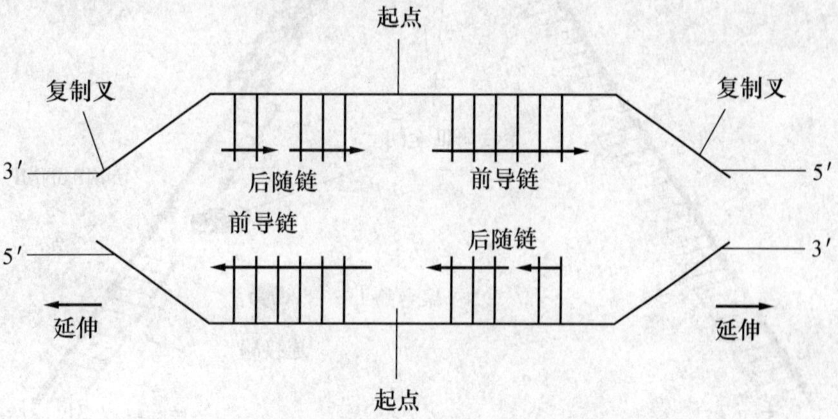

图 7-2 DNA 的双向复制

2. DNA 链的延伸　DNA 复制最主要的形式是双向复制。DNA 两条新链的合成从一个复制叉开始双向延伸。而模板 DNA 双螺旋的互补双链具有相反的方向，一条从 3′→5′，而另一条从 5′→3′，为反向平行。我们知道 DNA 聚合酶只有 5′→3′聚合酶的功能，而没有 3′→5′聚合酶的功能。这样两条 DNA 链在延伸时就产生了矛盾，开始人们想法寻找一种具有 3′→5′方向聚合功能的酶，但是没有成功。那么，两条 DNA 新链到底是如何合成的呢？后来发现，只有一条 DNA 链的合成是连续的，而另一条则是不连续的。所以从整个 DNA 分子水平来看，两条新链的合成方向是相反的，但是都是从 5′端向 3′方向延伸。现在一般把一直从 5′向 3′方向延伸的链称作前导链，它是连续合成的。而另一条先沿 5′→ 3′方向合成一些片段，然后再由连接酶将这些片断连起来成为长链，称为后随链（图 7－2）。

后随链的合成是不连续的。这种不连续合成是由冈崎等人首先发现的，所以现在将后随链上合成的 DNA 不连续单链小片段称为冈崎片段。在原核细胞中，每个冈崎片段含1 000～2 000个核苷酸，真核细胞中含 100～200 个核苷酸。DNA 复制过程见图 7－3。

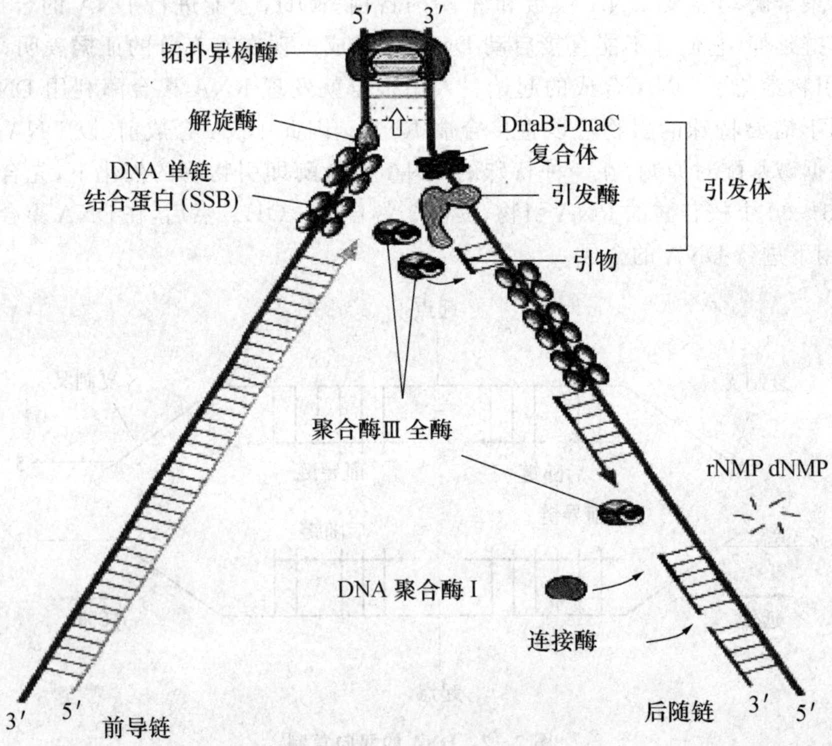

图 7－3 DNA 复制过程

3. DNA 复制的终止　DNA 链延伸阶段结束后，就会迅速地受到酶的作用，切除引物 RNA。切去 RNA 引物后留下的空隙，由 DNA 聚合酶催化合成一段 DNA 填补上。在 DNA 连接酶的作用下，连接相邻的 DNA 链；修复掺入 DNA 链的错配碱基。这样以两条亲代 DNA 链为模板，各自形成一条新的 DNA 互补链，结果是形成了两个 DNA 双股螺旋分子。一般说来，链的终止不需要特定的信号，也不需要特殊的蛋白质来参与。目前对链的终止机制，终止点的部位和结构所知甚少，有待进一步研究。

（四）DNA 复制的高保真性

DNA 复制的精确度极高，误差率很低，以保证物种在维持遗传保守性的同时，还要通过变异不断进化。

DNA 复制的高度忠实性至少要依赖 3 种机制：

①遵守严格的碱基配对规律。②DNA 聚合酶在复制延长中对碱基的选择功能。③复制出错时，DNA 聚合酶的即时校读功能。

二、DNA 的损伤与修复

某些物理化学因子，如紫外线、电离辐射和化学诱变剂等，都能引起生物突变和致死。因为它们均能作用于 DNA，造成其结构和功能的破坏。例如 X 射线可以在 DNA 链上形成缺口；紫外线照射可以使 DNA 分子中同一条链两相邻胸腺嘧啶碱基之间形成二聚体（TT）。这种二聚体是由两个胸腺嘧啶碱基以共价键联结成环丁烷的结构而形成的。其他嘧啶碱基之间也能形成类似的二聚体（CT、CC），但数量较少。嘧啶二聚体的形成，影响了 DNA 的双螺旋结构，使其复制和转录功能均受到阻碍。

细胞内具有一系列起修复作用的酶系统，可以除去 DNA 上的损伤，恢复 DNA 的正常双螺旋结构。目前已经知道有 4 种修复系统：光复活，切除修复，重组修复和诱导修复。后 3 种机制不需要光照，因此又称为暗修复。

（一）光复活

早在 1949 年就已发现光复活现象。光复活的机制是可见光（最有效波长为 400 nm 左右）激活了光复活酶，它能分解由于紫外线照射而形成的嘧啶二聚体。

光复活作用是一种高度专一的修复方式。它只作用于紫外线引起的 DNA 嘧啶二聚体。光复活酶在生物界分布很广，从低等单细胞生物一直到鸟类都有，而高等的哺乳类却没有。这说明在生物进化过程中该作用逐渐被暗修复系统所取代，并丢失了这个酶。

（二）切除修复

所谓切除修复，即是在一系列酶的作用下，将 DNA 分子中受损伤部分切除掉，并以完整的那一条链为模板，合成出切去的部分，然后使 DNA 恢复正常结构的过程。这是比较普遍的一种修复机制，它对多种损伤均能起到修复作用。参与切除修复的酶主要有：特异的核酸内切酶、外切酶、聚合酶和连接酶。细胞内有多种特异的核酸内切酶可识别由紫外线或其他因素引起的 DNA 的损伤部位，在其附近将核酸单链切开，再由核酸外切酶将损伤链切除，然后由 DNA 聚合酶进行修复合成，最后由 DNA 连接酶将新合成的 DNA 链与已有的链接上。大肠杆菌

DNA聚合酶Ⅰ兼有5′核酸外切酶活力，因此修复合成和切除两步可由同一酶来完成。真核细胞的DNA聚合酶不具有外切酶活力，切除必须由另外的外切酶来进行。现在已能利用有关的酶在离体情况下实现DNA损伤的切除修复。

（三）重组修复

上述切除修复过程发生在DNA复制之前，因此又称为复制前修复。然而，当DNA发动复制时尚未修复的损伤部位也可以先复制再修复。例如，含有嘧啶二聚体，烷基化引起的交联和其他结构损伤的DNA仍然可以进行复制，但是复制酶系统在损伤部位无法通过碱基配对合成子代DNA链，它就跳过损伤部位，在下一个冈崎片段的起始位置或前导链的相应位置上重新合成引物和DNA链，结果子代链在损伤相对应处留下缺口。这种遗传信息有缺损的子代DNA分子可通过遗传重组而加以弥补，即从完整的母链上将相应核苷酸序列片段移至子链缺口处，然后用再合成的序列来补上母链的空缺。此过程称为重组修复，因为发生在复制之后，又称为复制后修复。

在重组修复过程中，DNA链的损伤并未除去。当进行第二轮复制时，留在母链上的损伤仍会给复制带来困难，复制经过损伤部位时所产生的缺口还需通过同样的重组过程来弥补，直至损伤被切除修复所消除。但是，随着复制的不断进行，若干代后，即使损伤始终未从亲代链中除去，而在后代细胞群中也已被稀释，实际上消除了损伤的影响。

（四）诱导修复

前面介绍的DNA损伤修复功能可以不经诱导而发生。然而许多能造成DNA损伤或抑制复制的处理均能引起一系列复杂的诱导效应，称为应急反应。SOS反应包括诱导出现的DNA损伤修复效应、诱变效应、细胞分裂的抑制以及溶原性细菌释放噬菌体等等。细胞的癌变也可能与SOS反应有关。

SOS反应是细胞DNA受到损伤或复制系统受到抑制的紧急情况下，为求得生存而出现的应急效应。SOS反应诱导的修复系统包括避免差错的修复和倾向差错的修复两类。光复活、切除修复和重组修复能够识别DNA的损伤或错配碱基而加以消除，在它们的修复过程中并不引入错配碱基，因此属于避免差错的修复。SOS反应能诱导切除修复和重组修复中某些关键酶和蛋白质的产生，使这些酶和蛋白质在细胞内的含量升高，从而加强切除修复和重组修复的能力。此外，SOS反应还能诱导产生缺乏校对功能的DNA聚合酶，它能在DNA损伤部位进行复制而避免了死亡，可是却带来了高的变异率。SOS的诱变效应与此有关。

SOS反应使细菌的细胞分裂受到抑制，结果长成丝状体。其生理意义可能是在DNA复制受到阻碍的情况下避免因细胞分裂而产生不含DNA的细胞，或者使细胞中有更多进行重组修复的机会。

SOS 反应广泛存在于原核生物和真核生物，它是生物在不利环境中求得生存的一种基本功能。SOS 反应主要包括两个方面：DNA 修复和导致变异。在一般环境中突变常是不利的，可是在 DNA 受到损伤和复制被抑制的特殊条件下生物发生突变将有利于它的生存。因此 SOS 反应可能在生物进化中起着重要作用。然而，另一方面，大多数能在细菌中诱导产生 SOS 反应的作用剂，对高等动物都是致癌的：如 X-射线、紫外线、烷化剂、黄曲霉毒素等。而某些不能致癌的诱变剂却并不引起 SOS 反应，如 5-溴尿嘧啶。因此猜测，癌变可能是通过 SOS 反应造成的。目前，有关致癌物的一些简便检测方法即是根据 SOS 反应原理而设计的，因为在动物身上诱发肿瘤的试验需要花费较多人力、物力和较长的时间，而细菌的 SOS 反应则很易测定。

三、DNA 突变

DNA 突变是指 DNA 的碱基顺序发生突然而永久性的变化，从而影响 DNA 的复制，并使 DNA 的转录和翻译也跟着改变，因而表现出异常的遗传特征。DNA 的突变可以有几种形式：①1 个或几个碱基对被置换；②插入 1 个或几个碱基对；③1 个或多个碱基对缺失。置换和插入的变化是可逆的，缺失则是不可逆的。最常见的突变形式是碱基对的置换。嘌呤碱之间或嘧啶碱之间的置换称为转换，嘌呤和嘧啶之间的置换称为颠换。突变有自发突变和诱发突变。自发突变的几率很低。据估计在 DNA 的合成中，大约每 10^9 个碱基对发生一次突变，然而，逆转录酶合成的 DNA 保真度差，错配碱基的出现率要比真核生物或大肠杆菌的高 1～3 个数量级，所以各种 RNA 肿瘤病毒具有很高的自发突变频率。诱发突变可以由物理因素或化学因素引起，物理因素如电离辐射和紫外光等均可以诱发突变。在农业技术上常利用辐射诱变进行育种。化学因素的诱变，如脱氨剂和烷化试剂均可诱发突变。亚硝酸为强脱氨剂，可使腺嘌呤转变为次黄嘌呤，鸟嘌呤转变为黄嘌呤，胞嘧啶转变为尿嘧啶，而导致碱基配对错误。烷化剂如硫酸二甲酯(DMS)可使鸟嘌呤的 N_7 位氮原子甲基化，使之成为带一个正电荷的季铵基团，减弱 N_9 位上的 N-糖苷键，至使脱氧核糖苷键不稳定，发生水解而丢失嘌呤碱，以后可被其他碱基取代，或引起 DNA 的链断裂。

四、逆向转录

以 RNA 为模板，按照 RNA 中的核苷酸顺序合成 DNA 的过程称为逆转录。20 世纪 60 年代 Temin 根据有关的实验结果提出，由 RNA 肿瘤病毒逆向转录为

DNA 前病毒，然后由 DNA 前病毒再转录为 RNA 肿瘤病毒的设想，但当时未得到重视。直至 1970 年，Temin 和 Baltimore 各自在鸟类劳氏肉瘤病毒和小鼠白血病病毒等 RNA 肿瘤病毒中找到了逆转录酶，才证明了逆向转录过程。现在人们已发现各种高等真核生物的 RNA 肿瘤病毒都有逆转录酶。逆转录酶是一种多功能酶，它除了具有以 RNA 为模板的 DNA 聚合酶和以 DNA 为模板的 DNA 聚合酶活性外还兼有 RNaseH、DNA 内切酶、DNA 拓扑异构酶、DNA 解链酶和 tRNA 结合的活性。逆转录酶的发现，表明遗传信息也可以从 RNA 传递到 DNA。

几乎所有真核生物的 mRNA 分子的 3′末端都有一段多聚腺苷酸。当加入寡聚 dT 作引物时，mRNA 就可以成为逆转录酶的模板，在体外合成与其互补的 DNA，称为 cDNA。这种方法已成为生物技术和分子生物学研究中最常见的方法之一。使逆转录酶得到广泛的应用。

第二节 RNA 的生物合成

在生物界，RNA 的合成主要有两种方式：一是 DNA 指导的 RNA 合成——称为转录，此为生物体内 RNA 的主要合成方式。另一种是 RNA 指导的 RNA 合成——称为 RNA 的复制，此种方式常见于病毒。本节主要介绍 RNA 的转录过程，转录产生的初级转录本是 RNA 前体，需经加工方具有生物学活性。

一、RNA 的转录

(一)转录的概念

由 DNA 指导的 RNA 合成，即 DNA 以碱基互补原则，决定合成 RNA 的全部碱基成分及排列顺序，将 DNA 模板上的遗传信息传递到 RNA 分子的过程为转录作用。在 DNA 的复制过程中，所有碱基都被复制。但转录时仅有部分碱基转录生成 RNA。这些 DNA 分子中可转录生成 RNA 的碱基序列称为基因。转录过程是基因表达的过程之一。可转录生成 mRNA 的基因最终将编码蛋白质分子，称为结构基因。转录生成 tRNA 和 rRNA 的基因不进行表达称非结构基因。转录是不对称的即 DNA 片段转录时，双链 DNA 中只有一条链作为转录的模板。指导 RNA 合成的 DNA 链为模板链，不作为转录模板的另一条 DNA 链为编码链。由于基因分布于不同的 DNA 单链中，即某条 DNA 单链对某个基因是模板链，而对另一个基因则可能是编码链。

(二)DNA 指导的 RNA 聚合酶

RNA 聚合酶的作用特点：识别 DNA 分子中转录的起始部位。促进与模板链结合，并使 DNA 双链打开。催化 NTP 的聚合，完成一条 RNA 链的聚合反应。识别转录终止信号，停止聚合反应，参与转录水平的调控。RNA 聚合酶聚合速率慢，30～85 NTP/s。缺乏外切酶活性，无校对功能，错误率大约为 10^{-5}。

原核生物 RNA 聚合酶由 5 个亚基构成，$\alpha_2\beta\beta'\sigma$ 为全酶，$\alpha_2\beta\beta'$ 为核心酶。

真核生物较原核的酶复杂，已清楚的有 RNA PolⅠ，Ⅱ，Ⅲ及 Mt 四种类型。

（三）RNA 的转录过程

RNA 的转录可分为识别与起始、延长和终止 3 个阶段。

1. 转录的识别与起始　转录是从 DNA 分子的特定部位开始的，这个部位也是 RNA 聚合酶全酶结合的部位也就是启动子(promoter)。为什么 RNA 聚合酶能够仅在启动子处结合呢？显然启动子处的核苷酸序列具有特殊性，为了方便，人们将在 DNA 上开始转录的第一个碱基定为＋1，沿转录方向顺流而下的核苷酸序列均用正值表示；逆流而上的核苷酸序列均用负值表示。

对原核生物的 100 多个启动子的序列进行了比较后发现：在 RNA 转录起始点上游大约－10bp 和－35bp 处有两个保守的序列，在－10bp 附近，有一组 TATAAT 的序列，这是 Pribnow 首先发现的称为 Pribnow 框，RNA 聚合酶就结合在此部位上。－35bp 附近，有一组 5′- TTGACG -的序列；已被证实与转录起始的辨认有关，是 RNA 聚合酶中的 δ 亚基识别并结合的位置。－35 序列的重要性还在于在很大程度上决定了启动子的强度。

真核生物的启动子有其特殊性，真核生物有 3 种 RNA 聚合酶，每一种都有自己的启动子类型。除启动子外，真核生物转录起始点上游处还有一个称为增强子的序列，它能极大地增强启动子的活性。真核生物转录起始相对复杂，有时还需多种蛋白因子协助。

2. RNA 链延伸　RNA 链的延长靠核心酶的催化，在起始复合物上第一个 GTP 的核糖 3′—OH 上与 DNA 模板能配对的第二个三磷酸核苷起反应形成磷酸二酯键。聚合进去的核苷酸又有核糖 3′—OH 游离，这样就可按模板 DNA 的指引，一个接一个地延长下去。延长是在含有核心酶、DNA 和新生 RNA 的一个区域里进行，由于在这个区域里含有一段解链的 DNA“泡”，所以称为转录鼓泡（图 7-4）。转录延伸方向是沿 DNA 模板链的 3′→5′方向按碱基配对原则生成 5′→3′的 RNA 产物。RNA 链延伸时，RNA 聚合酶继续解开一段 DNA 双链，长度约 17 个碱基对，使模板链暴露出来。新合成的 RNA 链与模板形成 RNA—DNA 的杂交区，当新生的 RNA 链离开模板 DNA 后，两条 DNA 链则重新形成双股螺旋结构。

3. 转录的终止　在 DNA 分子上（基因末端）有终止转录的特殊碱基顺序称为

终止子,它具有使 RNA 聚合酶停止合成 RNA 和释放 RNA 链的作用。这些终止信号有的能被 RNA 聚合酶自身识别,而有的则需要有 ρ 因子的帮助。ρ 因子是一个分子质量为 200 ku 的四聚体蛋白质,它能与 RNA 聚合酶结合但不是酶的组分。它的作用是阻止 RNA 聚合酶向前移动,于是转录终止,并释放出已转录完成的 RNA 链。对于不依赖于 ρ 因子的终止子序列的分析,发现有两个明显的特征:即在 DNA 上有 1 个 15～20 个核苷酸的二重对称区,位于 RNA 链结束之前,形成富含 G—C 的发夹结构。接着有一串大约 6 个 A 的碱基序列,它们转录的 RNA 链的末端为一连串的 U。寡聚 U 可能提供信号使 RNA 聚合酶脱离模板。由 rU-dA 组成的 RNA-DNA 杂交分子的碱基配对结合力很弱,利于 RNA 链释放。在真核细胞内,RNA 的合成要比原核细胞中的复杂得多。

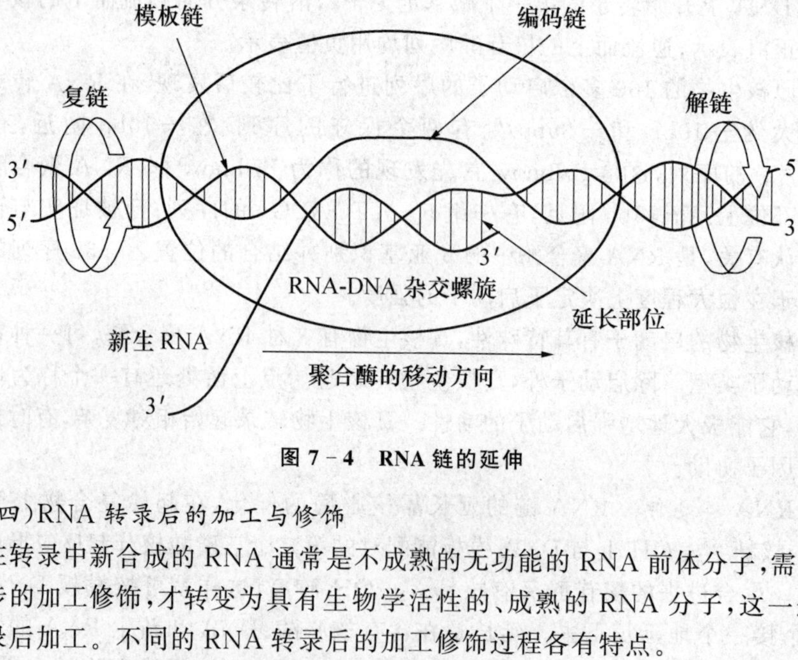

图 7-4 RNA 链的延伸

(四)RNA 转录后的加工与修饰

在转录中新合成的 RNA 通常是不成熟的无功能的 RNA 前体分子,需要经过进一步的加工修饰,才转变为具有生物学活性的、成熟的 RNA 分子,这一过程称为转录后加工。不同的 RNA 转录后的加工修饰过程各有特点。

1. mRNA 的加工修饰　在原核生物中转录翻译相随进行,mRNA 生成后,绝大部分直接作为模板去翻译各个基因所编码的蛋白质,不再需要加工。但真核生物里转录和翻译的时间和空间都不相同,mRNA 的合成是在细胞核内,而蛋白质的翻译是在胞质中进行,而且许多真核生物的基因是不连续的。不连续基因中的插入序列,称为内含子;被内含子隔开的基因序列称为外显子。一个基因的外显子和内含子都转录在一条很大的原初转录本 RNA 分子中,故称为核内不均一 RNA (hnRNA)。它们首先降解为分子较小的 RNA,再经其他修饰转化为 mRNA。真核细胞 mRNA 的加工包括：

(1)剪接修饰。除去由内含子转录来的序列，将外显子的转录序列连接起来。

(2)首尾修饰。在 3′末端连接上一段约有 20～200 个腺苷酸的多聚腺苷酸(Poly A)的“尾巴”结构。不同 mRNA 的长度有很大差异。在 5′末端连接上一个“帽子”结构。“帽子”为 7-甲基鸟嘌呤核苷三磷酸($m^7GpppmNP$)。5′端帽子的功能主要是在翻译过程中起信号识别作用，协助核糖体与 mRNA 结合，使翻译从 AUG 开始；保护 mRNA，避免 5′端受核酸外切酶的降解。PolyA 尾的功能主要是防止核酸外切酶对 mRNA 信息序列的降解，起缓冲作用；并与 mRNA 从细胞核转移到细胞质有关。

(3)甲基化修饰。在内部少数腺苷酸的腺嘌呤 6 位氨基发生甲基化。

2. rRNA 的加工修饰　原核生物有 16 S、23 S 及 5 S 三种 rRNA，这三种 rRNA 均存在于 30 S 的 rRNA 前体中。转录作用完成后，在 RNaseⅢ催化下，将 rRNA 前体切开产生 16 S、25 S 及 5 S rRNA 的中间前体。进一步在核酸酶的作用下，切去部分间隔序列，产生成熟的 16 S、23 S 及 5 S rRNA，并对 16 S rRNA 进行甲基化修饰，生成稀有碱基。

真核生物的核蛋白体中有 18 S、5.8 S 及 5 S rRNA。5 S rRNA 自己独立成体系，在成熟过程中加工甚少，不进行修饰和剪切。45 S rRNA 前体中包含有 18 S、5.8 S 及 28 S rRNA。在加工过程中，分子广泛地进行甲基化修饰，主要是在 28 S 及 18 S 中。甲基化作用多发生于核糖上，较少在碱基上。随后 45 S rRNA 前体经核酸酶顺序剪切下生成 18 S、5.8 S、28 S rRNA。

3. tRNA 的加工与修饰　原核生物和真核生物刚转录生成的 tRNA 前体一般无生物活性，需要进行以下步骤：

(1)剪切和拼接。tRNA 前体在 tRNA 剪切酶的作用下进行剪切，经过剪切后的 tRNA 分子还要在拼接酶作用下，将成熟 tRNA 分子所需的片段拼起来。

(2)碱基修饰。成熟的 tRNA 分子中有许多的稀有碱基，因此 tRNA 在甲基转移酶催化下，某些嘌呤生成甲基嘌呤如 A→mA，G→mA。有些尿嘧啶还原为双氢尿嘧啶。尿嘧啶核苷转变成假尿嘧啶核苷。某些腺苷酸脱氨基成为次黄嘌呤核苷酸。

(3)3′—OH 连接—ACC 结构。在核苷酸转移酶作用下，3′末端除去个别碱基后，换上 tRNA 分子统一的 CCA—OH 末端，完成 tRNA 分子中的氨基酸臂结构。

二、RNA 的复制

以 DNA 为模板合成 RNA 是生物界 RNA 合成的主要方式，但有些生物像某些病毒，噬菌体它们的遗传信息贮存在RNA分子中，当它们进入宿主细胞后，靠复制而传代，它们是在RNA指导的RNA聚合酶催化下合成RNA分子。当以RNA为模板时，在RNA复制酶作用下，按$5'\rightarrow3'$方向合成互补的RNA分子，但RNA复制酶中缺乏校正功能，因此RNA复制时错误率很高，这与反转录酶的特点相似。RNA复制酶只对病毒本身的RNA起作用，而不会作用于宿主细胞中的RNA分子。

第三节　蛋白质的生物合成

一切生命现象都不能离开蛋白质，由于代谢更新，所有生物都需不断合成蛋白质 。蛋白质具有高度特异性。不同生物，它们的蛋白质互不相同。所以食物蛋白质不能为动物体直接利用，需经消化、分解成氨基酸，吸收后方可用来合成机体蛋白质。

mRNA含有来自DNA的遗传信息，是合成蛋白质的“模板”，各种蛋白质就是以其相应的mRNA为“模板”，用各种氨基酸为原料合成的。mRNA不同，所合成的蛋白质也就各异。所以蛋白质生物合成的过程，贯穿了从DNA分子到蛋白质分子之间遗传信息的传递和体现的过程。这种生物遗传信息的传递规律称为“中心法则”(图7－5)。

mRNA生成后，遗传信息由mRNA传递给新合成的蛋白质，即由核苷酸序列转换为蛋白质的氨基酸序列。这一过程称为翻译(translation)。翻译的过程即是蛋白质合成的过程。mRNA穿过核膜进入胞质后，核糖体附着其上。作为原料的各种氨基酸在其特异的搬运工具(tRNA)携带下，在核糖体上以肽键互相结合，生成具有一定氨基酸序列的特定多肽链。合成后从核糖体释下的多肽链，不一定具有生物学活性。有的需经一定处理，有的需与其他成分(别的多肽链或糖、脂等)结合才能形成活性蛋白质。

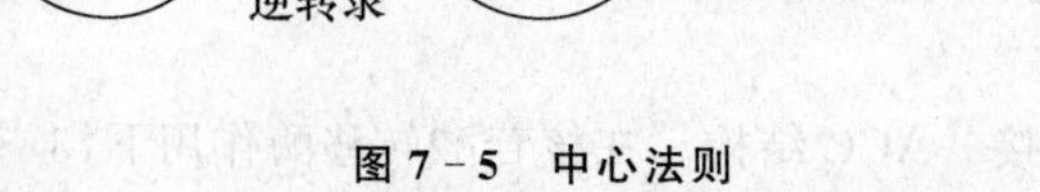

图7－5　中心法则

一、参与蛋白质生物合成的物质

参与蛋白质合成的物质，除氨基酸外，还有mRNA 、tRNA 、rRNA与核糖体、有关的酶，以及 ATP、GTP 等供能物质与必要的无机离子等，在这里只对几种 RNA 的功能简要介绍如下。

(一)mRNA 在蛋白质合成中的主要功能

在蛋白质合成过程中 mRNA 的主要功能是作为蛋白质合成的模板并把得自 DNA 的遗传信息翻译成蛋白质合成中的氨基酸序列。

现在发现天然蛋白质有 $10^{10}\sim10^{11}$ 种，组成蛋白质的氨基酸却只有 20 种。这 20 种氨基酸排列组合的不同，形成了形形色色的蛋白质。而由中心法则我们知道，蛋白质中氨基酸的序列是由 mRNA 分子中的核苷酸序列决定的。那么 mRNA分子中 4 种核苷酸序列是如何决定蛋白质分子中 20 种氨基酸序列的呢？

1. 遗传密码的概念　1954 年，物理学家 George Gamov 根据在 mRNA 中存在 4 种核苷酸，在蛋白质中存在 20 种氨基酸的对应关系，做出如下数学推理：如果每一个核苷酸为一个氨基酸编码，只能决定 4 种氨基酸($4^1=4$)；如果每 2 个核苷酸为一个氨基酸编码，可决定 16 种氨基酸($4^2=16$)。上述两种情况编码的氨基酸数小于 20 种氨基酸，显然是不可能的。那么如果三个核苷酸为一个氨基酸编码，则能编 64 种氨基酸($4^3=64$)，可满足 20 种氨基酸的需求。1961 年，Brenner 和 Grick 肯定了 3 个核苷酸的编码推理。随后的实验研究证明上述假想是正确的。

所谓遗传密码就是 mRNA 分子上从 5′到 3′的不间断的三联体核苷酸组，用以决定肽链上某一个氨基酸或蛋白质合成的起始、终止信号，又称三联体密码或密码子。那么 64 种密码子与 20 种氨基酸之间又是什么关系呢？经过尼伦伯格和科拉纳等科学家的共同努力，终于在 1966 年破译了全部遗传密码。这是生物化学与分子生物学 20 世纪的一个杰出成就。全部密码子与氨基酸的关系见表 7-1。

2. 遗传密码的特征　遗传密码的主要特征可归纳为如下几点：

(1)起始码与终止码。在 64 个密码子中，61 个代表氨基酸。每一种氨基酸少的只有一个密码子，多的可有 6 个，但以 2 个和 4 个的居多。另有 3 个密码子(UAA、UAG、UGA)为肽链的终止密码子，不代表任何氨基酸，为终止信号。密码子 AUG 具有特殊性，不仅代表甲硫氨酸，如果位于 mRNA 起始部位，它还代表肽链合成的起始密码子。起始密码子常在 mRNA 的 5′端附近。作为起始信号的 AUG 与其局部构象有关，而局部构象常取决于 AUG 邻近核苷酸序列。例如，真核生物起始信号 AUG 周围最合适的上下文顺序为 $\mathrm{CC}\frac{\mathrm{A}}{\mathrm{G}}\mathrm{CC}[\mathrm{AUG}]\mathrm{G}$。这种上下文顺序如有改动，会使起始效率降低。非起始部位的 AUG 不作为起始信号，只代表甲硫氨酸。

(2)密码的方向性与无间隔性。mRNA 的启动信号到终止信号的排列是有一定方向性的。启动信号总是位于 mRNA 的 5′侧，终止信号总是在 3′侧。mRNA 分子中遗传信息具有方向性(从 5′端至 3′端)的排列，决定了翻译过程肽链从 N 端向 C 端合成的方向性。mRNA 上的密码子之间无标点符号隔开，所以在相应基因的 DNA 链上，如基因突变插入一个碱基或缺失一个碱基，都会引起 mRNA 的阅读框移位，使其编码的蛋白质丧失功能。

(3)密码的通用性。从细菌到人，遗传密码可以通用，这一点不仅为地球上的生物来自同一起源的进化学说提供有力依据，而且使我们有可能利用细菌等生物制造人类蛋白质。但遗传密码的通用性有个别例外。如哺乳动物线粒体的蛋白质合成体系中，UAG 不代表终止信号而代表色氨酸，由 AGA 与 AGG 代表终止信号，CUA、AUA 不代表亮氨酸，却分别代表苏氨酸和蛋氨酸等。

(4)密码的简并性。大部分密码子具有简并性，即两个或者多个密码子编码同一氨基酸。简并的密码子通常只有第三位碱基不同，例如，GAA 和 GAG 都编码谷氨酰胺。如果不管密码子的第三位为哪种核苷酸，都编码同一种氨基酸，则称之为四重简并；如果第三位有四种可能的核苷酸之中的两种，而且编码同一种氨基酸，则称之为二重简并，一般第三位上两种等价的核苷酸同为嘌呤(A/G)或者嘧啶(C/T)。只有两种氨基酸仅由一个密码子编码，一个是甲硫氨酸，由 AUG 编码，同时也是起始密码子；另一个是色氨酸，由 UGG 编码。

(二)tRNA 在蛋白质合成中的主要功能

在蛋白质合成中 tRNA 的功能主要是携带氨基酸并识别 mRNA 上的密码子。生物体内的 20 种氨基酸都各有其特定的 tRNA，而且一种氨基酸常有数种 tRNA 转运，在 ATP 和酶的存在下，它可与特定的氨基酸结合。每个 tRNA 都有 1 个由 3 个核苷酸编成的特殊的反密码子。此反密码子可以根据碱基配对的原则，与 mRNA 上对应的密码子相配合。tRNA 上的反密码子，只有与 mRNA 上的密码子相对应时，才能结合。因此，在翻译时，带着不同氨基酸各个 tRNA 就能准确地在核糖体上与 mRNA 的密码子对号入座。但 tRNA 的反密码子中的第 1 个核苷酸与 mRNA 的第 3 个核苷酸(由 5′端向 3′端方向计数)配对时，并不严格遵循这一原则，除 A—U 、G—C 可以配对外，U—G，I—C，I—A 亦可相配 ，此种配对称为摆动配对或不稳定配对。tRNA 上的反密码子与 mRNA 上的密码子配对识别的方式如图 7－6 所示。

表 7-1 遗传密码图表

第二位

第一位	U		C		A		G		第三位
U	UUU	Phe	UCU	Ser	UAU	Tyr	UGU	Cys	U
	UUC		UCC		UAC		UGC		C
	UUA	Leu	UCA	第二位	UAA	终止	UGA	终止	A
	UUG		UCG		UAG	终止	UGG	Trp	G
C	CUU	Leu	CCU	Pro	CAU	His	CGU	Arg	U
	CUC		CCC		CAC		CGC		C
	CUA		CCA		CAA	Gln	CGA		A
	CUG		CCG		CAG		CGG		G
A	AUU	Ile	ACU	Thr	AAU	Asn	AGU	Ser	U
	AUC		ACC		AAC		AGC		C
	AUA		ACA		AAA	Lys	AGA	Arg	A
	AUG	Met	ACG		AAG		AGG		G
G	GUU	Val	GCU	Ala	GAU	Asp	GGU	Gly	U
	GUC		GCC		GAC		GGC		C
	GUA		GCA		GAA	Glu	GGA		A
	GUG		GCG		GAG		GGG		G

(三)核糖核蛋白体的主要功能

rRNA 与蛋白质构成的核糖体是蛋白质合成的场所。核蛋白体是由 rRNA 和几十种蛋白质组成的亚细胞颗粒,位于胞浆内,可分为两类,一类附着于粗面内质网,主要参与白蛋白、胰岛素等分泌性蛋白质的合成,另一类游离于胞浆,主要参与细胞固有蛋白质的合成。核糖体是细胞中的主要成分之一,在一个生长旺盛的细菌中大约有20 000个核糖体,其中蛋白质占细胞总蛋白质的 10%,RNA 占细胞总

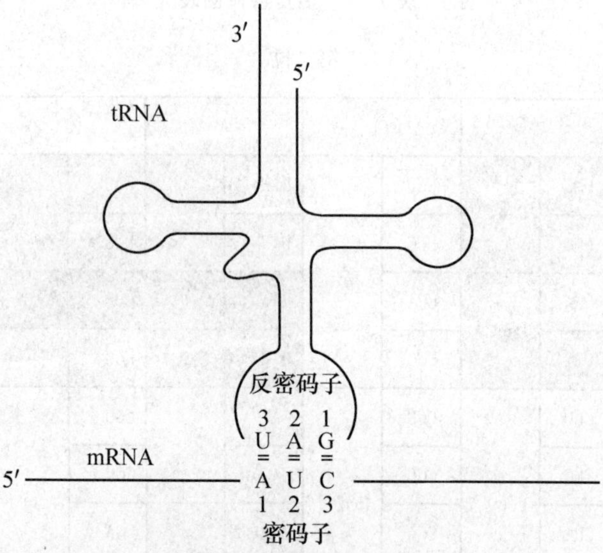

图 7-6 密码子与反密码子

RNA 的 80%。核糖体由大小不同的两个亚基所组成，这两个亚基分别由不同的 rRNA 分子与多种蛋白质分子共同构成的。原核生物的核糖体为 70 S，由 30 S 小亚基与 50 S 大亚基组成；真核生物的核糖体为 80 S，由 40 S 小亚基与 60 S 大亚基组成。核糖体的结构如图 7-7 所示。

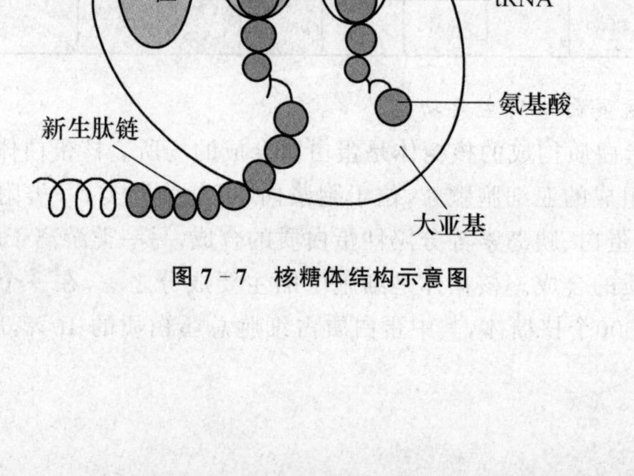

图 7-7 核糖体结构示意图

在蛋白质合成过程中，首先是小亚基与 mRNA 结合，约两个密码的位置；然后大、小亚基再结合到一起。大亚基上主要有两个功能位点(A 位点、P 位点)，供携带氨基酸或新生肽链的 tRNA 附着。

二、蛋白质生物合成的过程

蛋白质生物合成的过程主要包括：氨基酸的活化与活化氨基酸的搬运、翻译起始、肽链延长、合成终止 4 个阶段。

(一)氨基酸的活化

在蛋白质分子中，氨基酸借其—NH_2 及—COOH 互相联结成肽，成肽时氨基酸必须首先活化。氨基酸的活化过程及其活化后与相应 tRNA 的结合过程，都是由同一类酶所催化；此类酶称为氨基酰 tRNA 合成酶。氨基酰 tRNA 合成酶催化的反应必须有 ATP 参加。

氨基酸＋tRNA＋ATP ⟶ 氨基酰－tRNA＋ADP＋Pi

氨基酰 tRNA 合成酶对氨基酸的高度专一性保证了翻译的准确性。氨基酰 tRNA 合成酶在胞液中存在，具有高度专一性。它们既能识别特异的氨基酸，又能辨认该氨基酸的专一 tRNA 分子。氨基酰 tRNA 合成酶分子中有两个位点：一个位点能从多种氨基酸中选出与其对应的一种，与专一氨基酸结合；另一位点为水解位点，在酶与专一 tRNA 分子结合后，起校对作用，将错误结合的氨基酸水解释放。tRNA 所携带的氨基酸，是通过“核糖体循环”在核糖体上缩合成肽，完成翻译过程的。

(二)肽链合成的起始

原核生物中蛋白质生物合成的起始阶段，核糖体的大、小亚基，mRNA 与甲酰甲硫氨酰 $tRNA_i^{met}$ 共同构成 70S 起始复合体。这一过程需要一些称为起始因子(initiation factor，简称 IF)的蛋白质以及 GTP 与镁离子的参与。已知原核生物中的起始因子有 3 种。IF3 可使核糖体 30 S 亚基不与 50 S 亚基结合，而与 mRNA 结合，IF1 起辅助作用。IF2 特异识别甲酰甲硫氨酰 $tRNA_i^{met}$，可促进 30 S 亚基与甲酰甲硫氨酰 $tRNA_i^{met}$ 结合，在核糖体存在时有 GTP 酶活性。

起始阶段可分两步：先形成 30 S 起始复合体，再形成 70 S 起始复合体。

1. 30 S 起始复合体的形成　原核生物 mRNA 的 5′端与起始信号之间，相距约 25 个核苷酸，此处存在富含嘌呤区(如 AGGA 或 GAGG)，称为 Shine-Dalgarno (SD)序列。核糖体 30S 亚基的 16S rRNA 有一相应的富含嘧啶区可与 SD 序列互补。由此，30 S 亚基在 IF3 与 IF1 的促进下，与 mRNA 的起始部位结合。

IF2 在 GTP 参与下可特异与甲酰甲硫氨酰 $tRNA_i^{met}$ 结合，形成三元复合物，并使此三元复合物中 tRNA 的反密码子与上述 30 S 亚基上 mRNA 的起始密码子互补结合，形成 30 S 起始复合体。

所以，30 S 起始复合体是由 30 S 亚基、mRNA、甲酰甲硫氨酰 $tRNA_i^{met}$ 及 IF1、IF2、IF3 与 GTP 共同构成。

2. 70 S 起始复合体的形成　30 S 起始复合体一旦形成，IF3 也就脱落，50 S 亚基随即与其结合。此时，复合体中的 GTP 水解释出 GDP 与无机磷酸，使 IF2 与 IF1 也都脱落，形成了 70 S 起始复合体。70 S 起始复合体的形成，表明蛋白质生物合成的起始阶段已经完成，已可进入肽链延长阶段。

70 S 起始复合体由大、小亚基，mRNA 与甲酰甲硫氨酰 $tRNA_i^{met}$ 共同构成。其中，甲酰甲硫氨酰 $tRNA_i^{met}$ 的反密码子 CAU 恰好互补地与 mRNA 中的启动信号 AUG 相结合。复合体中 mRNA 的起始信号 AUG 位于核糖体的 P 位点，所以与起始信号对应的甲酰甲硫氨酰 $tRNA_i^{met}$ 也就定位在 P 位点。应该指出，除起始 tRNA 与众不同外，所有氨基酰 tRNA 与核糖体结合时，都不在核糖体 P 位，而是在 A 位。起始复合物如图 7－8 所示。

(三)肽链延长

这一阶段，根据 mRNA 上密码子的要求，新的氨基酸不断相应地被特异的 tRNA 运至核蛋白体 A 位，形成肽键。同时，核蛋白体从 mRNA 的 5′端向 3′端不断移位推进翻译过程。肽链延长阶段需要数种称为延长因子的蛋白质、GTP 与某些无机离子的参与，可分为 3 个阶段。

1. 进位　指 tRNA 携带氨基酸进入核糖体大亚基 A 位。与 mRNA 密码子相对应的氨基酰 tRNA 进入 A 位，生成复合体。此步骤需要 GTP、Mg^{2+} 和称为肽链延长因子 EFTu 与 EFTs 的蛋白质因子。

2. 转肽　50 S 亚基的 P 位有转肽酶的存在，可催化肽键形成，此时在转肽酶的催化下，将 P 位上 tRNA 所携的甲酰甲硫氨酰(或肽酰)转移给 A 位上新进入的氨基酰 tRNA，与其所带的氨基酰的氨基结合，形成肽键。此步需要 Mg^{2+} 与 K^+ 的存在。

3. 移位　核糖体向 mRNA 的 3′端挪动相当于一个密码子的距离，使下一个密码子准确定位在 A 位，同时带有肽链的 tRNA 移至 P 位，此步需要肽链延长因子 EFG(又称转位酶)、Mg^{2+} 与供给能量的 GTP。近来发现核糖体在 A、P 位外，还有 tRNA 的另一结合位置，即 tRNA“排出位(E 位)”。氨基酰脱落后的 tRNA 先移至 E 位。移位后 A 位被空出，于是再进入新的氨基酰－tRNA，并重复以上过程，使肽链不断延长(图 7－9)。

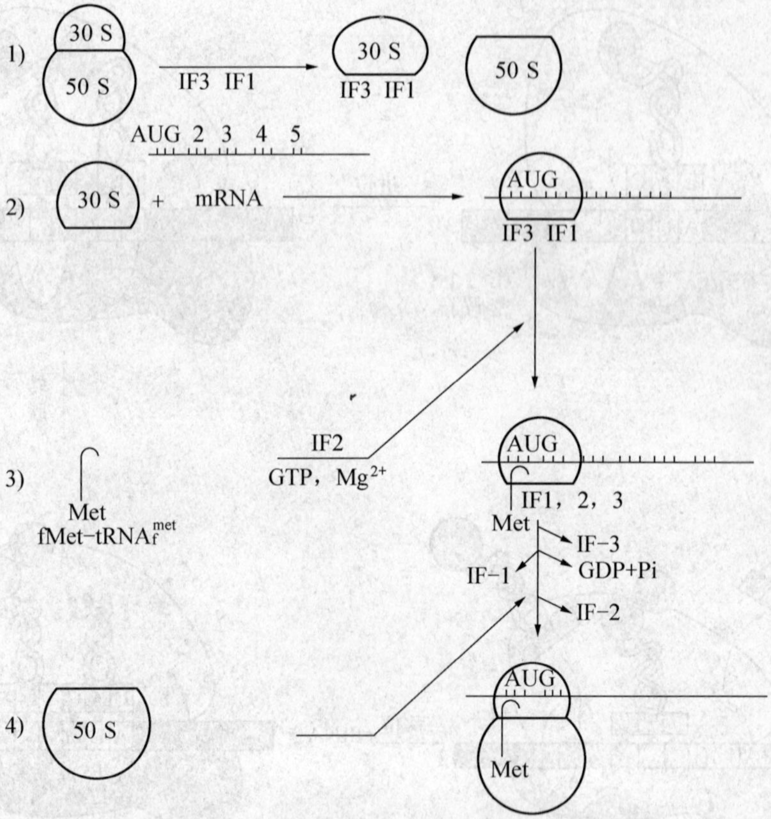

图 7-8 肽链合成的起始

（四）合成的终止

当多肽链合成已完成，并且 A 位上已出现终止信号（UAA、UGA、UAG），此后即转入终止阶段。终止阶段包括已合成完毕的肽链被水解释放，以及核蛋白体与 tRNA 从 mRNA 上脱落的过程。这一阶段需要一种起终止作用的蛋白质因子——终止因子的参与。

终止因子使大亚基 P 位的转肽酶不起转肽作用，而起水解作用。在转肽酶的作用下，P 位上 tRNA 所携带的多肽链与 tRNA 之间的酯键被水解，并从核蛋白体及 tRNA 上释出 。

从 mRNA 上脱落的核蛋白体，分解为大小两个亚基，重新进入核蛋白体循环。核蛋白体的解体需要 IF 3 的参与。

以上介绍的主要是原核生物蛋白质生物合成过程，高等动物蛋白质的合成与

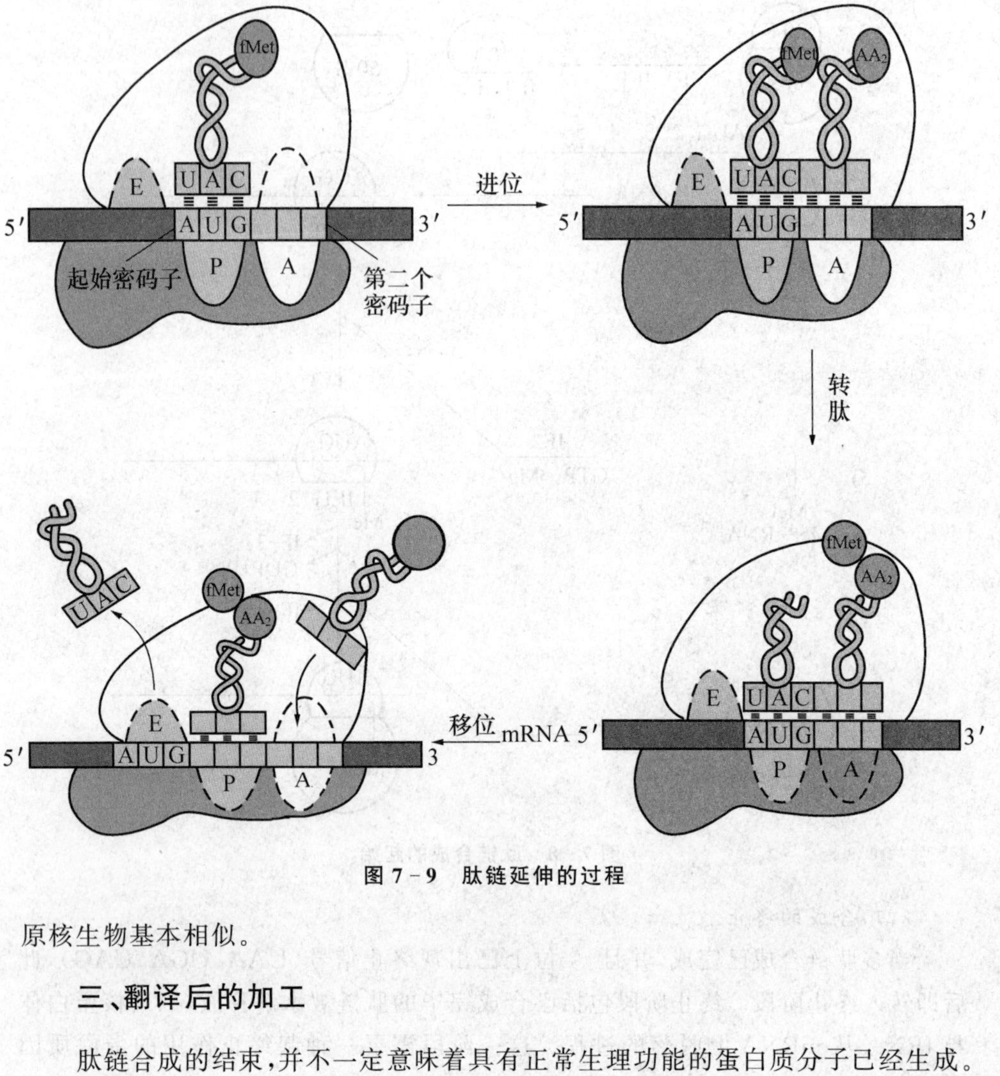

图 7－9 肽链延伸的过程

原核生物基本相似。

三、翻译后的加工

肽链合成的结束，并不一定意味着具有正常生理功能的蛋白质分子已经生成。已知很多蛋白质在肽链合成后还需经过一定的加工(processing)或修饰，由几条肽链构成的蛋白质和带有辅基的蛋白质，其各个亚单位必须互相聚合才能成为完整的蛋白质分子。

(一)肽链的合成后加工与修饰

某些蛋白质在其肽链合成结束后，还需要进一步加工、修饰才能转变为具有正常生理功能的蛋白质。

1. 二硫键的形成　二硫键由两个半胱氨酸残基形成，对维持蛋白质立体结构起重要作用，如核糖核酸酶合成后，肽链中 8 个半胱氨酸残基构成了 4 对二硫键，此 4 对二硫键对它的酶活性是必要的。

二硫键也可以在链间形成，使蛋白质分子的亚单位聚合。

2. 个别氨基酸残基的化学修饰 有些蛋白质前体需经一定的化学修饰才能成为成品而参与正常的生理活动。有些酶的活性中心含有磷酸化的丝氨酸、苏氨酸或酪氨酸残基。这些磷酸化的氨基酸残基都是在肽链合成后相应残基的—OH被磷酸化而形成的。除磷酸化外，有时蛋白质前体需要乙酰化（如组蛋白）、甲基化、ADP—核糖化、羟化等。胶原蛋白的前体在合成后，经羟化，其肽链中的脯氨酸及赖氨酸残基可分别转变为羟脯氨酸及羟赖氨酸残基。

3. 蛋白质前体中不必要肽段的切除 无活性的酶原转变为有活性的酶，常需要去掉一部分肽链。现知其他蛋白质也存在类似过程，虽然转变的场所不同；酶原多是在细胞外转变为酶，而蛋白质前体中不必要肽段的切除是在细胞内进行的。

分泌型蛋白质如白蛋白、免疫球蛋白与催乳素等，在合成时都带有一段称为信号肽的肽段。信号肽段由 15～30 个氨基酸残基构成。信号肽在肽链合成结束前已被切除。有些蛋白质前体在合成结束后尚需切除其他肽段。

例如，胰岛素在合成结束时，并非是具有正常生理活性的胰岛素，而是其前体——胰岛素原。胰岛素原变为胰岛素时，尚需去掉部分肽段。甲状旁腺素及生长素等多种蛋白类激素，由其前身物转变为具有正常生理活性的激素时，也需去掉部分肽段。除蛋白质类激素外，血浆蛋白质的主要成分清蛋白，在细胞中合成结束时，也只是其前体清蛋白原。清蛋白原需在氨基端去掉由 5～6 个氨基酸残基组成的肽段，才能成为清蛋白。因而此种合成后的加工，是分泌蛋白生成过程的一种普遍规律。

4. 多蛋白的加工 真核生物 mRNA 的翻译产物为单一多肽链，有时这一肽链经加工，可产生一个以上功能不同的蛋白质或多肽。此类原始肽链称作多蛋白。例如，垂体促肾上腺皮质激素，β、γ 促脂素，β 内啡肽，α、β 促黑色细胞素均从一条由 265 个氨基酸残基组成，称为阿片促黑皮质激素原的多蛋白裂解而来。

（二）亚单位的聚合和复合蛋白质形成

单纯蛋白质由一条多肽链或数条多肽链构成；结合蛋白质则除多肽链外，还含有辅基。

蛋白质的高级结构是由一级结构中各个氨基酸残基的侧链共同决定的。一级结构形成后，多肽链卷曲折叠形成 α-螺旋，β-折叠等二级结构；并借副键（盐键、氢键、疏水键等）维持一定空间构象。由一条以上肽链构成的蛋白质和带有辅基的结合蛋白质，肽链之间或多肽链与辅基之间需要聚合。结合蛋白质如糖蛋白、脂蛋白和色素蛋白分别需加糖、加脂、加辅基等才成为活性蛋白质。

四、基因表达的调控

从DNA到蛋白质的过程叫基因表达，对这个过程的调节即为基因表达调控。基因调控是现代生物化学研究的中心课题之一。因为要了解动植物生长发育规律、形态结构特征及生物学功能，就必须搞清楚基因表达调控的时间和空间概念。掌握了基因调控机制，就等于掌握了一把揭示生物学奥秘的钥匙。基因表达调控主要表现在转录水平上的调控和翻译水平上的调控。大多数生物多采用转录水平上的调控，翻译水平上的调控较少。

基因表达调控十分复杂，尤其是真核生物的基因表达调控，至今尚有许多问题不清楚。这里仅就原核生物的基因表达调控作一简要介绍。

原核生物的基因表达调控虽然比真核生物简单，然而也存在着复杂的调控系统，如在转录调控中就存在着许多问题：如何在复杂的基因组内确定正确的转录起始点？如何将DNA的核苷酸按着遗传密码的程序转录到新生的RNA链中？如何保证合成一条完整的RNA链？如何确定转录的终止？

上述问题决定于DNA的结构、RNA聚合酶的功能、蛋白因子及其他小分子配基的互相作用，在转录调控中，现已搞清楚了细菌的几个操纵子模型，现以乳糖操纵子和色氨酸操纵子为例予以说明。

1. 乳糖操纵子　法国巴斯德研究所著名的科学家Jacob和Monod在实验的基础上于1961年建立了乳糖操纵子学说，现在已成为原核生物基因调控的主要学说之一。

大肠杆菌乳糖操纵子包括4类基因：①结构基因，能通过转录、翻译使细胞产生一定的酶系统和结构蛋白，这是与生物性状的发育和表型直接相关的基因。乳糖操纵子包含3个结构基因：*lacZ*、*lacY*、*lacA*。*lacZ*合成β-半乳糖苷酶，*lacY*合成透过酶，*lacA*合成乙酰基转移酶。②操纵基因0，控制结构基因的转录速度，位于结构基因的附近，本身不能转录成mRNA。③启动基因P，位于操纵基因的附近，它的作用是发出信号，mRNA合成开始，该基因也不能转录成mRNA。④调节基因i：可调节操纵基因的活动，调节基因能转录出mRNA，并合成一种蛋白，称阻遏蛋白。操纵基因、启动基因和结构基因共同组成一个单位——操纵子（operon）。

调节乳糖催化酶产生的操纵子就称为乳糖操纵子。其调控机制简述如下。

（1）抑制作用：调节基因转录出mRNA，合成阻遏蛋白，因缺少乳糖，阻遏蛋白因其构象能够识别操纵基因并结合到操纵基因上，因此RNA聚合酶就不能与启动基因结合，结构基因也被抑制，结果结构基因不能转录出 mRNA，不能翻译酶蛋白。

(2)诱导作用：乳糖的存在情况下，乳糖代谢产生别乳糖(allolactose)，别乳糖能和调节基因产生的阻遏蛋白结合，使阻遏蛋白改变构象，不能再和操纵基因结合，失去阻遏作用，结果 RNA 聚合酶便与启动基因结合，并使结构基因活化，转录出 mRNA，翻译出酶蛋白。

(3)负反馈：细胞质中有了 β-半乳糖苷酶后，便催化分解乳糖为半乳糖和葡萄糖。乳糖被分解后，又造成了阻遏蛋白与操纵基因结合，使结构基因关闭。

2. 色氨酸操纵子　色氨酸操纵子负责调控色氨酸的生物合成，它的激活与否完全根据培养基中有无色氨酸而定。当培养基中有足够的色氨酸时，该操纵子自动关闭；缺乏色氨酸时，操纵子被打开。色氨酸在这里不是起诱导作用而是阻遏，因而被称作辅阻遏分子，意指能帮助阻遏蛋白发生作用。色氨酸操纵子恰和乳糖操纵子相反。

第四节　现代生物技术简介

现代生物技术也可称之为生物工程，是以重组 DNA 技术和细胞融合技术为基础，利用生物体(或者生物组织、细胞及其组分)的特性和功能，设计构建具有预期性状的新物种或新品系，以及与工程原理相结合进行加工生产，为社会提供商品和服务的一个综合性技术体系。其内容主要包括基因工程、细胞工程、酶工程、发酵工程和蛋白质工程。现代生物技术诞生于 20 世纪 70 年代初，以 DNA 重组技术和淋巴细胞杂交瘤技术的发明和应用为标志，迄今已走过了 30 多年的发展历程。其中，基因工程是现代生物技术的基础和核心。

一、基因工程

所谓基因工程是在分子水平上对基因进行操作的复杂技术，是将外源基因通过体外重组后导入受体细胞内，使这个基因能在受体细胞内复制、转录、翻译表达的操作。它是用人为的方法将所需要的某一供体生物的遗传物质——DNA 大分子提取出来，在离体条件下用适当的工具酶进行切割后，把它与作为载体的 DNA 分子连接起来，然后与载体一起导入某一更易生长、繁殖的受体细胞中，以让外源物质在其中“安家落户”，进行正常的复制和表达，从而获得新物种的一种崭新技术。主要有 DNA 重组技术、分子杂交技术、聚合酶链反应(PCR)、转基因技术。其应用前景无法估量。

1. 动物改良　通常的基因工程研究是为了改良动物，使之能更适于食品生产、娱乐消遣甚至作为宠物之用，如山羊就特别宜于遗传改造。在发达国家，一般用它来生产合成药品；在发展中国家，山羊则主要用于生产高蛋白羊奶。利用基因工程技术，可以将家畜改造成生长快、孕期短而营养价值高的良种。例如，将取自强壮的南美无峰驼中的基因移入中东骆驼后（或者相反），就能极大地扩展其各自的种群。又如，经过改良后的鹦鹉，就能够抵挡北美的严寒气候，这不仅扩大了其生存空间，也给鸟类观赏者们增添了一件悦事。

2. 虫害控制　以往，人类消灭虫害依靠的是杀虫剂，但收效甚微，基因工程技术将能完全改变这种局面。方法之一是将害虫分泌释放一种忌避信息素的基因移入植物之中，以驱使害虫离开其危害之地。其次是破坏害虫的繁殖能力，或是利用基因技术来诱导植物自身产生出防护和驱虫的性能，以达到阻止虫害发生的目的。

3. 植物升级换代　在农业上，基因工程的首选之事是识别植物的抗病基因，然后将它们移入各种植物之中。最终，经过遗传改造的植物就能产生出特殊的抗病基因，以抵抗类似疾病的入侵。这样，在人们差不多能完全控制植物的遗传基因时，农民就能定“制”各种农作物，使其更具风味、甜味、营养价值以及较强的防病性能，还能不断地对其作出细微的调整。因此，那时的植物产量会更高，且更能抗病、抗寒、抗旱及抗各种侵扰。它们所具有的高蛋白、低脂肪和高效的光合作用可达到前所未有的程度。类似于植物成熟这样的自然过程也都能得到加强和控制。

4. 增进健康　遗传研究所取得的进展，使医务人员已能识别、诊断和预防人类所患的4 000多种遗传性疾病及失调症。科学家认为，到2025年，可能会有成千上万种诊断和治疗遗传性疾病的方法，而基因技术将成为关键的治疗手段。在治疗时，使用的主要是由基因技术开发的各种基因药物。将来，人们对疾病主要是以预防为主，即事先就将人体内有害的基因清除、消灭或抑制掉，也可以通过注射、吸入、服药等方法，将健康的替代基因送入人体或直接注入胎儿体内，以改变人体体质和预防疾病。在未来，人们的智力也将能通过基因技术而得以强化。如缺乏数学天赋或是艺术气质、音乐天资、优雅、诚实以及运动才能的父母，可以去寻求这些天才的基因，然后，将这些基因注入母体内，或注入刚出生的婴儿体内。

二、酶工程

酶工程就是利用酶催化的作用，在一定的生物反应器中，将相应的原料转化成所需要的产品。它是酶学理论与化工技术相结合而形成的一种新技术。

酶工程的应用主要集中于食品工业、轻工业以及医药工业中。例如，固定化青霉酰胺酶可以连续裂解青霉素生产；α-淀粉酶、葡萄糖淀粉酶和葡萄糖异构酶这三个酶连续作用于淀粉，就可以代替蔗糖生产出高果糖浆；蛋白酶用于皮革脱毛胶以及洗涤剂工业；固定酶还可以治疗先天性缺酶病或是器官缺损引起的某些功能的衰竭等。至于我们日常生活中所见到的加酶洗衣粉、嫩肉粉等，就更是酶工程最直接的体现了。

目前，酶工程的主要任务在于：①分解天然大分子如纤维素、木质素等，使低分子有机物聚合、检测与分解有毒物质及废物综合利用等的新酶开发。②利用基因工程技术开发新酶种和提高酶产量。③固定化酶和细胞、固定化多酶体系及辅因子再生，特定生物反应器的研究和应用。④利用生物细胞（组织）研究酶传感器。⑤酶的非水相催化技术，酶分子修饰与改造以及酶型高效催化剂的人工合成的研究与应用。

三、细胞工程

细胞工程是指应用现代细胞生物学、发育生物学、遗传学和分子生物学的理论与方法，按照人们的需要和设计，在细胞水平上的遗传操作，重组细胞的结构和内含物，以改变生物的结构和功能，即通过细胞融合、核质移植、染色体或基因移植以及组织和细胞培养等方法，快速繁殖和培养出人们所需要的新物种的生物工程技术。细胞工程的优势在于避免了分离、提纯、剪切、拼接等基因操作，只需将细胞遗传物质直接转移到受体细胞中就能够形成杂交细胞，因而能够提高基因的转移效率。通俗地讲，细胞工程是在细胞水平上动手术，也称细胞操作技术。包括细胞融合技术、细胞器移植、染色体工程和组织培养技术。通过细胞融合技术，可以培育出新物种，打破了传统的只有同种生物杂交的限制，实现种间的杂交。这项技术不仅可以把不同种类或者不同来源的植物细胞或者动物细胞进行融合，还可以把动物细胞与植物细胞融合在一起。这对创造新的动、植物和微生物品种具有前所未有的重大意义。细胞工程主要有细胞融合技术、克隆技术、染色体工程和干细胞工程等新技术。

四、蛋白质工程

蛋白质工程是通过对蛋白质结构与功能关系的了解，借助于生物信息学的知识和手段，利用基因定点诱变和基因重组等技术，特异性地改造蛋白质的结构基因，产生具有新的特性的蛋白质。蛋白质工程在食品工业、日用品工业方面有广泛的应用前景。在医学上，蛋白质工程也具有广泛的应用前景。对动植物体内参与重要生命活动的酶加以修饰和改造，是蛋白质工程未来发展的一个重要目标。有朝一日，人们一定能够通过蛋白质工程来设计、控制那些与DNA相互作用的调控蛋白质，到那时，人为控制遗传、改造生命就不再是天方夜谭了。

五、发酵工程

发酵工程是指在最适发酵条件下，发酵罐中大量培养细胞和生产代谢产物的工艺技术。在生物制药等领域有着广泛的应用。包括上游工程、发酵过程、下游工程。发酵工程要求的特定技术如下：

①有严格的无菌生长环境，包括发酵开始前采用高温高压对发酵原料和发酵罐以及各种连接管道进行灭菌的技术；在发酵过程中不断向发酵罐中通入干燥无菌空气的空气过滤技术。

②在发酵过程中根据细胞生长要求控制加料速度的计算机控制技术。

③种子培养和生产培养的不同的工艺技术。

④在进行任何大规模工业发酵前，必须在实验室规模的小发酵罐进行大量的实验，得到产物形成的动力学模型，并根据这个模型设计中试的发酵要求，最后从中试数据再设计更大规模生产的动力学模型。

⑤由于生物反应的复杂性，在从实验室到中试，从中试到大规模生产过程中会出现许多问题，这就是发酵工程工艺放大问题。

拓展与应用

镰刀形细胞贫血症的生化机理

镰刀形细胞贫血症（Sickle Cell Anemia）是一种隐性基因遗传病。患病者的血液红细胞表现为镰刀状，其携带氧的功能只有正常红细胞的一半。现在医生可以用 regular blood transfusion 避开伤害患者的大脑来阻止这类疾病的发病，但是，迄今为止还没有能真正治愈的药物。

镰刀形细胞贫血症是20世纪初才被人们发现的一种遗传病。1910年，一个黑人青年到医院看病，他的症状是发烧和肌肉疼痛，经过检查发现，他患的是当时人们尚未认识的一种特殊的贫血症，他的红细胞不是正常的圆饼状，而是弯曲的镰刀状。后来，人们就把这种病称为镰刀型细胞贫血症。镰刀型细胞贫血症主要发生在黑色人种中，在非洲黑人中的发病率最高，在意大利、希腊等地中海沿岸国家和印度等地，发病人数也不少，在我国的南方地区也发现有这类病例。

1928年，人们就已经了解到镰刀形细胞贫血症是一种遗传病。后来证实，它是一种常染色体隐性遗传病。1949年，一位曾经两次获得诺贝尔奖金的美国著名化学家鲍林(Li. C. Pauling,1901—),在美国的《科学》杂志上发表了题为《镰刀形细胞贫血症 cc 一种分子病》的研究报告。他在文章中写道:"在我们的研究开始之时,有证据表明(红细胞)镰变的过程可能是与红细胞内血红蛋白的状态和性质密切相关的"。鲍林将正常人、镰刀形细胞贫血症患者和镰刀形细胞贫血症基因携带者的血红蛋白,分别放在一定的缓冲溶液中电泳,发现正常人和患者的血红蛋白的电泳图谱明显不同,而携带者的血红蛋白的电泳图谱,与由正常人的和患者的血红蛋白以 1∶1 的比例配成的混合物的电泳图谱非常相似。鲍林推测镰刀形细胞贫血症是由于血红蛋白分子的缺陷造成的。

正常的血红蛋白是由两条 α 链和两条 β 链构成的四聚体,其中每条肽链都以非共价键与 1 个血红素相连接。α 链由 141 个氨基酸组成,β 链由 146 个氨基酸组成。镰刀形细胞贫血症患者的血红蛋白的分子结构与正常人的血红蛋白的分子结构不同。1956 年,英格拉姆(Ingram)等人用胰蛋白酶把正常的血红蛋白(HbA)和镰形细胞的血红蛋白(HbS)在相同条件下切成肽段,通过对比两者的滤纸电泳双向层析谱,发现有一个肽段的位置不同。

这是 β 链 N 末端的一段肽链。也就是说,HbS 和 HbA 的 α 链是完全相同的,所不同的只是 β 链上从 N 末端开始的第 6 位的氨基酸残基,在正常的 HbA 分子中是谷氨酸,在病态的 HbS 分子中却被缬氨酸所代替。

在 HbS 中,由于带负电的极性亲水谷氨酸被不带电的非极性疏水缬氨酸所代替,致使血红蛋白的溶解度下降。在氧张力低的毛细血管区,HbS 形成管状凝胶结构(如棒状结构),导致红细胞扭曲成镰刀状(即镰变)。这种僵硬的镰状红细胞不能通过毛细血管,加上 HbS 的凝胶化使血液的黏滞度增大,阻塞毛细血管,引起局部组织器官缺血缺氧,产生脾肿大、胸腹疼痛(又叫做"镰形细胞痛性危象")等临床表现。

据悉,非洲有的地区高达 40% 的人携带此基因,为什么自然选择没有淘汰这种基因呢?有一种观点认为,这是因为凡患此病的人,都对疟原虫(引起疟疾,一种严重的由蚊子传播的疾病)的感染有显著抵抗力,从而从某种角度上说,在疟疾流行的非洲大陆,这是"杀敌一千,自损八百"的迫不得已的"进化"。

思考与练习

一、名词解释

1. 转录　2. 复制　3. 逆转录　4. 基因　5. 遗传密码　6. 翻译

二、简答题

1. 简述 DNA 的复制过程。
2. 简述 RNA 的转录过程。

3. 简述真核生物 mRNA 转录后的加工与修饰。
4. 写出中心法则。
5. 简述 mRNA 与 tRNA 在蛋白质合成中的主要功能。
6. 简述遗传密码的主要特征。
7. 简要说明 DNA 聚合酶的特点。

第八章　物质代谢的相互关系与代谢的调节

知识目标：

- 了解生物体内物质代谢的相互关系及代谢的调节机制

在自然界中，包括动物、植物和微生物，都是由糖类、脂类、蛋白质、核酸4大类基本物质和有限的其他小分子物质构成的。虽然这些物质化学性质不同，功能各异，但它们在生物体内的代谢过程并不是彼此孤立、互不影响的，而是互相联系、互相制约、彼此交织在一起的。在正常的生物体内，不管是单细胞还是多细胞生物，也不管是原核生物还是真核生物，这些错综复杂的代谢过程均能按其生长发育及适应外界环境的需要，而有条不紊、相互协调地进行，生成的产物既能满足生物的需要，又不会过多而造成浪费，表现出生物机体对其代谢具有调节控制的机能，这说明生物在其进化过程中逐渐形成了一整套高效、灵敏、经济、合理的调控系统。

第一节　糖、脂、蛋白质和核酸代谢的相互关系

生物体内各类物质代谢途径，相互影响，相互转化。糖类、脂类和蛋白质之间可以互相转化，当糖代谢失调时会立即影响到蛋白质代谢和脂类代谢。现将生物体内4类主要有机物质：糖类、脂类、蛋白质和核酸，代谢途径及相互关系分别叙述如下。

一、糖代谢与脂肪代谢

生物体内糖和脂肪可以互相转化。我们最常见是糖转化为脂肪，例如育肥畜禽，就必须用富含糖类物质的饲料。当动物摄入的糖量超过体内能量消耗时，除了合成少量糖原储存在肝及肌外，大量的糖转化成了脂肪。糖转化成脂肪，首先要转化成脂酰CoA和磷酸甘油。糖分解代谢过程中产生中间产物乙酰CoA，乙酰CoA进一步缩合成脂酰CoA，另一中间产物磷酸二羟丙酮经还原生成磷酸甘油，

脂酰 CoA 与磷酸甘油作用，即合成为脂肪。另外，乙酰 CoA 也是合成胆固醇的主要原料。

生物体内绝大部分脂肪不能转化为糖。这是因为脂肪水解产生的脂肪酸通过β-氧化作用生成的乙酰 CoA 在动物体内不能转变为丙酮酸，即丙酮酸转变为乙酰 CoA 这步反应是不可逆的。乙酰 CoA 通常是进入三羧酸循环，被完全分解成 CO_2 和 H_2O，或在肝脏中转变为酮体被输出利用，或重新被利用于脂肪的合成。由于草酰乙酸的缺乏，生糖的机会很少。脂肪水解产生的甘油经磷酸化生成 α-磷酸甘油，再脱氢生成磷酸二羟丙酮，然后沿糖酵解的逆过程转变成糖。但脂肪水解产生的甘油只是很少一部分，大部分是脂肪酸。

由此可见，生物体内糖和脂肪是可以互相转化的。糖可以转化为脂肪及胆固醇，但在动物体内糖只能转化为非必需脂肪酸，不能合成必需脂肪酸。因此，动物摄取的食物中要注意补充脂类物质特别是富含必需脂肪酸的脂类物质。

二、糖代谢与蛋白质代谢

糖和蛋白质可以互相转化。糖是生物机体最重要的碳源和能源。糖代谢可以为各种氨基酸合成提供碳架结构，糖经过一系列变化生成各种 α-酮酸，再经氨基化或转氨基作用，生成相应的氨基酸。植物和微生物能够合成组成蛋白质的所有 20 种氨基酸，但动物体内必需的氨基酸则只能由外界食物供给，因为它们不能合成相应的 α-酮酸。糖代谢的中间产物丙酮酸、草酰乙酸、α-酮戊二酸等是糖转变成氨基酸的关键物质，它们不仅可以直接经氨基化或转氨基作用，生成相应的丙氨酸、天冬氨酸、谷氨酸，而且经过进一步变化，可以生成其他多种氨基酸。同时，糖分解代谢可为氨基酸和蛋白质的合成提供能量。

蛋白质分解产生的生糖氨基酸，脱氨后生成 α-酮酸（丙酮酸、α-酮戊二酸、草酰乙酸等），α-酮酸在体内可转变为糖。如丙氨酸、谷氨酸脱氨后分别转变为丙酮酸和 α-酮戊二酸，它们都可以转化为磷酸烯醇式丙酮酸，再沿糖异生过程转变为糖。其他如苏氨酸、甲硫氨酸等可转变为琥珀酰 CoA，再转变为草酰乙酸，也可以异生成糖。

生物体内由糖转化为蛋白质是经常进行的，但在动物体内糖只能转化为非必需氨基酸，因此饲料中的蛋白质不能完全用糖来代替。生物体内蛋白质可以转化为糖，但是极不经济，一般情况下很少转化，只有在动物极度饥饿或生病、碳源供不应求时，蛋白质才转化为糖，为机体提供能量。

三、蛋白质代谢与脂类代谢

动物体内由脂肪转变成蛋白质比较困难。脂肪酸氧化产生的乙酰 CoA 虽然可以进入三羧酸循环生成 α-酮戊二酸，α-酮戊二酸接受氨基而转变为丙氨酸、天冬氨酸和谷氨酸。但反应需要消耗循环过程中的有机酸，如无其他来源补充，反应则不能进行下去。

植物和微生物，由于存在乙醛酸循环，两分子乙酰 CoA 缩合成一分子琥珀酸可以增加循环中的有机酸，从而促进了脂肪酸转变成氨基酸。动物体内缺乏这种途径，一般情况下，动物的组织几乎不能利用脂肪酸合成蛋白质。

蛋白质转变成脂肪，在动物体内却能进行。所有的氨基酸，无论是生糖氨基酸、生酮氨基酸，还是生糖兼生酮氨基酸都可以在体内转化成脂类。生酮氨基酸可以通过解酮作用生成乙酰 CoA 之后合成脂肪酸和胆固醇；生糖氨基酸通过转变成丙酮酸、乙酰 CoA、丙二酸单酰 CoA 等产物用于脂肪的合成；也可以通过糖的异生作用生成糖后，再由糖转变成脂肪。此外，某些氨基酸还是合成类脂的原料。例如，丝氨酸脱羧基后形成的胆胺是脑磷脂的组分；胆胺接受活性蛋氨酸(SMA)提供的甲基后形成胆碱，是卵磷脂的组分。

四、核酸与糖、脂类和蛋白质代谢

核酸是细胞中的遗传物质，它控制、参与蛋白质的生物合成，在各种物质代谢中许多核苷酸起着重要作用。例如，ATP 是能量和磷酸基团转移的重要物质，GTP 参与蛋白质的生物合成，UTP 参与多糖的生物合成，CTP 参与磷脂的生物合成，cAMP、cGMP 是生物体代谢过程中的调节物质。生物体内许多辅酶或辅基含有核苷酸组分，如辅酶 A、辅酶Ⅰ、辅酶Ⅱ、FAD、FMN 等。同时物质的代谢为核苷酸的合成提供原料，如嘌呤和嘧啶环合成需要甘氨酸、天冬氨酸、谷氨酰胺及一碳单位为原料。在核苷酸的生物合成过程中，磷酸戊糖途径为核苷酸提供糖基部分。蛋白质(酶)参与核酸合成代谢过程，核酸分解过程中的其中间产物也参与三羧酸循环。

糖、脂类、蛋白质和核酸等代谢相互联系、相互制约、相互转化，三羧酸循环是这些代谢相互联系的重要枢纽。丙酮酸、乙酰 CoA、α-酮戊二酸和草酰乙酸等代谢物质则是它们代谢过程中共同的中间产物。

糖、脂类、蛋白质和核酸代谢途径间的相互联系如图 8-1 所示。

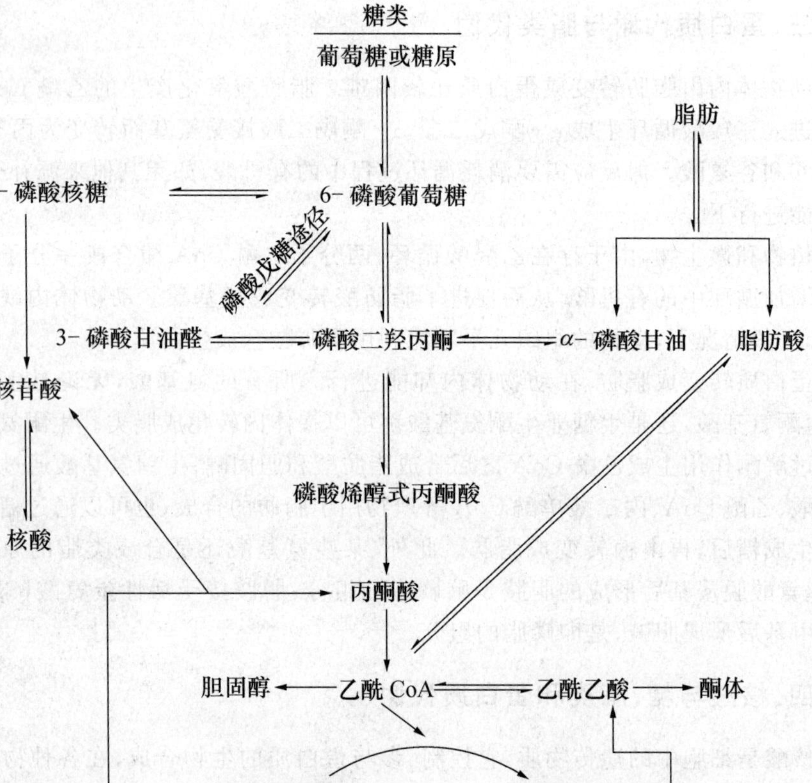

图8-1 糖、脂类、蛋白质和核酸代谢途径间的相互联系

第二节 物质代谢的调节

动物体是一个有机的整体,各种物质的代谢是密切联系、相互作用、相互制约又相互协调,是一个完整、统一的过程。在正常生理条件下,机体可以适应不断变化的内、外环境,使物质代谢按照一定的规律有条不紊地进行,以维持机体的正常生命活动。这主要是由于体内存在着一套精确的代谢调节机制,不断地调节各种物质代谢强度、方向和速率。如果代谢调节机构失灵,就会造成代谢混乱,引发疾病甚至死亡。因此,代谢调节能使生物体很好地适应生长发育的内部环境及外部环境的变化;同时,代谢调节也是按照最经济的原则进行的,各种物质的代谢速率可根据机体的需要随时改变,使各种代谢产物不至于过剩或不足,也不会造成某些原料的积累或缺乏。例如,合成某种蛋白质,需要何种氨基酸,就合成需要量的该种氨基酸,既满足需要又不会过剩。

代谢调节是生物界普遍存在的对环境的一种适应能力。不同的生物代谢调节方式是不同的,越高级的生物代谢调节越复杂,越低级的生物代谢调节越简单。归纳起来,生物的代谢调节可在细胞水平、激素水平、神经水平 3 个不同水平上进行。细胞水平调节是最基本、最原始的调节方式,是通过调节某些酶的活性和酶的含量达到调节物质代谢的速率,以满足机体的需要。激素水平调节和神经水平调节都是较高级的调节方式,但仍以细胞水平调节为基础。

一、细胞水平的代谢调节

细胞水平调节主要是通过细胞内代谢物质浓度的改变来调节某些酶促反应的速率,以满足机体的需要,主要包括酶的定位调节、酶含量的调节和酶活性的调节 3 种方式,其中以酶活性的调节最为重要。

(一)酶的定位调节

在动物机体内,各种代谢途径都是由一系列酶催化的连续反应,每种酶在细胞内都有一定的位置。真核生物细胞内由于细胞被膜系统分隔成不同的细胞器,使酶形成区域化分布,保证了不同代谢过程在细胞内的不同部位进行,使细胞代谢能顺利进行,而不致造成混乱。此外,酶的这种分隔分布使酶、辅助因子和底物在细胞器内高度浓缩,从而加快代谢反应的速率。酶在细胞内的区域化分布如表 8-1 所示。

细胞为了使代谢快速而有效地进行,一些代谢途径的酶往往集中分布,形成多酶复合体,如丙酮酸多酶复合体和 α-酮戊二酸多酶复合体,还有些酶系在进化过程中由于基因的融合,形成了具有多种不同功能却只含有一条多肽链的酶,此称为多功能酶或串联酶,如脂肪酸合酶是一条多肽链包括7种催化活性和1种酰基载体。多酶体系和多功能酶的出现,不但有助于代谢的顺利进行,还有助于代谢调控。生物体内存在的同工酶也在不同的组织、不同的细胞类型或同一细胞的不同细胞器中具有不同的质和量、不同的活性,在代谢途径中发挥着作用,调节代谢进行的方向。

表8-1 主要酶及代谢途径在细胞内的分布

细胞器	主要酶及代谢途径
胞浆	糖酵解途径、磷酸戊糖途径、糖原分解、脂肪酸合成、嘌呤和嘧啶的降解、肽酶、转氨酶、氨酰合成酶
线粒体	三羧酸循环、脂肪酸 β-氧化、氨基酸氧化、脂肪酸链的延长、尿素生成、氧化磷酸化作用
溶酶体	溶菌酶、酸性磷酸酶、水解酶,包括蛋白酶、核酸酶、葡萄糖苷酶、磷酸酯酶、脂肪酶、磷脂酶与磷酸酶
内质网	NADH及NADPH细胞色素C还原酶、多功能氧化酶、6-磷酸葡萄糖磷酸酶、脂肪酶,蛋白质合成途径、磷酸甘油酯及三酰甘油合成、类固醇合成与还原
高尔基体	转半乳糖苷基及转葡萄糖糖苷基酶、5-核苷酸酶、NADH细胞色素C还原酶、6-磷酸葡萄糖磷酸酶
过氧化体	尿酸氧化酶、*D*-氨基酸氧化酶、过氧化氢酶,长链脂肪酸氧化
细胞核	DNA与RNA的合成途径

(二)酶的活性调节

在生物体内,酶活性的大小受到调节和控制,只有这样才不会引起某些代谢产物的不足或积累,也不会造成某些底物的缺乏或过剩,使得各种代谢物的含量保持着动态平衡。酶活性的调节是细胞中最快速、最经济的调节方式,通常在数秒钟或数分钟内即可实现。

(三)酶的含量调节

生物体通过改变酶分子的结构来调节细胞内原有酶的活性快速适应。除通过改变酶分子的结构来调节细胞内原有酶的活性快速适应需要外,还可通过改变酶的合成或降解速率以控制酶的绝对含量来调节代谢。但酶蛋白的合成与降解调节需要消耗能量,所需时间和持续时间都较长,故酶含量的调节属迟缓调节。

二、激素对物质代谢的调节

激素是一类由特定的细胞合成并分泌的化学物质,它随血液循环至全身,作用于特定的靶组织或靶细胞，引起细胞物质代谢沿着一定的方向进行而产生特定生物学效应。激素能对特定的组织或细胞发挥作用，是由于该组织或细胞具有能特异识别和结合相应激素的受体，激素作为第一信使与受体结合后，使受体分子的构象发生改变而引起一系列生物学效应。按激素受体在细胞的不同部位，可将激素分为细胞膜受体激素和细胞内受体激素两类。

(一)激素通过细胞膜受体的调节

激素通过细胞膜受体的调节作用通常通过靶细胞膜上的特异性 G 蛋白受体起作用，即激素到达靶细胞后，先与细胞膜上的特异性受体结合，激活 G 蛋白，G 蛋白再激活细胞内膜上的腺苷酸环化酶，活化后的腺苷酸环化酶可催化 ATP 转化为 cAMP，cAMP 作为激素的第二信使，再激活胞内的蛋白激酶 A(PKA)，产生一系列的生理效应。这样，激素的信号通过一个酶促的酶活性的级联放大系统逐级放大，使细胞在短时间内做出快速应答反应。例如，肾上腺素作用于肌细胞受体导致肌糖原分解的过程，肾上腺素的信息经 cAMP 传达到细胞内，由 PKA 继续向下传递，使大量的磷酸化酶 b 转化为磷酸化酶 a 而活化，同时抑制糖原合酶 b(无活性)脱磷酸化转变为糖原合酶 a(有活性)。从而在瞬间内使糖原分解，以适应动物在应激状态下能量的要求(图 8-2)。

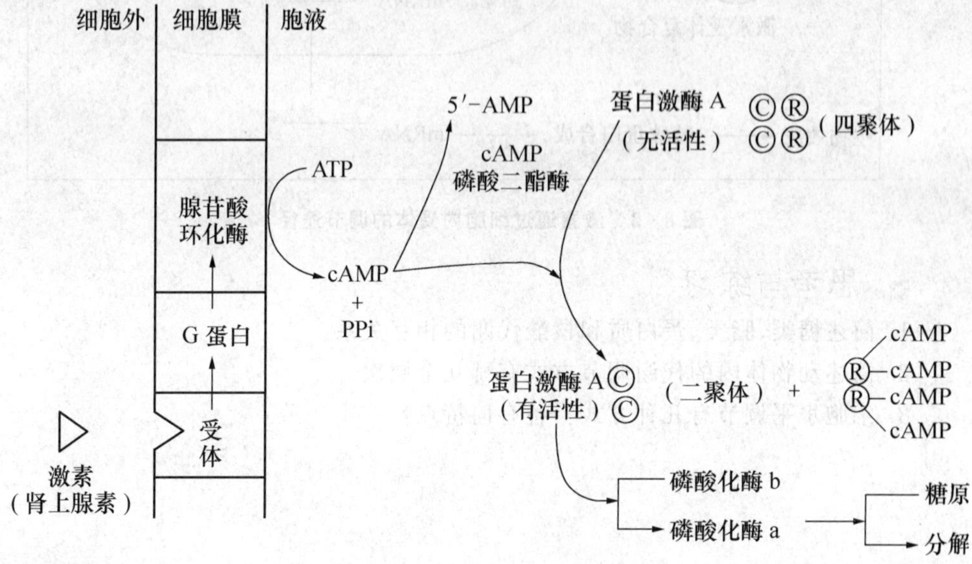

图 8-2　肾上腺素作用图

此外，胰高血糖素、促肾上腺皮质激素、甲状旁腺素、促甲状腺素、促卵泡素和黄体素等都属于胞外激素，都是以 cAMP 为第二信使产生生理效应。

（二）激素通过细胞内受体的调节

有一些脂溶性的激素，如固醇类激素、甲状腺素、前列腺素等，易于透过细胞膜进入细胞内，直接与胞质内或核内的特异性受体以非共价键进行可逆结合，形成激素-受体复合物使受体活化，活化后的受体再结合于 DNA 片断中特定的核苷酸序列，促进或阻止基因的表达，调节蛋白质（酶）的生物合成，产生一系列的生物学效应（图 8-3）。

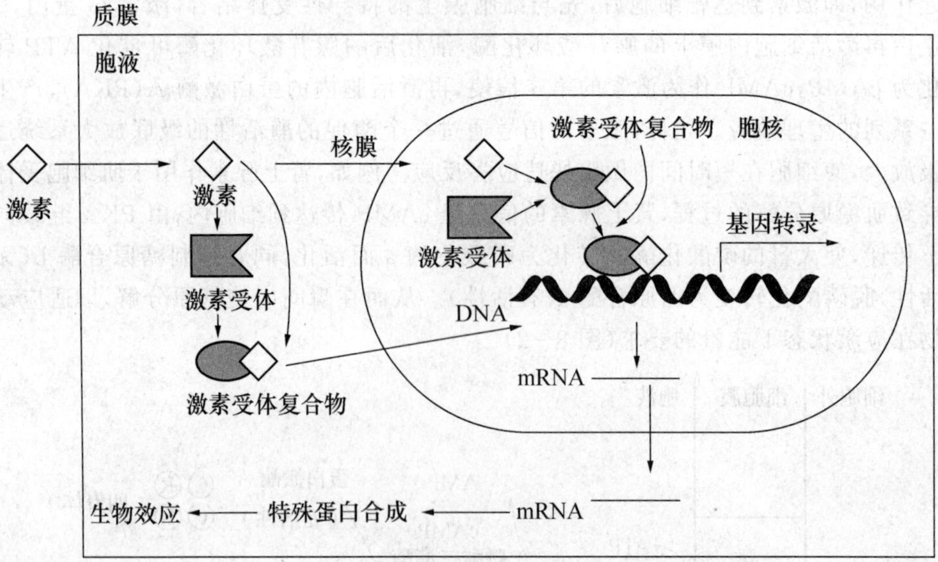

图 8-3　激素通过细胞内受体的调节途径

思考与练习

1. 简述糖类、脂类、蛋白质和核酸代谢的相互关系。
2. 简述动物体内的代谢调节方式有哪几个层次。
3. 细胞水平调节有几种方式？各有何特点？

生物化学实验技能

第一部分 生物化学实验基本技术

一、离心分离技术

离心技术(centrifugal technique)是根据颗粒在作匀速圆周运动时受到一个外向的离心力的行为而发展起来的一种分离技术。这项技术在临床生物化学中常用来分离化学反应后的沉淀物,收集生物大分子物质。

(一)原理

利用物质的沉降系数、质量、浮力等不同因素,应用强大的离心力使物质分离的方法称离心法。离心机所产生的离心力常用下列方程式表示:

$$F = \frac{4\pi^2 v^2 r}{g} \cdot \left(\frac{1}{60}\right)^2$$

$$V(\mathrm{r/min}) = \sqrt{\frac{Fg\,60^2}{4\pi^2 r}} = \frac{60 \times 31.28}{2\pi}\sqrt{F/r}$$

式中:F 为离心力,单位为地心引力的倍数 g(或$\times g$)。g 为重力加速度,等于 980.6 $\mathrm{cm/s^2}$。r 通常指自离心管中轴底部内壁到离心转轴中心之间的距离(cm)。V 为转速,即离心机每分钟的转数(r/min)。

另外,超速离心时,颗粒的沉降速度常用沉降系数表示。沉降系数使用 Svedberg 单位(简称 S,1 S$=1\times10^{-13}$ s)。近代生物化学文献中经常出现沉降系数这一概念,用以描述生物高分子或亚细胞器的大小,如 16SRNA、23SRNA、70S 核蛋白体等。沉降系数是单位离心场强的沉降速度,与物质点的大小、形状、密度以及介质的密度和黏度等因素有关,当对某些生物大分子的化学结构、分子质量还不了解时,可用沉降系数对它的物理特性进行初步描述,将它们区别开来。

(二)离心技术的分类

根据离心原理和工作的需要,目前已设计出许多离心方法,综合起来大致可分

3类：

1. 平衡离心法　根据粒子大小、形状不同进行分离，包括差速离心法（differential velocity centrifugation）和速率区带离心法（rate zonal centrifugation）；

2. 等密度离心法（isodensity centrifugation）　又称等比重离心法，依粒子密度差进行分离；

3. 经典式沉降平衡离心法　用于生物大分子分子质量的测定、纯度估计、构象变化等。

依据离心机转头的旋转速度，可将离心机分为低速离心（4 000 r/min以内），高速离心（20 000 r/min，最大相对离心率可达45 000*g*）和超速离心（30 000 r/min以上，最大相对离心力达645 000*g*）3种类型。

按照离心技术的实际应用，可将离子技术分为普通离心、专用离心、制备性离心和分析性离心4大类。

（三）各类型离心机的特点和应用

1. 低速离心机　根据处理样品的容量大小，可分为：锥型台式、水平型桶式、大容量立式3种。前者主要用于实验室样品的初级分离，在日常检测中的应用最广。后两种主要用于大量生物制备和血站分离血浆等。

2. 高速离心机　由于运转速度快，一般适用于各种生物细胞、病毒、血浆蛋白质等分离。也可应用于有机物、无机物溶液，悬液及胶体溶液中有形成分的浓缩、提取、制备等工作，是细胞生物学和分子生物学研究的重要工具。

3. 超速离心机　可分为制备和分析两种类型。

（1）制备型超速离心机：最高转速可达55 000～90 000 r/min，可配密度梯度收集仪，密度梯度泵，各种加样、取样器等附件，整机自动化程度高，功能齐全。是医学检验、生物化学和分子生物学领域的重要工具，可用于细胞器、病毒的分离和浓缩。

（2）分析型超速离心机：大多装有特殊设计的转头和控制系统，可直接观察了解分析样品的沉降情况。利用特殊配备的数据处理系统，可自动计算出分离物质的沉降系数和分子质量。它主要用于测定生物大分子的分子质量和沉降系数，估价样品的纯度等。

（四）离心机的使用方法及注意事项

离心机属大型贵重仪器，使用前应了解其性能，掌握其操作规程，以防在离心过程中发生意外，使用时应注意下面几点：

①使用之前，应先检查离心机的放置是否水平与稳定，旋转是否平衡。

②对称位置的离心管及套管必须用天平平衡，套管底部应用橡皮垫垫上。

③接通电源,缓慢加速。

④离心机转动时,如机身不稳,声音不均匀,或离心管破裂,应停止离心。

⑤离心完毕,将转速开关缓慢退回起点,任其自停,切勿用手助停。

简言之要做到“平衡”:离心管及套管要在天平上平衡。“对称”:平衡后的离心管要对称放置。“慢加减速”:启动和停转时均应缓慢。对于高速和超高速离心机的使用,须应严格按操作规程进行操作。

二、分光光度技术

(一)原理

光线的本质是电磁波的一种,有不同的波长。肉眼可见的彩色光称为可见光,波长范围在 400～760 nm。短于 400 nm 的光线称为紫外线(200～400 nm 为紫外光区),短于 200 nm 的叫远紫外线,再短的就是 X 射线和 γ 射线了。长于 760 nm 的光线称为红外线(760～500 000 nm 为红外区),再长的就是无线电波了。

可见光区的电磁波,因波长不同而呈现不同的颜色,这些不同颜色的电磁波称为单色光,单色光并非纯粹是单一波长的光,还包括一定波长范围内的光,太阳及钨丝灯发出的白光,是各种单色光的混合光,利用棱镜可将白光分成按波长顺序排列的各种单色光,即红、橙、黄、绿、青、蓝、紫等,这就是光谱。

当光线通过透明溶液介质时,其辐射的波长有一部分被吸收,一部分透过,因此光线射出溶液之后,部分光波减少。例如,可见光通过有色溶液后,或红外线通过多种气体后,部分光波被吸收。不同的物质由于其分子结构不同,对不同波长光线的吸收能力也不同,因此每种物质都具有其特异的吸收光谱,在一定条件下,其吸收程度与该物质浓度成正比,故可利用各种物质的不同的吸收光谱特征及其强度,对不同物质进行定性和定量的分析。

在可见光范围内,利用溶液的颜色深浅来测定溶液中物质含量的方法,称为比色法。采用适当的光源、棱镜和适当的光源接受器,可使溶质浓度的测定范围不仅仅局限于可见光,尚可扩大到紫外光区和红外光区。这就是分光光度法。

分光光度法是生物化学中最有价值的测定方法之一。通过测定紫外、可见或红外的特征吸收光谱可以鉴定未知化合物;通过测量在某一波长的光吸收可以测定溶液中未知化合物的浓度。

1. 光的本质与溶液颜色的关系　光是一种电磁波,通常用频率和波长来描述光。人的视觉所能感觉到的光称为可见光,波长范围在 400～760 nm,人的眼睛感觉不到的还有红外光(波长大于 760 nm)、紫外光(波长小于 400 nm)、X 射线等。

在可见光区,不同波长的光呈不同的颜色,但各种有色光之间并没有严格的界线，而是由一种颜色逐渐过渡到另一种颜色。

由不同波长的光组成的光称为复合光。白光属于复合光，如果让一束白光通过棱镜，便可分解为红、橙、黄、绿、青、蓝、紫 7 种颜色的光，这种现象称为光的色散。

两种适当颜色的单色光按一定强度比例混合可成为白光，这两种单色光称为互补色光。

当一束白光通过一溶液时，如果该溶液对各种颜色的光都不吸收，则溶液无色透明。如果某些波长的光被溶液吸收，另一些波长的光不被吸收而透过溶液，溶液的颜色是由透过光的波长决定的，所以我们看到溶液的颜色就是它所吸收光的互补色。如高锰酸钾溶液因吸收了白光中的绿光而呈现紫色；硫酸铜因吸收了白光中的黄光而呈现蓝色。

2. 光的吸收定律

(1)百分透光率(T)和吸光度(A)：当一束单色光透过均匀、无散射的溶液时，一部分被吸收，一部分透过溶液，即

$$I_0 = I_a + I_t$$

式中：I_0 为入射光的强度，I_a 为溶液吸收光的强度，I_t 为透过光强度。

当入射光 I_0 的强度一定时，溶液吸收光的强度 I_a 越大，则溶液透过光的强度 I_t 越小，用 I_t/I_a 表示光线透过溶液的能力，称为透光率，用符号 T 表示，其数值可用小数或百分数表示。即：

$$T = I_t/I_a \times 100\%$$

透光度率的倒数反映了物质对光的吸收程度，应用时取它的对数 lg $1/T$ 作为吸光度，用 A 表示。即：

$$A = \lg I_0/I_t = \lg 1/T = -\lg T$$

(2)光的吸收定律——朗伯-比尔定律：这是吸光度法的基本定律，比尔定律说明吸光度与浓度的关系，朗伯定律说明吸光度与液层厚度的关系，将两者综合即为朗伯-比尔定律。

朗伯-比尔定律：当一束平行的单色光通过均匀、无散射现象的溶液时，在单色光强度、溶液的温度等条件不变的情况下，溶液吸光度与溶液的浓度及液层厚度的乘积成正比。

$$A = KcL$$

朗伯-比尔定律不仅适用于有色溶液，也适用于无色溶液及气体和固体的非散射均匀体系；不仅适用于可见光区的单色光，也适用于紫外和红外光区的单色光。

（二）分光光度计的结构

分光光度计的种类很多，其基本原理及结构基本相似，一般都包括下列几个部件，如实验图 2－1 所示。

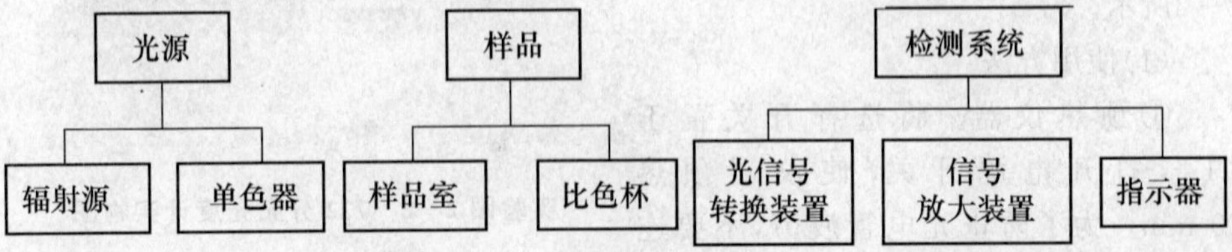

实验图 2－1

1. 光源　一个良好的光源要求具备发光强度高，光亮，稳定，光谱范围较宽和使用寿命长等特点。分光光度计上常用的光源有钨灯和氢灯（或氘灯），前者适用于 340～900 nm 范围的光源，后者适宜于 200～360 nm 的紫外光区，为了使发出的光线稳定，光源的供电需要由稳压电源供给。

2. 单色器　单色器是将混合光波分解为单一波长光的装置，多用棱镜或光栅作为色散元件，它们能在较宽光谱范围内分离出波长相对纯的光线，通过此色散系统可根据需要选择一定波长范围的单色光，单色光的波长范围愈狭窄，仪器的敏感性愈高，测量的结果愈可靠。

3. 狭缝　狭缝是由一对隔板在光通路上形成的缝隙，通过调节缝隙的大小调节入射单色光的强度，并使入射光形成平行光线，以适应检测器的需要，分光光度计的缝隙大小是可调节的。

4. 吸收池（或称比色杯、比色皿、比色池）　一般由玻璃或石英制成。在可见光范围内测量时，选用光学玻璃吸收池；在紫外线范围内测量时必须用石英池。注意保护比色杯的质量是取得良好分析结果的重要条件之一，吸收池上的指纹、油污或壁上的一些沉积物都会显著地影响其透光性，因此务必注意仔细操作和及时清洗并保持清洁。

5. 检测系统　主要由受光器和测量器两部分组成，常用的受光器有光电池、真空光电管或光电倍增管等。它们可将接收到的光能转变为电能，并应用高灵敏度放大装置，将弱电流放大，提高敏感度。通过测量所产生的电能，由电流计显示出电流的大小，在仪表上可直接读得 A 值、T 值。较高级的现代仪器，还常附有电子计算机及自动记录器，可自动描出吸收曲线。

（三）分光光度计的使用

在此，着重介绍国产 722 型分光光度计和 751 型分光光度计的使用。

1.722 型分光光度计　722 型分光光度计是可见光分光光度计，其波长范围为 350～820 nm，仪器图如实验图 2－2所示。

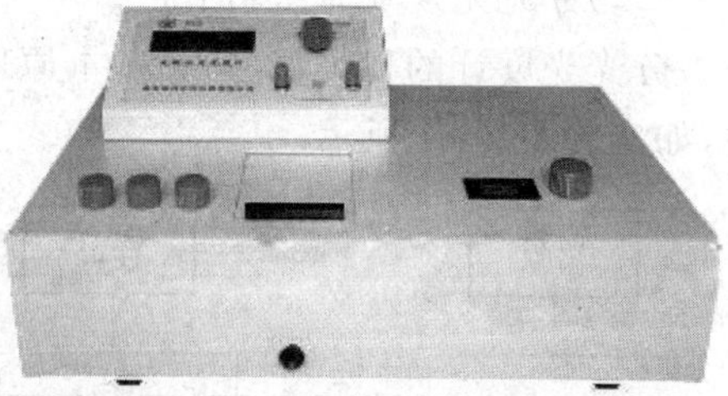

实验图 2－2　722 分光光度计实物图

(1)使用方法：

①预热仪器。将选择开关置于“T”，打开电源开关，使仪器预热 20 min。为了防止光电管疲劳，不要连续光照，预热仪器时和不测定时应将试样室盖打开，使光路切断。

②选定波长。根据实验要求，转动波长手轮，调至所需要的单色波长。

③固定灵敏度挡。在能使空白溶液很好地调到“100％”的情况下，尽可能采用灵敏度较低的挡，使用时，首先调到“1”挡，灵敏度不够时再逐渐升高。但换挡改变灵敏度后，须重新校正“0％”和“100％”。选好的灵敏度，实验过程中不要再变动。

④调节 $T=0\%$。轻轻旋动“0％”旋钮，使数字显示为“00.0”，(此时试样室是打开的)。

⑤调节 $T=100\%$。将盛蒸馏水(或空白溶液，或纯溶剂)的比色皿放入比色皿座架中的第一格内，并对准光路，把试样室盖子轻轻盖上，调节透过率“100％”旋钮，使数字显示正好为“100.0”。

⑥吸光度的测定。将选择开关置于“A”，盖上试样室盖子，将空白液置于光路中，调节吸光度调节旋钮，使数字显示为“.000”。将盛有待测溶液的比色皿放入比色皿座架中的其他格内，盖上试样室盖，轻轻拉动试样架拉手，使待测溶液进入光路，此时数字显示值即为该待测溶液的吸光度值。读数后，打开试样室盖，切断光路。

重复上述测定操作 1～2 次，读取相应的吸光度值，取平均值。

⑦浓度的测定。选择开关由“A”旋置“C”，将已标定浓度的样品放入光路，调节浓度旋钮，使得数字显示为标定值，将被测样品放入光路，此时数字显示值即为该待测溶液的浓度值。

⑧关机。实验完毕，切断电源，将比色皿取出洗净，并将比色皿座架用软纸擦净。

(2)注意事项：

①测量完毕，速将暗盒盖打开，关闭电源开关，将灵敏度旋钮调至最低挡，取出比色皿，将装有硅胶的干燥剂袋放入暗盒内，关上盖子，将比色皿中的溶液倒入烧

杯中，用蒸馏水洗净后放回比色皿盒内。

②每台仪器所配套的比色皿不可与其他仪器上的比色皿单个调换。

③若大幅度改变测试波长，需稍等片刻，等灯热平衡后，重新校正“0”和“100%”点。然后再测量。

④比色皿使用完毕后，立即用蒸馏水冲洗干净，并用干净柔软的纱布将水迹擦去，以防止表面光洁度被破坏，影响比色皿的透光率。

2. 752 型分光光度计 752 型分光光度计为紫外光栅分光光度计，测定波长 200～800 nm，仪器简图如实验图 2-3 所示。

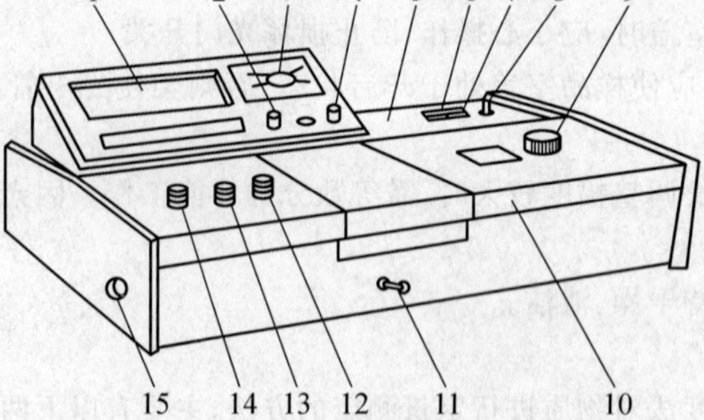

实验图 2-3 752 分光光度计面板图

1. 数字显示器；2. 吸光度调零旋钮；3. 选择开关；4. 浓度旋钮；5. 光源室；6. 电源室；7. 氢灯电源开关；8. 氢灯触发按钮；9. 波长手轮；10. 波长刻度窗；11. 试样架拉手；12. 100%T 旋钮；13. 0%T 旋钮；14. 灵敏度旋钮；15. 干燥器

(1)操作方法：

①将灵敏度旋钮调到“1”挡(放大倍数最小)。

②打开电源开关，钨灯点亮，预热 30 min 即可测定。若需用紫外光则打开“氢灯”开关，再按氢灯触发按钮，氢灯点亮，预热 30 min 后使用。

③将选择开关置于“T”。

④打开试样室盖，调节 0%旋钮，使数字显示为“0.000”。

⑤调节波长旋钮，选择所需测的波长。

⑥将装有参比溶液和被测溶液的比色皿放入比色皿架中。

⑦盖上样品室盖，使光路通过参比溶液比色皿，调节透光率旋钮，使数字显示为 100.0%(T)。如果显示不到 100.0%(T)，可适当增加灵敏度的档数。然后将被测溶液置于光路中，数字显示值即为被测溶液的透光率。

⑧若不需测透光率，仪器显示 100.0%(T)后，将选择开关调至“A”，调节吸光

度旋钮,使数字显示为“000.0”。再将被测溶液置于光路后,数字显示值即为溶液的吸光度。

⑨若将选择开关调至“C”,将已知标定浓度的溶液置于光路,调节浓度旋钮使数字显示为标定值,再将被测溶液置于光路,则可显示出相应的浓度值。

(2)注意事项:

①测定波长在 360 nm 以上时,可用玻璃比色皿;波长在 360 nm 以下时,要用石英比色皿。比色皿外部要用吸水纸吸干,不能用手触摸光面的表面。

②仪器配套的比色皿不能与其他仪器的比色皿单个调换。如需增补,应经校正后方可使用。

③开关样品室盖时,应小心操作,防止损坏光门开关。

④不测量时,应使样品室盖处于开启状态,否则会使光电管疲劳,数字显示不稳定。

⑤当光线波长调整幅度较大时,需等数分钟才能工作。因光电管受光后,需有一段响应时间。

⑥仪器要保持干燥、清洁。

(四)计算

利用分光光度法对物质进行定量测定的方法,主要有以下两种:

1. 利用标准管计算测定物含量(直接比较法) 实际测定过程中,用一已知浓度的测定物按未知物同样处理显色,读取光密度,再根据 $A=KcL$ 式计算。

$$A_{样} = K_{样} c_{样} L_{样}$$
$$A_{标} = K_{标} c_{标} L_{标}$$

式中:$A_{样}$、$A_{标}$ 分别为未知浓度测定管和已知浓度标准管光密度。$c_{样}$、$c_{标}$ 分别为未知浓度测定管测定物和已知浓度标准管浓度。因盛标准液和测定液的比色皿内径相同($L_{样}=L_{标}$),标准液和测定液中介质为同一物,K 相同,($K_{样}=K_{标}$),故上二式可写成:

$$c_{样} = \frac{A_{样}}{A_{标}} \cdot c_{标}$$

2. 利用标准曲线换算(标准曲线法) 先配制一系列已知浓度的测定物溶液,按测定管同样方法处理显色,读取各管光密度。然后以各管光密度为纵轴,浓度为横轴,在坐标纸上作图得标准曲线。再以测定管光密度从标准曲线上查得测定物的浓度。

标准曲线的制作与测定管的测定,应在同一仪器上进行,在配制样品时,一般选择其浓度相当于标准曲线中部的浓度较好。

三、电泳技术

带有电荷的粒子在电场中移动的现象称为电泳。1937 年 Tisllius 在 U 形管内自由溶液中进行血清蛋白电泳。根据电泳后所形成的蛋白质界面与缓冲溶液的折光率的差别，通过光学系统将阴影投到毛玻璃或照相底片上，藉此绘成曲线图象。这种电泳技术称为自由界面电泳。这类电泳仪结构较复杂，价格昂贵，不易推广。1948 年 Wieland 和 Konig 等首先发明用滤纸作为支持物，使电泳技术大为简化，而且可使许多组分相互分离为区带，所以这类电泳被称为区带电泳。从此，各类区带电泳相继诞生。1950 年出现了琼脂糖凝胶电泳；1957 年建立了醋酸纤维素薄膜电泳。1955 年 Smithies 及 1959 年 Davis 分别以淀粉胶和聚丙烯酰胺凝胶进行血清蛋白电泳分离，由于它们具有分子筛效应，大大提高了电泳分辨率。20 世纪 60 年代以来，又出现了等电聚焦电泳和等速电泳等新的电泳技术。

（一）电泳的基本原理

设一带电粒子在电场中所受的力为 F，F 的大小决定于粒子所带电荷 Q 和电场的强度 X，

即：
$$F = QX$$

又按 Stoke 氏定律，一球形的粒子运动时所受到的阻力 F' 与粒子运动的速度 v、粒子的半径 r、介质的黏度 η 的关系

$$F' = 6\pi r\eta v$$

当 $F=F'$ 时，即达到动态平衡时：

$$\frac{v}{X} = \frac{Q}{6\pi r\eta}$$

v/X 表示单位电场强度时粒子运动的速度，称为迁移率(mobility)，也称为电泳速度，以 u 表示，即

$$u = \frac{v}{X} = \frac{Q}{6\pi r\eta}$$

可见粒子的迁移率在一定条件下决定于粒子本身的性质即其所带电荷及粒子的大小和形状，亦即决定于粒子的电荷密度。两种不同的粒子(如两种蛋白质分子)一般有不同的迁移率。在具体实验中，v 为单位时间 t (s) 内移动的距离 d(cm)，

$$v = \frac{d}{t}$$

又电场强度 X 为单位距离(cm)内电势差 E(V)，即

$X=E/I$，所以：

$$u=\frac{v}{X}=\frac{d/t}{E/I}=\frac{dI}{Et}$$

所以迁移率的单位为厘米²·秒⁻·伏特⁻¹($cm^2/s\cdot v$)。

某物质A在电场中移动的距离为：

$$d_A=\frac{u_A\cdot Et}{I}$$

另物质B的移动距离为：

$$d_B=\frac{u_B\cdot Et}{I}$$

两物质移动距离差为：

$$\Delta d=(d_A-d_B)=(u_A-u_B)\frac{Et}{I}$$

因此,物质A、B能否分离取决于两者的迁移率。如两者的迁移率相同,则不能分离;如有差别,则能分离。

(二)电泳的分类

1. 按支持物的物理性状不同,电泳可分为

①滤纸及其他纤维纸电泳。②粉末电泳:如纤维素粉、淀粉电泳。③凝胶电泳:如琼脂、琼脂糖、聚丙烯酰胺凝胶电泳。④缘线电泳如尼龙丝、人造丝电泳。

2. 按支持物的装置形式不同,电泳可分为

①平板式电泳:支持物水平放置,最常用。②垂直板式电泳:聚丙烯酰胺凝胶可做成垂直板式电泳。③垂直柱式电泳:聚丙烯酰胺盘状电泳属于此类。

3. 按pH的连续性不同,区带电泳可分为

①连续pH电泳:在整个电泳过程中pH保持不变,常用的纸电泳,醋酸纤维素薄膜电泳等属于此类。②非连续pH电泳:缓冲液和电泳支持物间有不同的pH值,如聚丙烯酰胺凝胶盘状电泳分离血清蛋白质时常用这种形式,它能使待分离的蛋白质在电泳过程中产生浓缩效应,详细机理见后。

等电聚焦电泳(electrofocusing)也可称为非连续pH电泳,它利用人工合成的两性电解质(一种脂肪族多胺基多羧基化合物,商品名ampholin)在通电后形成一定的pH梯度。被分离的蛋白质停留在各自的等电点而成分离的区带。

(三)电泳技术的应用

电泳技术主要用于分离各种有机物(如氨基酸、多肽、蛋白质、脂类、核苷、核苷酸、核酸等)和无机盐,也可用于分析某种物质的纯度,还可用于分子质量的测定。电泳技术与其他分离技术(如层析法)结合,可用于蛋白质结构的分析,"指纹法"就是电泳法与层析法的结合产物。用免疫原理测试电泳结果,提高了对蛋白质的鉴

别能力。电泳和酶学技术结合发现了同功酶，使人们对酶的催化和调节功能有了更深入的了解。所以电泳技术是一种重要的研究手段。

1. 纸电泳和醋酸纤维素薄膜电泳　纸电泳用于血清蛋白分离已有相当长的历史，在实验室和临床检验中都曾经广泛应用。自从1957年Konig首先将醋酸纤维素薄膜用作电泳支持物以来，纸电泳已逐渐被醋酸纤维素薄膜电泳所取代，因为后者具有比纸电泳电渗小，分离速度快，分离清晰以及血清用量少，操作简便等优点。血清蛋白质的等电点均低于pH7.4，因此，在pH值比其等电点高的缓冲液中(如在pH8.8的缓冲液中)它们都电离成负离子，在电场中都会向正极移动。因各种血清蛋白质等电点不同，在同一pH值下所带电荷数量不同，加上分子质量的差别等因素，它们在电场中的运动速度就不同。蛋白质分子小而带电荷多的运动较快；分子大而带电荷少的运动较慢。所以可利用电泳将血清蛋白质按其在电场中运动的速度快慢分为白蛋白、α_1-球蛋白、α_2-球蛋白、β-球蛋白及γ-球蛋白5条区带。这些血清蛋白分离后，用蛋白染色剂进行染色，由于蛋白质的量与结合的染料量基本成正比，分别将五条色带剪开，使染料和蛋白质溶解于碱性溶液中，用光电比色法可计算出五种蛋白质的百分数，也可将染色后的膜条直接用光密度计测定。

2. 琼脂糖凝胶电泳　琼脂经处理去除其中的果胶成分即为琼脂糖。由于琼脂糖中硫酸根含量较琼脂为少，电渗影响减弱，因而使分离效果显著提高。例如血清脂蛋白用琼脂凝胶电泳只能分出两条区带(α-脂蛋白、β-脂蛋白)；而琼脂糖凝胶电泳可将正常空腹血清蛋白分出3条区带(α-脂蛋白、前β-脂蛋白和β-脂蛋白)。所以琼脂糖为较理想的凝胶电泳的一种材料。

血清中的脂类物质与血清蛋白质结合成水溶性的脂蛋白形式存在，各种脂蛋白中所含的蛋白质种类和数量不同，脂蛋白颗粒大小也不同，这些因素使它们在电场中移动速度各异，因而可以通过电泳分离之。

以琼脂糖凝胶溶液制凝胶板，挖一小槽放置血清样品。样品先经脂类染料染色，因此当通电后脂蛋白在凝胶板上移动距离的长短可以肉眼观察。区带宽窄及染色深浅反应血清各种脂蛋白量的多少。

3. 聚丙烯酰胺凝胶电泳　聚丙烯酰胺凝胶是一种人工合成的凝胶，由丙烯酰胺(Acr)和文联剂N,N-甲叉双丙烯酰胺(Bis)聚合而成。采用这种凝胶作为电泳支持介质具有许多优点：①机械强度好，弹性大。透明，化学稳定性高，无电渗作用，吸附作用极小。②可通过控制单体浓度或者单体与交联剂的比例聚合制成不同大小孔径的凝胶，使分子筛效应与电荷效应结合起来，具有极高的分辨率。例如此法分离血清蛋白可获得20～30条区带。③样品不易扩散，且能自动浓缩成很薄的样品层，因此，所用的样品量小(1～100 μg)分离效果好。这种电泳技术目前已被广泛用于蛋白质，核酸等高分子化合物的分离以及它们的定性和定量质分析中。还可结合使用解聚剂十二烷基磺酸钠(SDS)，以测定蛋白质分子亚基的分子质量。

聚丙烯酰胺凝胶电泳型式不同可分为盘状电泳和垂直板型电泳。盘状电泳(discontinuity electrophoresis)是在垂直的玻璃管内，利用不连续的缓冲液、pH 值和凝胶孔径进行电泳而命名的。样品被分离后形成的区带很窄，呈圆盘状(discoid shape)，取“不连续性”及“圆盘状”的英文字头“Disc”，因此英文名称为 dise electrcphoresis 直译为盘状电泳。

垂直板型电泳是将聚丙烯酰胺凝胶制成薄板状凝胶，薄板可大可小，然后竖直进行电泳，其优点是：在同一条件下可电泳多个要比较的样品，重复性好；一个样品在第一次盘状电泳后还可在薄板上进行第二次电泳，即双向电泳，这样可进一步提高分辨力；另外，样品电泳后，可进行放射自显影分析。

(1)凝胶聚合原理：聚丙烯酰胺凝胶由 Acr 和 Bis 聚合而成。Acr 和 Bis 单独存在或混合在一起时是稳定的，但在游离基存在时，它们就聚合成凝胶。引发产生游离基的方法有化学法和光学法两种，现分述如下。

①化学聚合。即过硫酸铵(AP)-四甲基乙二胺(TEMED)系统。AP 是提供自由基的引发剂，TEMED 是加快引发自由基的加速剂。

过硫酸铵能形成自由基：

$$S_2O_8^{2-} \longrightarrow 2SO_4^{2-}$$

SO_4^{2-} 与 Acr 接触发生反应，使 Acr 的键打开，形成自由基。这种活化了的 Acr 分子再以同样的方式连续地与其他 Acr 反应，结果就形成了一个长链聚合物。

$$SO_4^{2-} + nCH_2{=}\overset{CONH_2}{\overset{|}{CH}} \longrightarrow \left[CH_2-\overset{CONH_2}{\overset{|}{CH}}\right]_n$$

$$=\cdots-CH_2-\overset{CONH_2}{\overset{|}{CH}}-CH_2-\overset{CONH_2}{\overset{|}{CH}}-CH_2-\overset{CONH_2}{\overset{|}{CH}}-\cdots$$

这种长链聚合物溶液虽然很黏，但还不能形成凝胶，因为这些长链间彼此能滑动。要形成凝胶还需要进行交联，交联剂是 N，N－甲叉双丙烯酰胺($CH_2{=}CH-\underset{\underset{O}{\|}}{C}-NH-CH_2-NH-\underset{\underset{O}{\|}}{C}-CH{=}CH_2$)，它们可以看做是两个丙烯酰胺分子通过亚甲基将它们的无活性末端偶联在一起形成的化合物。这样聚合后就得到网状聚丙烯酰胺链。

②光聚合。光聚合以光敏物质核黄素代替 AP 作催化剂。核黄素经强光照射

后引发自由基，后者使 Acr 形成自由基并聚合成凝胶。TEMED 并非必需，但加入可加速聚合。

光聚合要有痕量的氧存在，过量的氧能淬灭自由基，阻止链长的增加，故聚合反应时要抽气以减少氧含量。聚合反应的温度以 20～25℃为宜。

(2)凝胶的孔径：凝胶孔径的大小在很大程度上取决于 Acr 和 Bis 二者的总浓度 T。T 越大，孔径越小，机械强度则增加。

$$T = \frac{a+b}{m} \times 100\%$$

式中：a 为 Acr 的百分浓度；b 为 Bis 的百分浓度；m 为 100 mL 凝胶溶液。

而交联度(C)则可能与凝胶的最大孔径有关。

$$C = \frac{d}{a+b} \times 100\%$$

式中：d 为凝胶最大孔径。凝胶的特性是分子筛效应。很明显，大分子进入凝胶的程度既取决于样品分子的大小，又取决于凝胶的平均孔径。如果凝胶的平均孔径小于蛋白质分子的直径，那么无论蛋白质分子所带的电荷多少以及给予的电场强度如何，它们都不能进入凝胶，所以要想得到蛋白质和核酸等大分子混合物的理想分离效果，选择一定的孔径是很关键的，实际工作中常按样品的分子质量大小来选择凝胶的浓度。

另外还需要考虑选择适宜的缓冲系统，缓冲液的作用一是用来维持电泳槽内和凝胶内 pH 值的恒定，二是作为在电场中传导电流的电解质。要使缓冲液很好地完成这些作用，必须注意三个条件：第一，缓冲液不与被分离的物质相互作用；第二，缓冲液的 pH 值不能使蛋白质变性，对于分离蛋白质的最大限度通常是 pH 4.5～9.0；第三，要考虑到缓冲液的离子强度。

(3)分离血清蛋白质的基本原理。聚丙烯酰胺凝胶电泳亦可称不连续凝胶电泳。在这种电泳过程中，除了一般电泳的电荷效应外，还有两种物理效应：即分子筛效应和浓缩效应。因此具有很高的分辨率。

①分子筛效应：颗粒小，形状为圆形的样品分子，通过凝胶孔洞时受到的阻力小，移动快；反之，颗粒大，形状不规则的样品分子，通过凝胶的阻力较大，移动慢。

②浓缩效应：高度的浓缩效应，大大提高了电泳分离的分辨力，特别适用于低浓度样品的分离。

关于不连续系统的浓缩效应，可从两个方面进行分析(以碱性 pH 系统为例)。

第一，盘状电泳使用两种孔径不同的凝胶系统。玻璃管内的上层是样品，第二层是浓缩胶，此为大孔胶；第三层是分离胶，此为小孔胶。待分离的蛋白质分子在大孔胶中受到的阻力小，移动速度快，一走到小孔胶处，阻力突然增加，速度就变慢，这样，就在两层凝胶交界处使待分离样品的区带变窄，浓度升高。而且样品中各组分在界面处由于电荷效应而依次排列开来。

第二，缓冲液与凝胶的离子成分和 pH 不同。在任何 pH 下，凝胶中的盐酸都解离成氯离子（Cl^-）；甘氨酸（Gly，pI 为 6.0，其中 $pK_1=2.34$，$pK_2=9.7$）在 pH6.7 的浓缩胶中，解离度很低，只有小部分解离为 Gly^-；在 pH6.7 的条件下，蛋白质大部分以负离子的形式存在，即解离度在 HCl 和 Gly 之间。通电后，这 3 种负离子在浓缩胶中都向正极移动，它们的有效泳动率按以下次序排列：

$$m_{Cl^-}X\alpha_{Cl^-} > m_{Pr^-}XT\alpha_{Pr^-} > m_{Gly^-}X\alpha_{Gly^-}$$

（有效泳动率 = 泳动率 $m\%$ × 解离度 α）

电泳开始时，在电流的作用下。浓缩胶中的氯离子（快离子）有效泳动率超过蛋白质的有效泳动率，很快运动到最前面，蛋白质紧随其后，而 Gly^- 成为慢离子，在最后面。快离子向前移动，而在快离子原来停留的那部分区域则形成了低离子浓度区，即低电导区。由于电势梯度与电导成反比，因此度低电导区就有较高的电势梯度，这种高电势梯度又迫使蛋白质离子和慢离子在此区域加速前进，追赶快离子。夹在快、慢离子之间的蛋白质样品就在这个追赶过程中被逐渐地压缩聚集成一条狭窄的区带。

③电荷效应：当样品进入分离胶后，由于每种蛋白质所带的电荷多少不同，因而迁移率也不同。电荷多的，分子小的泳动速度快；反之，则慢。因此各种蛋白质在凝胶中得以分离，并以一定的顺序排列成一个一个的圆盘状。

四、层析分离技术

（一）原理

层析分离技术是一种物理分离方法，它利用混合物中各组分物理化学性质（如吸附力、分子形状和大小、分子极性、分子亲和力、分配系数等）的差别，使各组分在支持物上集中分布在不同区域，借此将各组分分离。层析利用两个相，一个相为固定的，称固定相，另一个相则流过固定相，称流动相。由于混合物中各组分受固定相的吸引和受流动相的推力影响不同，各组分移动速度也各异，最终达到分离各组分的目的。

层析分离技术早在 1903 年就用于植物色素的分离提取。1944 年纸层析诞生以来，层析技术的发展越来越快。20 世纪 50 年代开始，相继出现了气相层析和高压液相层析。60 年代又出现了薄层层析、薄膜层析、分子排阻层析和亲和层析等新技术，目前每一种方法几乎都已成为一门独立的技术。

层析分离技术因其操作简便，不需要很复杂的设备，样品用量可大可小，既可用于实验室的分离分析，又适用于工业生产中产品的分析制备，它与光学仪器相结合，可组成各种自动化分离分析仪器，进一步显示了层析分离技术的优越性。因此在生物化学领域里，层析技术已成为一项常用的分离分析方法。

（二）常用方法

1. 吸附层析　吸附层析是指混合物随流动相通过由吸附剂组成的固定相时，由于吸附剂对不同组分有不同的吸附力致使不同组分随流动相的移动速度不同，最终将混合物中的组分分离开来。这种分离方法取决于待分离物质被固定相所吸附的程度，以及它们在流动相中的溶解度这两个方面的差异。根据操作方式不同，吸附层析可分为柱层析和薄层层析两种。

(1)柱层析：在柱层析中，混合物的分离是在装有适当吸附剂的玻璃管柱中进行的。层析柱下端铺垫棉花或玻璃棉，柱内充填溶剂湿润的吸附剂，待分离样品自柱顶部加入，样品完全进入吸附柱后，再用适当的洗脱液洗脱。假如待分离的样品内含有 A、B 两种成分，在洗脱过程中，随着流动相流经固定相，它们在柱内连续不断地分别产生溶解、吸附、再溶解的现象。由于洗脱液和吸附剂对 A 和 B 的溶解力与吸附力不同，A 和 B 在柱内移动的速率也不同。溶解度大而吸附力小的物质走在前面，相反，溶解度小而吸附力大的物质走在后面，经过一段时间以后，A、B 两种物质可在柱的不同区域各自形成环带，如 A、B 为有色物质，就可以明显看到不同的色层，每个色带就是一种纯物质。然后继续用洗脱液洗脱，分段收集，直到各组分按顺序先后完全从柱中洗出为止（实验图 4－1）。

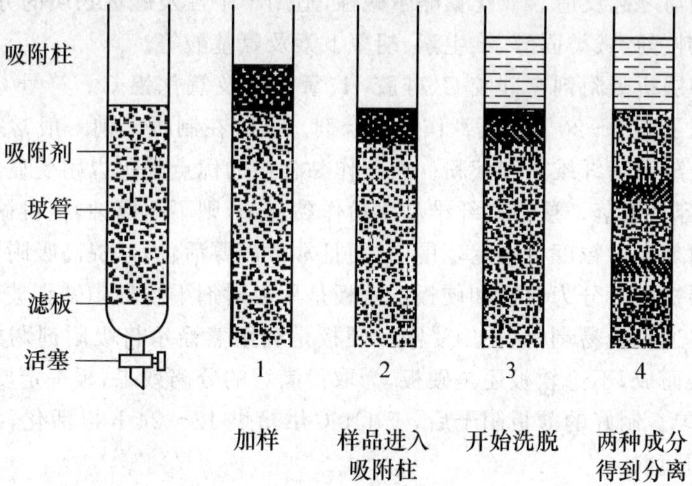

实验图 4－1

最常用的吸附剂是硅胶和氧化铝。此外还有碳酸钙、碳酸锌和氧化镁等，对于吸附剂及溶剂洗脱系统的选择，则由被分离物质的性质所决定。

一般讲，非极性或极性不强的有机物如甘油酯、胆固醇、磷脂等的分离，用这种方法最为合适。

(2)薄层层析：

①原理：薄层层析是近20年来发展起来的一种微量快速的层析分离技术。其方法是利用玻璃板作为固定相的载体，在玻板上均匀地涂布一薄层不溶性物质作为固定相，把要分离的样品加到薄层上，然后选择合适的溶剂系统作为流动相，利用毛细管现象进行展开，从而达到分离的目的，进而可进行鉴定和定量测定，因为层析是在薄层上进行的，故称为薄层层析或薄板层析。

薄层层析的原理视作为固定相的涂布物质而异。若涂布物质是吸附剂，如氧化铝、硅胶等，则属于吸附薄层层析；若涂布的是纤维素、硅藻土等，则属于分配层析；若涂布的是离子交换剂如离子交换纤维素，则属于离子交换薄层层析。其中主要的是吸附薄层层析，通常提到的薄层层析就是指这一类层析。

②常用的吸附剂及其处理：层析用吸附剂一般应满足以下两个要求：一是要具有足够的吸附能力，对不同的物质吸附力不同，而且不能与被吸附物质起反应；二是吸附剂的粒度要求大小适中，粒度过大则展层太快，分离效果差，粒度太细则展层过慢，斑点易于扩散或出现拖尾现象。

吸附薄层层析中最常用的吸附剂是硅胶和氧化铝。硅胶略带酸性；适用于中性和酸性物质的分离，如氨基酸、糖、磷脂、类固醇和萜烯等，但不适用碱性物质，因为后者可能与之起反应。氧化铝略带碱性，适用于中性及碱性物质的分离，如生物碱、食物染料、酚类、类固醇、维生素、胡萝卜素及氨基酸等。

市售的层析吸附剂有硅胶G、硅胶H、氧化铝及氧化铝G。符号G表示在吸附剂中加进了5%～20%煅石膏作为黏合剂。硅胶在制板之前一般常须加入黏合剂，如石膏、羧甲基纤维素和淀粉。石膏作黏合剂的优点是可以耐受显色用的腐蚀性试剂，但容易脱落。羧甲基纤维和淀粉作黏合剂，则不耐腐蚀，但机械性能好，层析用的吸附剂要求粒度在一定范围内，而且常常需要活化，以提高吸附活性。

薄层层析板可分为软板和硬板。软板是用吸附剂干粉均匀铺在玻璃板上直接压制而成。这种板易剥落，使用受限。硬板是利用蒸馏水将吸附剂调成糊状以后再进行铺板而成，不论软板还是硬板，为取得满意的分离效果，板一定要薄，板面平整，厚薄均匀。制好的薄板阴干后，于110℃烘箱烘12～24 h以活化，冷却后贮于干燥器随用随取。

③薄层层析的特点：薄层层析兼备柱层析和纸层析两者的优点，简而言之，其

优点是：a. 设备简单，操作容易。b. 层析展开时间短，一般只需几十分钟，即可获得结果。c. 既适用于小量样品的分离，又适用于大量样品的分离。d. 分离效率高。e. 可采用腐蚀性的显色剂，而且可以在高温下显色。

2. 分配层析

(1)原理：分配层析是利用混合物中各组分在两种不同溶剂中的分配系数不同而使物质分离的方法。

分配系数是指一种溶质在两种互不相溶的溶剂中的溶解达到平衡时，该溶质在两种溶剂中所具有浓度之比。不同的物质因其在各种溶剂中的溶解度不同，因而也就有不同的分配系数。分配层析以物质在两相中的浓度比，即以分配系数为依据，在等温条件下可用下式表示：

$$K_d = \frac{c_2}{c_1}$$

式中：K_d 为分配系数；c_2 为物质在固定相中的浓度；c_1 为物质在流动相中的浓度。分配系数与温度、溶质及溶剂的性质有关。

在分配层析中，大多选用多孔物质为支持物，利用它对极性溶剂的亲和力，吸附某种极性溶剂作为固定相。这种极性溶剂在层析过程中始终固定在支持物上。用另一种非极性溶剂流经固定相，此移动溶剂称为流动相，如果把待分离物质的混合物样品点加在多孔支持物上，在层析过程中，当非极性溶剂流动相沿着支持物经过样品时，样品中各种物质便会按分配系数大小转入流动相向前移动；当遇到前方的固定相时，溶于流动相的物质又将与固定相进行重新分配，一部分转入固定相中。因此，随着流动相的不断移动，样品中的物质便在流动相和固定相之间进行连续的、动态的分配，这种情况相当于非极性溶剂中对物质的连续抽提过程。由于各种物质的分配系数不同，分配系数较大的物质留在固定相中较多，在流动相中较少，层析过程中它向前移动较慢；相反，分配系数较小的物质进入流动相较多而留在固定相中较少，层析过程中向前移动就较快，根据这一原理，样品中各种物质就能被分离开来。

分配层析中应用最广泛的多孔支持物是滤纸，其次是硅胶、硅藻土、纤维素粉、淀粉和微孔聚乙烯粉等。下面主要介绍纸层析。

(2)纸层析：纸层析是以滤纸为惰性支持物。滤纸纤维和水有较强的亲和力，能吸收22%左右的水，而且其中6%～7%的水是以氢键形式与纤维素的羟基结合，在一般条件下较难脱去，而滤纸纤维与有机溶剂的亲和力甚弱，所以一般的纸层析实际上是以滤纸纤维的结合水为固定相，以有机溶剂为流动相，当流动相沿滤纸经过样品时，样品点上的溶质在水和有机相之间不断进行分配，一部分样品随流动相移动，进入无溶质区，此时又重新分配，一部分溶质由流动相进入固定相(水相)。随着流动相的不断移动，各种不同的部分按其各自的分配系数不断进行分配，并沿着流动相移动，从而使物质得到分离和提纯。

溶质在滤纸上的移动速率可用 R_f 值来表示。

$$R_f = \frac{原点到层析点中心的距离(r)}{原点到溶剂前沿的距离(R)}$$

R_f 值取决于被分离物质在两相间的分配系数以及两相的体积比。由于两相体积比在同一实验条件下是常数，所以 R_f 值主要决定于分配系数。不同物质分配系数不同，R_f 值也不同。对于某种给定的化合物而言，在标准条件下 R_f 是常数。

纸层析设备简单、价廉，可用于氨基酸、肽类、核苷酸、糖、维生素、有机酸等多种小分子物质分离、定性和定量。

纸层析具体操作分为样品处理、点样、展层、显色、R_f 值计算及定量分析等若干步骤。详细过程见有关实验部分。

纸层析按层析方式不同可分为 3 种，即垂直上行纸层析、垂直下行纸层析和水平环形纸层析。为了提高分辨率，同薄层层析一样，纸层析也可用两种不同的展开剂进行双向纸层析。双向纸层析一般把滤纸剪成长方形。一角点样，先用一种溶剂系统展开，吹干后转 90°，再用第二种溶剂系统进行第二次展开。这样，单向纸层析难以分离清楚的某些物质，通过双向层析往往可以获得比较理想的分离效果。

3. 离子交换层析

(1)原理：离子交换层析是利用离子交换剂对各种离子亲和力不同，借以分离混合物中各种离子的一种层析技术(实验图 4-2)。这种层析的主要特点是依靠带有相反电荷的颗粒之间具有引力作用。离子交换层析的固定相是载有大量电荷的离子交换剂。流动相是具有一定 pH 和一定离子强度的电解质溶液。当混合物溶液中带有与离子交换剂相反电荷的溶质流经离子交换剂时，后者即对不同溶质选择性吸

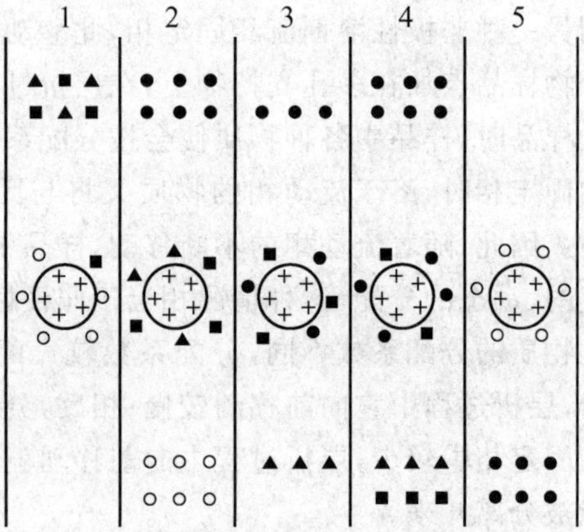

实验图 4-2 离子交换层析过程

○树脂颗粒上可置换的阴离子

▲样品中电荷密度较低的阴离子

■样品中电荷密度较高的阴离子

●洗脱液中的阴离子

1. 开始状态 2. 样品吸附 3. 开始洗脱

4. 洗脱结束 5. 再生

附。随后,当带有与溶质相同电荷的流动相经离子交换剂固定相时,被吸附的溶质可被置换而洗脱下来,从而达到分离混合物中各种带电荷溶质的目的,离子交换层析的原理实质上是一种特殊的吸附作用。

例如,阴离子交换树脂本身带有很多正电荷,它必须吸附带负电荷的阴离子以维持电中性。当样品溶液中的阴离子通过时,与树脂上的阴离子交换而被吸附。阴离子被树脂吸附的强度与该阴离子电荷密度成正比。带负电荷越多,电荷密度越密集,则与离子交换树脂的亲和力越大,结合也就越紧密,洗脱过程中被洗出也较迟。相反,电荷密度较低的阴离子则先被洗出。

许多生物物质,如氨基酸、蛋白质、核苷酸等都具有可电离基团,它们可以带净正电荷,也可以带净负电荷,其带净电荷状况取决于溶液 pH 以及化合物的等电点。因此可以利用化合物的电荷状况不同,从混合物中加以分离。

(2)离子交换剂:离子交换层析的关键是离子交换固定相。目前常用的离子交换剂都是人工合成的有机化合物。依化学本质可分为离子交换树脂、离子交换纤维素和离子交换交联葡聚糖等数种。按可交换的离子及其交换性能又可以分为阳离子交换剂(包括强酸型与弱酸型)和阴离子交换剂(包括强碱型与弱碱型)两类。

在生物化学实验中常用离子交换树脂的母体多为聚苯乙烯(实验表 4-1)。

实验表 4-1 离子交换树脂的类型

类型	交换基团	商品型号举例
强酸性阳离子交换树脂	磺酸基($—SO_3H$) 酚羟基(—OH)	国产强酸 1×7(732),Zerolit225(英) Dowe×50 或 Amderlite IR-120(美)
弱酸性阳离子交换树脂	羧基(—COOH)	国产弱酸 101×128(724),Zerolit(英) Amberlite IRC-50(美)
强碱性阴离子交换树脂	季胺基[$—N^+(CH_3)_3$]	国产弱酸 201×7(717)及 201×4(711),ZerolitFF(英) Amberlite IRA-400,Dowe×1(美)
弱碱性阴离子交换树脂	伯胺基($—NH_2$) 仲胺基[$—N(CH_3)_2$] 叔胺基(—N═)	国产弱碱 301(701) Zerolt H(英) Ambeflite IR45(美)

在生物化学实验中,特别是进行蛋白质、核酸等分高纯化时常用的是离子交换纤维素(实验表 4-2)及离子交换葡聚糖凝胶(实验表 4-3)。

实验表 4－2 常用的离子交换纤维素

类型		名称	缩写
阳离子交换纤维素	强酸型	磷酸纤维素	P
		甲基磺基纤维素	SM
		乙基磺基纤维素	SE
	弱酸型	羧甲基纤维素	CM
阴离子交换纤维素	强碱型	三乙氨基乙基纤维素	TEAE
	弱碱型	二乙基氨基乙基纤维素	DETE
		氨基乙基纤维素	AE
		Ecteola 纤维素	ECTEOLA

实验表 4－3 常用的离子交换葡聚糖凝胶

类型		名称		交换基团
阳离子交换葡聚糖凝胶	强酸型	SE－葡聚糖凝胶	A25 A50	乙基磺基
		SP－葡聚糖凝胶	G25 G50	丙基磺基
	弱酸型	CM－葡聚糖凝胶	G25 G50	羧甲基
阴离子交换葡聚糖凝胶	强碱型	QAE－葡聚糖凝胶	G25 G50	二乙基(α－羟丙基) 氨基乙基
	弱碱型	DEAE－葡聚糖凝胶	A25 A50	二乙基氨基乙基

(3)离子交换柱层析的基本过程：离子交换层析通常采用柱层析，其过程包括离子交换剂的选择、离子交换剂使用前的处理与转型、装柱，样品的准备与加样、洗脱、检测及离子交换剂的再生等若干步骤。

离子交换剂在使用前要用水浸泡使之充分膨胀，洗涤，再用酸和碱处理(对离子交换纤维素或葡聚糖凝胶常用 0.5 mol/L 的 HCl 和 NaOH)，使之转变为带 H^+ 或 OH^- 的型式，通常称之为转型。如果离子交换剂已经使用过，也可以用这种处理方法使它恢复为原来的离子型，这种处理称为再生。

$$R^-X^+ + HCl \rightleftharpoons R^-H^+ + XCl$$

阳离子交换剂　　氢离子型阳离子交换剂

$$R^+Y^- + NaOH \rightleftharpoons R^+OH^- + NaY$$

阴离子交换剂　　氢氧离子型阴离子交换剂

对新的离子交换剂通常要用酸和碱反复处理，以便获得良好的交换效果。

经处理好的离子交换剂装柱后，即可将样品加入，使样品中待分离的离子交换剂进行交换。

$$R^-H^+ + M^+A^- \rightleftharpoons R^-M^+ + HA$$

氢离子型阳离子型交换剂　　与 M^+ 结合的离子交换剂

$$R^+Y^- + B^+OH^- \rightleftharpoons B^+Y^- + ROH$$

氢氧离子型阴离子交换剂　　与 Y^- 结合的离子交换剂

经过离子交换被吸附在离子交换剂上的待分离物质，有两种洗脱办法：一是增加离子强度，使洗脱液中的离子能争夺交换剂的吸附部位，从而将分离的物质置换下来；二是改变 pH，使样品离子的解离度降低，电荷减少，因而对交换剂的亲和力减弱而被洗脱下来。

从洗脱液的成分而言，洗脱方式有 3 种：一是选用单一洗脱液。此为恒液洗脱法，适用于组分不太复杂的样品；二是选用几种洗脱能力逐步增强的洗脱液相继洗脱，此为阶段洗脱法，适用于各组分对交换剂亲和力比较悬殊的样品；三是用离子强度和 pH 呈连续梯度变动的洗脱液进行洗脱，使洗脱能力持续增强，此为梯度洗脱法，适用于各组分与交换剂亲和力相近的样品。

4. 凝胶层析

(1)原理：凝胶层析是混合物随流动相经装有凝胶作为固定相的层析柱时，混合物中各种物质因分子大小不同而被分离的技术。凝胶，从广义上讲是指一类具有三维空间多孔网状结构的物质，如琼脂糖凝胶、交联葡聚糖凝胶等。由于层析过程与过滤相似，故又名凝胶过滤或分子筛过滤；由于物质在分离过程中的阻滞减速现象，故亦称为阻滞扩散层析、分子排阻层析。

凝胶层析的一般原理十分简单。当含有各种物质的样品溶液流经凝胶层析柱时，各物质在柱内同时进行着两种不同的运动，垂直向下的移动和无定向的扩散运动。大分子的物质由于直径较大，不易进入凝胶颗粒的微孔，而只能分布于颗粒间隙中，所以流程短，向下移动速度较快。小分子物质则可以进入凝胶颗粒的微孔中，所以流程长，下移速度较慢。这样，分子质量大小不同的混合物得以分离，凝胶层析的一般原理可用实验图 4-3 表示。

为了精确地衡量混合物中某一待分离成分在凝胶层析柱内的洗脱行为，常采

用分配系数 K_d 来度量，K_d 的定义为：

$$\frac{V_e - V_o}{V_i}$$

式中：V_e 为某一成分从层析柱内完全洗脱出来时洗脱液的体积；V_o 为层析柱内凝胶颗粒之间空隙的总容积；V_i 为层析柱内凝胶颗粒内部微孔的总容积，可以用于凝胶克数 m 与该凝胶水容值 W_r 的乘积近似计算，即：

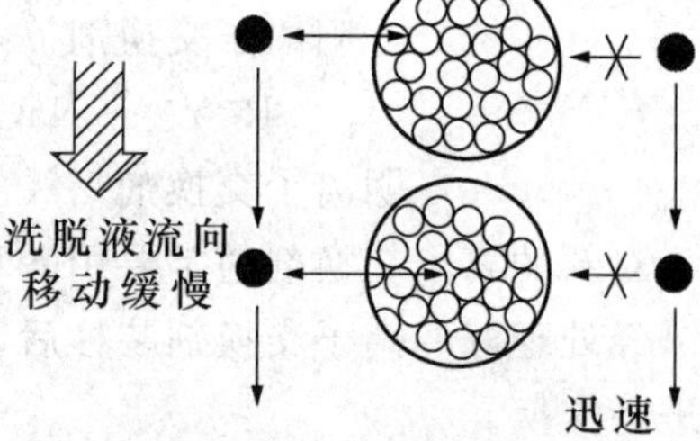

实验图 4-3　利用凝胶层析法分离大分子和小分子示意图

大小实心圆圈代表大小分子

$$V_i = m \cdot W_r$$

K_d 具有以下意义：

①对于完全被排阻的极端大分子，由于 $V_e = V_o$，因此 $K_d = 0$；

②对于能自由扩散凝胶颗粒内部的小分子物质，$V_e = V_o + V_i$，$K_d = i$；

③对于能部分扩散入凝胶颗粒内部的大分子物质，K_d 在 0～1；

④凡 $K_d > 1$ 的物质，表明它们能被凝胶吸附或具有离子交换作用，而不仅仅是分子筛效应；

⑤K_d 值越接近 1，表明分子越小，洗脱越慢；相反，K_d 值越接近 0，表明分子越大，洗脱越快。

(2)常用凝胶的种类及其分离范围：用于凝胶层析的材料有如下要求：①化学性质稳定，不带电荷，与物质的吸附能力弱；②机械性能良好，可制成多孔网状结构且不易破裂变形；③应呈大小均匀的球状颗粒，以保证有较高的流速。

目前市场上供应的凝胶主要有交联葡聚糖，瑞典出品的商品名称为 Sephadex，国产的商品名称为 Dextran；交聚丙烯酰胺，美国出品的商品名称为 Bio-Gel；另一种是琼脂糖，瑞典出品的商品名称为 Sepharose。常用凝胶的规格及其分离范围见实验表 4-4。

(3)凝胶层析与其他层析比较具有以下特点：

①由于凝胶层析是按分子大小不同而分离，洗脱剂的种类不影响洗脱效果，所以可以保证在温和条件下洗脱，不会引起生物物质的变性失活。

②凝胶层析中无需改变洗脱液成分或种类。一次装柱后凝胶可反复使用，而且每次洗脱过程却是凝胶的再生过程，不像离子交换层析那样，每次使用后离子交换剂必须进行处理再生。

③实验具有高度的重复性，回收样本几乎可达 100%。既可用于大样品的制备，亦可用于小样品分析。但由于凝胶颗粒的微孔大小有一定限制，对洗脱剂的黏

度有一定要求，以及凝胶本身对某些物质具有吸附作用等，显然限制了它的使用范围。然而就其实用范围而言，仍然是一种分离纯化生物物质的良好方法。目前已广泛用于蛋白质、酶、核酸等大分子物质的分离提纯。此外这种技术在测定蛋白质分子质量方面的运用也是极为成功的。

实验表 4-4 凝胶分离范围

凝胶	规格	分离范围(相对分子质量)
琼脂糖(Sepharose)	2B	4×10^{7}
	4B	2×10^{7}
	6B	4×10^{7}
葡聚糖(Sephadex)	G200	6×10^{5}
	100	1.5×10^{5}
	50	3×10^{4}
	25	5×10^{3}
聚丙烯酰胺(Bio-Gel)	P-30	5×10^{5}
	P-150	1.5×10^{5}

5. 亲和层析　许多生物大分子具有与其结构相对应的专一分子可逆结合的特性，这种结合往往是特异的，而且是可逆的，生物分子之间的这种结合力称为亲和力。当把可亲和的一对分子的一方固相化，作为固定相装入柱内，让另一方随流动相流经层析柱，可亲和的分子间即特异地亲和为一整体从而被保留，而其他的物质则不被保留，经洗涤而流出。然后利用亲和结合的可逆性，设法将它们解离，从而得到与固定相有特异亲和能力的某一特定物质。作为固定相的一方称为配基。

亲和层析能在温和条件下操作，纯化过程简单、迅速、效率高，对分离含量极少又不稳定的活性物质极为有效。亲和层析是近年来发展起来的，还在不断发展和成熟中，一个特异性强、操作简单快速和高效率的亲和层析技术必将在科学研究和生产实践中得到越来越广泛的应用。

第二部分　生物化学实验技能训练

技能训练一　血清蛋白醋酸纤维薄膜电泳

一、目的

掌握醋酸纤维薄膜电泳的基本原理和操作方法。

二、原理

血清蛋白的pI都在7.5以下，在pH 8.6的巴比妥缓冲液中以负离子的形式存在，分子大小、形状也各有差异，所以在电场作用下，可在醋酸纤维薄膜上分离成清蛋白(A)、α_1、α_2、β、γ-球蛋白5条区带，电泳结束后，将醋酸纤维薄膜置于染色液，使蛋白质固定并染色，再脱色(洗去)多余染料，将经染色后的区带分别剪开，将其溶于碱液中，进行比色测定，计算出各区带蛋白质的百分数，也可将染色后的醋酸纤维薄膜透明处理后在扫描光密度计上绘出电泳曲线，并可根据各区带的面积计算各组分的百分数。

三、器材与试剂

1. 器材

电泳仪(包括直流电源整流器，和电泳槽两个部分，电泳槽用有机玻璃或塑料等制成，它有两个电极，用白金丝制成)。

2. 试剂

①巴比妥缓冲液，pH 8.6：巴比妥钠12.76 g、巴比妥1.68 g、蒸馏水加热溶解后再加水至1 000 mL。

②氨基黑10B染色液：氨基黑10B 0.5 g、甲醇50 mL、冰醋酸10 mL、蒸馏水40 mL溶解。

③漂洗液：95%乙醇45 mL、冰醋酸5 mL、蒸馏水50 mL混匀。

④丽春红 S 染色液(市售)。

⑤3%冰醋酸。

四、方法与步骤

1. 准备与点样

(1)醋纤薄膜为 2 cm×8 cm 的小片,在薄膜无光泽面距一端 2.0 cm 处用铅笔画一线,表示点样位置。

(2)将薄膜无光泽面向下,漂浮于巴比妥缓冲液面上(缓冲液盛于培养皿中),使膜条自然浸湿下沉。

(3)将充分浸透(指膜上没有白色斑痕)的膜条取出,用滤纸吸去多余的缓冲液,把膜条平铺于平坦桌面上。

(4)吸取新鲜血清 3~5 μL,涂于 2.5 cm 的载玻片截面处,或用载玻片截面在滴有血清的载玻片上蘸一下,使载玻片末端粘上薄层血清,然后呈 45°按在薄膜点样线上,移开玻片。

2. 电泳　将点样后的膜条置于电泳槽架上,放置时无光泽面(即点样面)向下,点样端置于阴极。槽架上以二层纱布作桥垫,膜条与纱布需贴紧,待平衡 5 min 后通电,电压为 10 V/cm(指膜条与纱布桥总长度),电流 0.4~0.6 mA/cm 宽,通电 1 h 左右关闭电源。

3. 染色　通电完毕后用镊子将膜取出,直接浸于盛有氨基黑 10B(或丽春红 S)的染色液中,染 5 min 取出,立即浸入盛有漂洗液的培养皿中,反复漂洗数次,直至背景漂净为止,用滤纸吸干薄膜。

4. 定量　取试管 6 支,编好号码,分别用吸管吸取 0.4 mol/L 氢氧化钠4 mL,剪开薄膜上各条蛋白色带,另于空白部位剪一平均大小的薄膜条,将各条分别浸于上述试管内,不时摇动,使蓝色洗出,约 0.5 h 后,用分光光度计进行比色,波长 650 nm,以空白薄膜条洗出液为对照,读取清蛋白(A)、α_1、α_2、β、γ-球蛋白各管的光密度。

五、结果与讨论

计算:光密度总和 $T = A+\alpha_1+\alpha_2+\beta+\gamma$

各部分蛋白质的百分数为:

白蛋白/%=$A/T\times100\%$

α_1 球蛋白/%=$\alpha_1/T\times100\%$

α_2 球蛋白/%=$\alpha_2/T\times100\%$

β球蛋白/%=$\beta/T\times100\%$

γ球蛋白/%=$\gamma/T\times100\%$

技能训练二　动物组织中核酸的提取与鉴定

一、目的

掌握动物组织中核酸的提取与鉴定的原理和方法。

二、原理

动物组织细胞中的核糖核酸(RNA)与脱氧核糖核酸(DNA)大部分与蛋白质结合形成核蛋白。可用三氯醋酸沉淀出核蛋白,并用95%乙醇加热除去附着在沉淀中的脂类杂质。然后用10%氯化钠从核蛋白中分离出核酸(钠盐形式),此核酸钠盐加入乙醇可以被沉淀析出。

析出的核酸(DNA与RNA),均由单核苷酸组成,单核苷酸中含有磷酸、有机碱(嘌呤与嘧啶)和戊糖(核糖、脱氧核糖)。核酸用硫酸水解后,即可游离出这3类物质。

用下述方法可分别鉴定出上述3类物质。

(1)磷酸:用钼酸铵与之作用可生成磷钼酸,磷钼酸可被氨基萘酚磺酸还原形成蓝色钼蓝。

(2)嘌呤碱:用硝酸银与之反应生成灰褐色的絮状嘌呤银化合物。

(3)戊糖:

①核糖:用硫酸使之生成糠醛,糠醛与3,5-二羟甲苯缩合而成为一种绿色化合物。

②脱氧核糖:在硫酸的作用下生成羟基酮基戊糖,后者与二苯胺作用生成蓝色化合物。

三、器材与试剂

1. 器材

①匀浆器;②台式天平;③离心机;④水浴锅;⑤玻棒;⑥吸管;⑦烧杯。

2. 试剂

①钼酸铵试剂:钼酸铵2.5 g溶于20 mL蒸馏水中,再加入5 mol/L硫酸30 mL,用蒸馏水稀释至100 mL。

②氨基萘酚磺酸：商品氨基萘酚磺酸为暗灰色，需提纯后使用。将 15 g $NaHSO_3$ 及 1 g Na_2SO_3 溶解于 100 mL 蒸馏水中(90℃)，加入 1.5 g 商品氨基萘酚磺酸，搅拌使大部分溶解(仅少量杂质不溶解)，趁热过滤，再迅速使滤液冷却。加入 1 mL 浓盐酸，则有白色氨基萘酚磺酸沉淀析出，过滤并用水洗涤固体数次。再用乙醇洗涤直到纯白色为止。最后用乙醚洗涤，并将固体放在暗处，使乙醚挥发，将此提纯的氨基萘酚磺酸保存于棕色瓶中备用。

取 195 mL 的 15% $NaHSO_3$ 溶液(溶液必须透明)，加入 0.5 g 提纯的氨基萘酚磺酸及 20% Na_2SO_3 溶液 5 mL，并在热水浴中搅拌使固体溶解(如不能全部溶解，可再加入 Na_2SO_3 溶液，每次数滴，但加入量以 1 mL 为限度)。此为氨基萘酚磺酸的浓溶液，置冰箱可保存 2～3 周，如颜色变黄时，须重新配制。临用前，将上述浓溶液用蒸馏水稀释 10 倍。

③3,5-二羟甲苯溶液：取相对密度为 1.19 的盐酸溶液 100 mL，加入 $FeCl_3 \cdot 6H_2O$ 100 mg 及二羟甲苯 100 mg，混匀溶解后，置于棕色瓶中。此试剂宜在临用前新配制。市售的 3,5-二羟甲苯不纯，必须用苯重结晶 1～2 次，并用活性炭脱色后方可使用。

④二苯胺试剂：取 1 g 纯的二苯胺溶于 100 mL 重蒸馏的冰醋酸中(或分析纯冰醋酸)，加入 2.75 mL 浓硫酸，摇匀，放在棕色瓶中保存。此试剂需临用时配制。

⑤NaCl 溶液(0.9%)，三氯醋酸(20%)，乙醇(95%)。

四、方法与操作

1. 匀浆制备　称取新鲜猪肝(或大白鼠肝脏)5 g，加入等量冰冷的 0.9% NaCl 溶液，及时剪碎。放入玻璃匀浆器中，研磨成匀浆。研磨过程中，要随时将匀浆器置于冰盐溶液中冷却。

2. 分离提取

(1)将匀浆 5 mL 置于离心管内，立即加入 20%三氯醋酸 5 mL，用玻棒搅匀，静止 3 min 后，在3 000 r/min 的条件下离心 10 min。

(2)倾去上清液，沉淀中加入 95%乙醇 5 mL，用玻棒搅匀。用一个带有长玻璃管的木塞塞紧离心管口，在沸水浴中加热至沸，回馏 2 min。注意乙醇沸腾后将火关小，以免乙醇蒸气燃烧。冷却后在 2 500 r/min 的条件下离心 10 min。

(3)倾去上层乙醇。将离心管倒置于滤纸上，使乙醇倒干。沉淀中加入 10% NaCl 溶液 4 mL，置沸水浴中加热 8 min，并用玻棒搅拌。取出待冷却后在 2 500 r/min的条件下离心 10 min。

(4)量取上清液后倾入一小烧杯内(若不清亮可重复离心一次以除去残渣)，取等量在冰浴中冷却的95%乙醇,逐滴加入小烧杯内,即可见白色沉淀逐渐出现。静置10 min后,转入离心管在3 000 r/min的条件下离心10 min,即得核酸的白色钠盐沉淀。

3. 核酸的水解　在含有核酸钠盐的离心管内加入5%硫酸4 mL,用玻棒搅匀,再用装有长玻管的软木塞塞紧管口,在沸水浴中回馏15 min即可。

4. DNA与RNA成分的鉴定

(1)磷酸的鉴定。取试管2支,按技训表2-1操作。

技训表2-1　磷酸的鉴定　滴

试管号	水解液	5% H_2SO_4	钼酸铵试剂	氨基萘酚磺酸
测定	10	0	5	20
对照	0	10	5	20

放置数分钟,观察两管内颜色变化。

(2)嘌呤碱的鉴定。取试管2支,按技训表2-2表操作。

技训表2-2　嘌呤碱的鉴定　滴

试管号	水解液	5% H_2SO_4	浓氨水	5% $AgNO_3$
测定	20	0	数滴使呈碱性	10
对照	0	20	数滴使呈碱性	10

加浓氨水使呈碱性后用pH试纸鉴定。加入$AgNO_3$后,观察现象,静置15 min后再比较两管中沉淀颜色。

(3)核糖的鉴定。取试管2支,按技训表2-3进行操作。

技训表2-3　核糖的鉴定　滴

试管号	水解液	5% H_2SO_4	3,5-二羟甲苯试剂
测定	4	0	6
对照	0	4	6

将2支试管放入沸水中加热10 min,比较两管的颜色变化。

(4)脱氧核糖的鉴定。取试管2支,按技训表2-4进行操作。

技训表2-4　脱氧核糖的鉴定　滴

试管号	水解液	5% H_2SO_4	二苯胺试剂
测定	20	0	40
对照	0	20	40

将两管同时放入沸水中加热 10 min 后，观察两管内颜色变化。

五、实验结果与讨论(学生填写)

技能训练三 唾液淀粉酶的特性试验

一、目的

观察淀粉在水解过程中遇碘后溶液颜色的变化。观察温度、pH、激活剂与抑制剂对唾液淀粉酶活性的影响。

二、原理

人唾液中淀粉酶为 α-淀粉酶，在唾液腺细胞内合成。在唾液淀粉酶的作用下，淀粉水解，经过一系列的中间产物，最后生成麦芽糖和葡萄糖。变化过程如下：

淀粉→紫色糊精→红色糊精→麦芽糖、葡萄糖。

淀粉、紫色糊精、红色糊精遇碘后分别呈蓝色、紫色与红色。麦芽糖和葡萄糖遇碘不变色。

淀粉与糊精无还原性，或还原性很弱，对班氏试剂呈阴性反应。麦芽糖、葡萄糖是还原糖，与班氏试剂共热后生成红棕色氧化亚铜的沉淀。

唾液淀粉酶的最适温度为 37～40℃，最适 pH 为 6.8。偏离此最适环境时，酶的活性减弱。

低浓度的 Cl^- 能增加淀粉酶的活性，是它的激活剂。Cu^{2+} 等金属离子能降低该酶的活性，是它的抑制剂。

三、器材与试剂

1. 器材

①试管；②烧杯；③量筒；④玻璃棒；⑤白瓷板；⑥铁三角架；⑦酒精灯；⑧恒温水浴锅；⑨冰浴。

2. 试剂

①1%淀粉溶液(含 0.3%NaCl)：将 1 g 可溶性淀粉与 0.3 g 氯化钠混合于 5 mL的蒸馏水中，搅动后缓慢倒入沸腾的 95 mL 蒸馏水中，煮沸 1 min，冷却后倒入试剂瓶中。

②碘液：称取 2 g 碘化钾溶于 5 mL 蒸馏水中，再加 1 g 碘，待碘完全溶解后，

加蒸馏水 295 mL,混合均匀后贮于棕色瓶内。

③班氏试剂:将 17.3 g 硫酸铜晶体溶入 100 mL 蒸馏水中,然后加入 100 mL 蒸馏水。取柠檬酸钠 173 g 及碳酸钠 100 g,加蒸馏水 600 mL,加热使之溶解。冷却后,再加蒸馏水 200 mL,最后,把硫酸铜溶液缓慢地倾入柠檬酸钠-碳酸钠溶液中,边加边搅拌,如有沉淀可过滤除去或自然沉降一段时间取上清液。此试剂可长期保存。

④0.4%的 HCl 溶液。

⑤0.1%的乳酸溶液。

⑥1%Na_2CO_3 溶液。

⑦1%NaCl 溶液。

⑧1%$CuSO_4$ 溶液。

⑨0.1%淀粉溶液。

⑩唾液淀粉酶液:实验者先用蒸馏水漱口,然后含一口蒸馏水于口中,轻漱1~2 min,吐入小烧杯中,用脱脂棉过滤,除去稀释液中可能含有的食物残渣,并将该滤液稀释 1 倍。

四、方法与操作

1. 淀粉酶活性的检测　取一支试管,注入 1%淀粉溶液 5 mL 与稀释的唾液 0.5~2 mL。混匀后插入 1 支玻棒,将试管连同玻棒置于 37℃水浴中。不时地用玻棒从试管中取出 1 滴溶液,滴加在白瓷板上,随即加 1 滴碘液,观察溶液呈现的颜色。此实验延续至溶液呈微黄色为止。记录淀粉在水解过程中,遇碘后溶液颜色的变化。

向上面试管的剩余溶液中加 2 mL 班氏试剂,放入沸水中加热 10 min 左右,观察有何现象?为什么?

2. pH 对酶活性的影响　取 4 支试管,分别加入 0.4%盐酸(pH≈1)、0.1%乳酸(pH≈5)、蒸馏水(pH≈7)与 1%碳酸钠(pH≈9)各 2 mL,再向以上 4 支试管中各加 2 mL 1%淀粉溶液及 2 mL 淀粉酶液。混合摇匀后置于 37℃水浴中,保温 15 min。向 4 支试管中各加 2 mL 班氏试剂,在沸水浴上加热,根据生成红棕色沉淀的多少,说明淀粉水解的强弱。

综合以上结果,说明 pH 对酶活性的影响。

3. 温度对酶活性的影响　取 3 支试管,各加 3 mL 1%淀粉溶液;另取 3 支试管,各加 1 mL 淀粉酶液。将此 6 支试管分为 3 组,每组中盛淀粉溶液与淀粉酶液的试管各 1 支,3 组试管分别置入 0℃、37℃与 70℃的水浴中。5 min 后,将各组中的淀粉溶液倒入淀粉酶液中,继续维持原温度条件 5 min 后,立即滴加 2 滴碘液,观察溶液颜色的变化。根据观察结果说明温度对酶活性的影响。

4. 激活剂与抑制剂对酶活性的影响　取 3 支试管，按技训表 3－1 加入各种试剂。混匀后，置于 37℃水浴中保温。从 1 号试管中用玻棒取出 1 滴溶液，置于白瓷板上用碘液检查淀粉的水解程度。待 1 号试管内的溶液遇碘不再变色后，立即取出所有的试管，各加碘液 2 滴，观察溶液颜色的变化，并解释之。

技训表 3－1　激活剂与抑制剂对酶活性影响试验　　mL

管号	1	2	3
1% NaCl	1	—	—
1% $CuSO_4$	—	1	—
蒸馏水	—	—	1
淀粉酶液	1	1	1
0.1%淀粉液	3	3	3

五、结果与讨论

通过本实验，结合理论课的学习，总结影响唾液淀粉酶活性的因素，阐明原因。

技能训练四　琥珀酸脱氢酶的作用及其竞争性抑制

一、目的

(1)学会定性测定琥珀酸脱氢酶活性的简易方法及其原理。

(2)理解丙二酸对琥珀酸脱氢酶的竞争性抑制作用。

二、原理

琥珀酸脱氢酶是三羧酸循环过程中的一个重要酶，测定细胞中有无琥珀酸脱氢酶活性可以初步鉴定三羧酸循环途径是否存在。琥珀酸脱氢酶能使琥珀酸脱氢生成延胡索酸，并将脱下的氢交给受氢体。用甲烯蓝作受氢体时，蓝色甲烯蓝被还原生成无色的甲烯白，其反应如下：

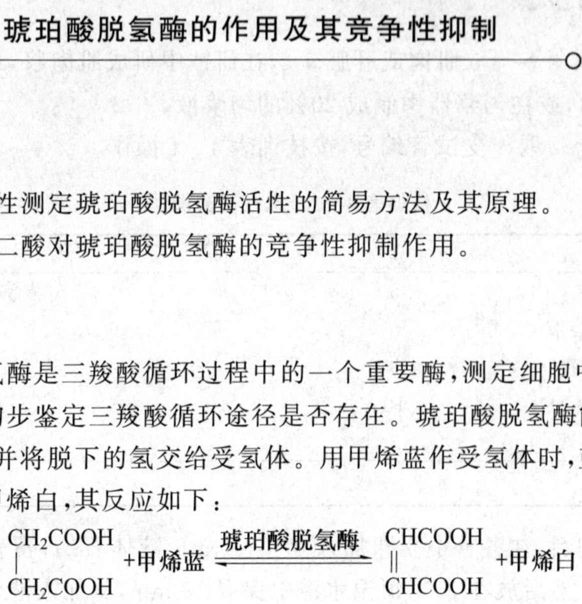

琥珀酸　　　　　　　　延胡索酸

丙二酸和琥珀酸结构相似，是琥珀酸脱氢酶的竞争性抑制剂，使其活性降低而不能催化琥珀酸脱氢。本实验中甲烯蓝为受氢体，蓝色甲烯蓝受氢后被还原生成无色的甲烯白，根据甲烯蓝的颜色是否消失，观察琥珀酸脱氢酶的活性及丙二酸对酶的抑制作用。

三、器材与试剂

1. 器材

①试管；②恒温水浴锅；③研钵或匀浆器；④滴管；⑤剪刀；⑥肌肉或动物肝脏、心脏

2. 试剂

①1/15 mol/L Na_2HPO_4 缓冲液(pH 7.0)：称取 $Na_2HPO_4 \cdot 2H_2O$ 11.87 g，加水溶解并稀释至1 000 mL；

②1.5%琥珀酸钠溶液：取琥珀酸钠 1.5 g，用蒸馏水溶解并定容到 100 mL；

③1%丙二酸钠溶液：取丙二酸钠 1 g，用蒸馏水溶解并定容到 100 mL；

④0.02%甲烯蓝溶液(又称美蓝、亚甲基蓝)；

⑤液体石蜡。

四、方法与步骤

1. 肌肉匀浆制备　取肌肉或肝脏 5 g，在研钵中研成肌肉浆，加磷酸盐缓冲液 10 mL 研磨均匀，或在匀浆器中制成 20%的匀浆液。

2. 定性试验　取 4 支试管编号，按技训表 4-1 操作。

技训表 4-1　定性试验操作　　滴

试剂	1	2	3	4
匀浆液	5	5	5(煮沸)	5
1.5%琥珀酸钠溶液	5	5	5	10
1% 丙二酸钠溶液	0	0	5	5
蒸馏水	10	10	5	0
0.02%甲烯蓝溶液	2	2	2	2
现象				

将各管混匀后，在各管中立即加入 0.5～1 mL 液体石蜡，覆盖于液面上使试样与空气隔绝。然后放在 37℃恒温水浴中保温 10 min，从加入液体石蜡开始记录各管甲烯蓝变白所需时间。待 1 号管退色后再用力振荡，观察有何变化。

五、结果与讨论

(1)由于甲烯蓝容易被空气中的氧所氧化,所以实验需在无氧条件下进行。常用邓氏管抽去空气进行反应,也可简化为用液体石蜡(或冻结琼脂)封闭反应液,以隔绝空气,这样可不用抽真空设备。

(2)第 3 管加入的肌肉浆预先在 100℃恒温水浴中保温 5 min,以杀灭酶活性作为对照管。

(3)观察变色时不要振动试管以免氧气进入管内影响变色。

技能训练五　血液生化样品的制备

一、目的

通过实验,掌握无蛋白血滤液的制备技术。

二、原理

测定血液或其他体液的化学成分时,标本内蛋白质的存在,常常干扰测定,要避免蛋白质的干扰,常将其中的蛋白质沉淀除去,制成无蛋白血滤液,才能进行分析。例如,测定血液中的非蛋白氮、尿酸、肌酸等时,需先把血液制成无蛋白血滤液后,再进行分析测定。

常用的无蛋白血滤液制备的方法有钨酸法、硫酸锌法、三氯醋酸法和氢氧化锌法,可根据不同的需要加以选择。

1. 钨酸法　钨酸钠与硫酸混合,生成钨酸和硫酸钠,反应如下:

$$Na_2WO_4 + H_2SO_4 \longrightarrow H_2WO_4 + Na_2SO_4$$

血液中蛋白质在 pH 小于等电点的溶液中可被钨酸沉淀,将沉淀液过滤或离心,上层清液即为无色而透明、pH 约等于 6 的无蛋白滤液。可供非蛋白氮、血糖、氨基酸、尿素、尿酸及氯化物等项测定使用。

2. 氢氧化锌法　血液中蛋白质在 pH 大于等电点的溶液中可用 Zn^{2+} 来沉淀。生成的氢氧化锌本身为胶体,可将血中葡萄糖以外的许多还原性物质吸附而沉淀,将沉淀过滤或离心,即得完全澄清无色、无蛋白血滤液。此法所得滤液最适合做血液葡萄糖的测定(因为葡萄糖多是利用它的还原性来定量的)。但测定尿酸和非蛋白氮时含量降低,不宜使用此滤液。

3. 三氯醋酸法　三氯醋酸为一种有机强酸,能使血液中蛋白质变性而形成不溶的蛋白质沉淀。将沉淀过滤或离心，其上层清液即为无蛋白血滤液。此滤液成酸性，常用来测定无机磷等。

三、器材与试剂

1. 器材

①离心管及离心机；②奥氏吸管；③锥形瓶；④吸管；⑤滤纸；⑥漏斗。

2. 试剂

①抗凝血；②10%钨酸钠溶液；③2/3 mol/L 硫酸溶液；④10%硫酸锌溶液；⑤0.5 mol/L氢氧化钠溶液；⑥10%三氯醋酸。

四、方法与步骤

1. 钨酸法

①取 50 mL 锥形瓶 1 只，加入蒸馏水 7 份；

②用奥氏吸管吸取抗凝血 1 份，擦去管壁外血液，将吸管插入锥形瓶中水的底部，缓慢地放出血液。放完血液后，将吸管提高吸取上清液再吹入，反复洗涤 3 次。充分混合，使红细胞完全溶解。

③加入 0.333 mol/L 硫酸溶液 1 份，随加随摇，充分混匀。此时血液由鲜红变成棕色，静置 5～10 min，使其酸化完全；

④加入 10%钨酸钠溶液 1 份，边加边摇，血液由透明变成凝块状。当振摇到不再产生泡沫为止。

⑤放置数分钟后用定量滤纸过滤或离心除去沉淀，即得完全澄清的无蛋白血滤液，供测定用。

用此法制得的无蛋白血滤液为 10 倍稀释的血滤液。即每毫升血滤液相当于全血 0.1 mL，适用于葡萄糖、非蛋白氮、尿素氮、肌酸酐和氯化物等的测定。

2. 氢氧化锌法

①取干燥、洁净的 50 mL 锥形瓶 1 只，加入蒸馏水 7 份；

②取抗凝血 1 份放入锥形瓶中，(以下同钨酸法)；

③再加入 10%硫酸锌溶液 1 份，混匀；

④缓慢地加入 0.5 mol/L 氢氧化钠溶液 1 份，边加边摇，5 min 后用滤纸过滤或离心(2 500 r/min，10 min)，除去沉淀，便得完全澄清的无蛋白血滤液。此液亦为 10 倍稀释之血滤液。

3. 三氯醋酸法　准确吸取 10%三氯醋酸 9 mL 置于锥形瓶或大试管中，用奥氏吸管加入 1 mL 已充分混匀的抗凝血液。加时要不断摇动，使其均匀。静置

5 min，过滤或离心。除去沉淀，即得稀释 10 倍之透明清亮的无蛋白血滤液。

五、结果与讨论（学生填写）

技能训练六　福—吴法测定血糖含量

一、目的

（1）了解糖的还原性及测定血糖含量的原理

（2）学会血糖含量测定的方法及操作过程

二、原理

血液中的葡萄糖简称血糖，是多羟基的醛，具有还原性。与碱性铜试剂混合加热时，葡萄糖分子中的醛基被氧化成羧基，铜试剂中的 Cu^{2+} 被还原成砖红色（反应速度快时，生成的 Cu_2O 呈黄绿色；反应速度慢时，生成的 Cu_2O 颗粒较大呈红色）的 Cu_2O 沉淀。Cu_2O 与磷钼酸反应生成钼蓝，溶液呈蓝色，蓝色的深浅与葡萄糖含量成正比，可用分光光度法在波长 620 nm 处测定光密度值，从而计算出血糖的含量。

三、器材与试剂

1. 器材

①分光光度计；②容量瓶；③烧杯；④刻度吸量管；⑤血糖管。

2. 试剂

①0.04 mol/L 硫酸溶液：量取浓硫酸（比重 1.84）2.3 mL 加入到 50 mL 蒸馏水中，转移并用蒸馏水定容至1 000 mL，用 0.1 mol/L 氢氧化钠标定硫酸溶液至 0.04 mol/L。

②10％钨酸钠溶液：称取钨酸钠（$NaWO_4 \cdot 2H_2O$）10 g，用水溶解后定容至 100 mL。

③碱性铜试剂：称取无水碳酸钠 40 g、酒石酸 7.5 g、结晶硫酸铜 4.5 g 分别加热溶于 400 mL、300 mL、200 mL 水中，然后先将冷却后的酒石酸溶液倒入碳酸钠溶液中混匀，转移到1 000 mL 容量瓶中，再将硫酸铜溶液倒入并用水定容至刻度，贮存在棕色瓶中，备用。

④磷钼酸试剂：称取钼酸 35 g 和钨酸钠 10 g，加入到 400 mL 氢氧化钠（10％）

溶液中，再加水 400 mL 混合后煮沸 20～40 min，以便除去钼酸中存在的氨（至无氨味），冷却后加入磷酸（80%）250 mL，混匀，转移到1 000 mL 容量瓶中，用水定容至刻度。

⑤0.25%的苯甲酸溶液：取苯甲酸 2.5 g 加水煮沸溶解，用水定容至 1 000 mL。

⑥葡萄糖贮存标准液（10 mg/mL）：准确称取置于硫酸干燥器内过夜的无水葡萄糖 1.000 g，用 0.25%的苯甲酸溶液溶解，转移到 100 mL 容量瓶中，以 0.25%苯甲酸溶液定容至刻度，置冰箱可长期保存。

⑦葡萄糖应用标准液（0.1 mg/mL）：准确吸取葡萄糖贮存标准液 1.0 mL 至 100 mL 容量瓶中，用 0.25%苯甲酸溶液定容至刻度。

⑧1∶4 磷钼酸稀释液：量取磷钼酸试剂 1 份，蒸馏水 4 份混匀即可。

四、方法与步骤

(1)用钨酸法制备 1∶10 全无血蛋白血滤液。

(2)取 4 支血糖管按技训表 6-1 操作：

技训表 6-1 血糖含量测定操作

试剂及操作	空白管	低浓度标准管	高浓度标准管	测定管
无蛋白血滤液/mL	—	—	—	1.0
水/mL	2.0	1.0	—	1.0
标准葡萄糖应用液/mL	—	1.0	2.0	—
碱性铜试剂/mL	2.0	2.0	2.0	2.0
葡萄糖含量/mg	0	0.1	0.2	
混匀，置沸水浴中煮 8 min，取出，自来水中冷却 3 min（切勿摇动血糖管）				
磷钼酸试剂/mL	2.0	2.0	2.0	2.0
混匀后放置 2 min（使二氧化碳气体逸出）				
1∶4 磷钼酸溶液加至/mL	25			

用胶塞塞紧管口，颠倒混匀，用空白管调零，在 620 nm 波长处测定光吸收。

五、结果与讨论

1. 结果计算

高标准管：

葡萄糖 mg/100 mL =(测定管光吸收/标准管光吸收)×0.2×(100/0.1)

=(测定管光吸收/标准管光吸收)×200

低标准管:

葡萄糖 mg/100 mL =(测定管光吸收/标准管光吸收)×0.1×(100/0.1)

=(测定管光吸收/标准管光吸收)×100

2. 注意事项

①血糖测定时,由于血液中其他还原物质(占 10%~20%)作用,测得的血糖含量可能比实际含量偏高。

②血糖的测定应在采血后立即进行,以免血糖被分解。若做成无蛋白血滤液可在冰箱中保存。

③沸水浴一定等水沸后,再放入试管,试管可用橡皮筋扎成束直立水中,使受热均匀,加热时间一定准确,否则影响结果准确性。加入磷钼酸前切不可摇动试管,以免还原的氧化亚铜被空气中氧所氧化,降低实际效果。

④采血时间应选择在饲喂前,这样测定的结果更具有实际意义。

技能训练七 酮体的测定

一、目的

(1)通过实验,了解酮体生成的原料、生成与利用部位。

(2)掌握酮体测定的原理和方法。

二、原理

酮体包括乙酰乙酸、β-羟丁酸和丙酮 3 种物质。在肝脏中,脂肪酸经 β-氧化作用生成乙酰 CoA。生成的乙酰 CoA 可经代谢缩合成乙酰乙酸,而乙酰乙酸既可脱羧生成丙酮,又可经 β-羟丁酸脱氢酶作用被还原生成 β-羟丁酸,3 种物质统称酮体。酮体为机体代谢的正常中间产物,在肝脏中生成后须被运往肝外组织才能被机体所利用。在正常情况下,动物体内含量甚微;患糖尿或食用高脂肪膳食时,血中酮体含量增高,尿中也能出现酮体。

本实验用丁酸做底物,将之与新鲜的肝匀浆一起保温后,再测定其中酮体的生成量。

因为在碱性溶液中碘可以将丙酮氧化为碘仿(CHI_3),所以通过用硫代硫酸钠($Na_2S_2O_3$)滴定反应中剩余的碘就可以计算出所消耗的碘量,进而可以求出以丙酮为代表的酮体含量。有关的反应式如下：

$$CH_3COCH_3 + 4NaOH + 3I_2 \longrightarrow CHI_3 + CH_3COONa + 3NaI + 3H_2O$$

$$I_2 + 2Na_2S_2O_3 \longrightarrow Na_2S_4O_6 + 2NaI$$

根据滴定样品与滴定对照所消耗的硫酸钠溶液体积之差，可以计算由丁酸氧化生成丙酮的量。

三、器材与试剂

1. 器材

①匀浆器（或搅拌机）；②碘量瓶。

2. 试剂

①10%(*W*/*V*)氢氧化钠溶液：称取 10 g 氢氧化钠，在烧杯中用少量蒸馏水将之溶解后，定容至 100 mL。

②0.1 mol/L 正丁酸溶液：称取 13 g 碘和约 40 g 碘化钾，放置于研钵中。加入少量蒸馏水后，将之研磨至溶解。用蒸馏水定容到 1 000 mL，在棕色瓶中保存。此时可用标准硫代硫酸钠溶液标定其浓度。

③0.5 mol/L 正丁酸：取 0.05 mL 正丁酸，用 0.5 mol/L 氢氧化钠溶液 100 mL 溶解即成。

④0.1 mol/L 碘酸钾(KIO_3)溶液：称取0.891 8 g 干燥的碘酸钾，用少量蒸馏水将之溶解，最后定容至 250 mL。

⑤0.1 mol/L 硫代硫酸钠($Na_2S_2O_3$)溶液：称取 25 g 硫代硫酸钠，将它溶解于适量煮沸的蒸馏水中，并继续煮沸 5 min。冷却后，用冷却的已煮沸过的蒸馏水定容到1 000 mL。此时即可用 0.1 mol/L 碘酸钾溶液标定其浓度。

⑥硫代硫酸钠溶液的标定：将蒸馏水 25 mL、碘化钾 2 g、碳酸氢钠 0.5 g、10%盐酸溶液 20 mL 加入一支锥形瓶内。另取 0.1 mol/L 碘酸钾溶液 25 mL 加入其中，然后用硫代硫酸钠溶液将之滴定至浅黄色。再加入 0.1%淀粉溶液 2 mL，然后继续用硫代硫酸钠溶液将之滴定至蓝色消退为止。

另设一空白，其中仅以蒸馏水代替碘酸钾，其余操作相同。计算硫代硫酸钠溶液的浓度所依据的反应式如下：

$$5KI + KIO_3 + 6HCl = 3I_2 + 6KCl + 3H_2O$$

$$I_2 + 2Na_2S_2O_3 = Na_2S_4O_6 + 2NaI$$

⑦10%(*V*/*V*)盐酸溶液：取 10 mL 盐酸，用蒸馏水稀释到 100 mL。

⑧0.1%(*W*/*V*)淀粉溶液：称取 0.1 g 可溶性淀粉，置于研钵中。加入少量预冷的蒸馏水，将淀粉调成糊状。再慢慢倒入煮沸的蒸馏水 90 mL，搅匀后，再用蒸

馏水定容至 100 mL。

⑨0.9%(W/V)氯化钠。

⑩1/15 mol/L、pH 7.7 磷酸缓冲液

(A 液)1/15 mol/L Na_2HPO_4 溶液：称取 $Na_2HPO_4 \cdot 2H_2O$ 1.187 g，将之溶解于 100 mL 蒸馏水中即成。

(B 液)1/15 mol/L KH_2PO_4 溶液：称取 KH_2PO_4 0.907 8 g，将之溶解于 100 mL蒸馏水将之溶解，最后定容至 100 mL。

取 A 液 90 mL、B 液 10 mL，将两者混合即可。

四、方法与步骤

1. 肝匀浆的制备

(1)将动物(如鸡、家兔、大鼠或豚鼠等)放血处死，取出肝脏。

(2)用 0.9%氯化钠溶液洗去肝脏上的污血，然后用滤纸吸去表面的水分。取肝脏 5 g，在研钵中研成肌肉浆，加磷酸盐缓冲液 10 mL 研磨均匀，或在匀浆器中制成 20%的匀浆液。

2. 酮体生成

(1)取两个锥形瓶，编号，按技训表 7－1 操作。

技训表 7－1　生成酮体的操作 mL

试剂	1	2
新鲜肝匀浆	—	2.0
预先煮沸的肝匀浆	2.0	—
pH 7.7 的磷酸缓冲液	3.0	3.0
0.5 mol/L 正丁酸溶液	2.0	2.0

(2)将加好试剂的 2 个锥形瓶摇匀，放入 43℃恒温水浴锅中保温 40 min 后取出。

(3)向 2 个锥形瓶中分别加入 20%三氯乙酸溶液 3 mL，摇匀后，于室温放置 10 min。

(4)将锥形瓶中的混合物分别用滤纸在漏斗上过滤，收集无蛋白滤液于事先编号 1、2 的试管中。

3. 酮体的测定

(1)取碘量瓶 2 个，根据上述编号顺序按技训表 7－2 操作。

技训表 7-2　酮体测定的操作　mL

试剂	1	2
无蛋白滤液	5.0	5.0
0.1 mol/L 碘液	3.0	3.0
10%NaOH	3.0	3.0

(2)加完试剂后摇匀,将碘量瓶于室温放置 10 min。

(3)于各碘量瓶分别滴加 10%盐酸溶液,使各瓶中溶液中和到中性或微酸性(可用 pH 试纸进行检测)。

(4)用 0.02 mol/L 硫代硫酸钠溶液滴定到碘量瓶中的溶液呈浅黄色时,往瓶中滴加数滴 0.1%淀粉溶液,使瓶中溶液呈蓝色。

(5)继续用 0.02 mol/L 硫代硫酸钠溶液滴定到碘量瓶中溶液的蓝色消退为止。

(6)记录下滴定时所用去的硫代硫酸钠溶液毫升数,按下式计算样品中丙酮的生成量。

五、结果与讨论

1. 结果计算　根据滴定样品与对照所消耗的硫代硫酸钠溶液体积之差,可以计算由丁酸氧化生成丙酮的量。

实验中所用肝匀浆中生成丙酮的量(mol)$=(A-B)\times c\times 1/6$

A 为滴定样品 1(对照)所消耗的 0.02 mol/L 硫代硫酸钠溶液的毫升数。B 为不滴定样品 2 所消耗的 0.02 mol/L 硫代硫酸钠溶液的毫升数。c 为硫代硫酸钠溶液的浓度(mol/L)。

2. 注意事项

①肝匀浆必须新鲜,放置久则失去氧化脂肪酸能力。

②三氯乙酸作用是使肝匀浆的蛋白质、酶变性,发生沉淀。

③碘量瓶作用是防止碘液挥发,不能用锥形瓶代替。

技能训练八　层析法分离测定氨基酸

一、目的

(1)掌握纸层析的基本技术。

(2)学习用纸层析分离、鉴定氨基酸的方法。

二、原理

纸层析是以滤纸作为支持物的分配层析法。它利用不同物质在同一推动剂中具有不同的分配系数,经层析而达到分离的目的。在一定条件下,一种物质在某溶剂系统中的分配系数是一个常数,若以 K 表示分配系数,则 K=溶质在固定相中的浓度/溶质在流动相中的浓度。

层析溶剂(又称推动剂),是选用有机溶剂和水组成的。滤纸纤维素与水有较强的亲和力,能吸附很多水分,一般达滤纸重的22%左右,形成固定相;而推动剂中的有机溶剂与滤纸的亲和力很弱,可在滤纸的毛细管中自由流动,形成流动相。层析时,点有样品的滤纸一端浸入推动剂中,有机溶剂连续不断地通过点有样品的原点处,使其上的溶质依据本身的分配系数在两相间进行分配。随着有机溶剂不断向前移动,溶质被携带到新的无溶质区并继续在两相间发生可逆的重新分配,同时溶质离开原点不断向前移动,溶质中各组分的分配系数不同,前进中出现了移动速率差异,通过一定时间的层析,不同组分便实现了分离。物质的移动速率以 R_f 值表示:R_f=原点到层析点中心的距离/原点到溶剂前沿的距离,各种化合物在恒定条件下,层析后都有其一定的 R_f 值,借此可以达到分离、定性、鉴别的目的。

三、器材及试剂

1. 器材

①干燥箱;②水浴锅;③安瓿瓶;④层析缸;⑤吹风机;⑥喷雾器。

2. 试剂

①6 mol/L HCl。

②标准氨基酸(1 mg/mL):称取亮氨酸、天冬氨酸、丙氨酸、缬氨酸、组氨酸各1 mg,分别溶于1 mL 0.01 mol/L的HCl溶液中,保存于冰箱。

③展层剂:正丁醇∶88%甲酸∶水=15∶3∶2($V/V/V$)。

④0.5%的茚三酮丙酮溶液。

⑤10%异丙醇溶液。

四、方法与步骤

取1张10 cm×10 cm的层析滤纸放在普通滤纸上,用直尺和铅笔在距滤纸底2 cm处画一条平行于底边的很轻的直线作为基线。沿直线以一定的间隔做标记以指示标准氨基酸和蛋白质水解液的加样位置。用毛细管吸少量氨基酸样品点于标记的位置上。点样时，毛细管口应与滤纸轻轻接触，样点直径一般控制在0.3 cm之内。用吹风机稍加吹干后再点下一次，重复3次，每次的样品点应完全重合。加样完毕后，将滤纸卷成圆筒状，使基线吻合，两边不搭接，用针和线将纸两边缝合。将点好样品的滤纸移入层析缸中(层析缸内事先加入一个注入40 mL展层剂的直径为10 cm的培养皿，使液层厚度为1 cm左右，盖上层析缸的盖子20 min，以保证罩内有一定蒸汽压)，采用上行法进行展层。当溶剂前沿上升到距纸上端1 cm时，取出滤纸，立即用铅笔记下溶剂前沿的位置，剪断缝线，用吹风机吹干滤纸上的溶剂。之后用茚三酮丙酮溶液均匀地喷洒在滤纸有效面上，切勿喷得过多致使斑点扩散。然后将滤纸放入烘箱，于80℃下显色5 min后取出。

五、结果与讨论

1. 结果计算　用铅笔轻轻描出显色斑点的形状，并用一直尺度量每一显色斑点中心与原点之间的距离和原点到溶剂前沿的距离，计算各色斑的 R_f 值，与标准氨基酸的 R_f 值对照，确定水解液中含有哪些氨基酸。

2. 注意事项

①点样时要避免手指或唾液等污染滤纸有效面(即展层时样品可能达到的部分)。

②点样斑点不能太大(直径应小于0.3 cm)，防止层析后氨基酸斑点过度扩散和重叠，且吹风温度不宜过高，否则斑点变黄。

③展层开始时切勿使样品点浸入溶剂中。

技能训练九　血清总脂的测定

一、目的

了解和掌握香草醛法测定血清总脂的原理，掌握测定方法。

二、原理

血清中的不饱和脂类与硫酸作用，水解后生成正碳离子。试剂中的磷酸与香草醛作用，产生芳香族磷酸酯，使醛基变成反应性增强的羰基。正碳离子与磷酸香草脂的羰基起反应，生成红色的醌类化合物。反应式如下所示：

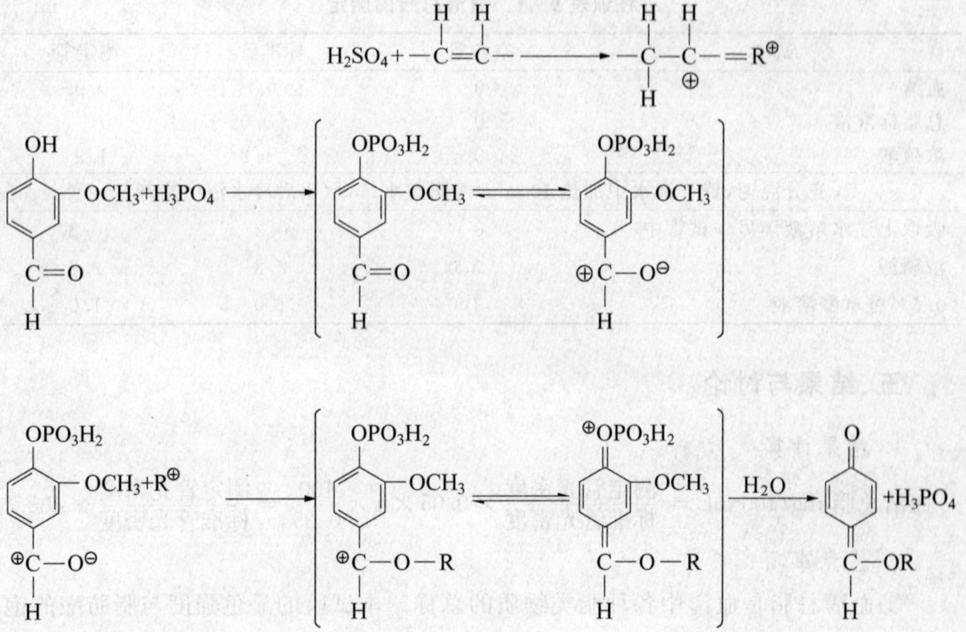

三、器材与试剂

1. 器材

①电炉;②恒温水浴锅;③吸管;④试管与试管架;⑤分光光度计等。

2. 试剂

①浓硫酸(A. R)。②浓磷酸(A. R)。③总脂标准液(4 mg/mL):精确称取纯胆固醇 400 mg,置于 100 mL 容量瓶内,用冰醋酸溶解并稀释至 100 mL。④0.6% 香草醛溶液:称取香草醛 0.6 g,用蒸馏水溶解并稀释至 100 mL。贮存于棕色瓶内可保存 2~3 个月。

四、方法与步骤

取 3 支试管,按技训表 9-1 操作。

用玻璃棒充分搅匀。20 min 后,用空白管调零点,在 525 nm 波长处分别测定各管的光密度。

技训表 9-1 血清总脂的测定 mL

试剂	空白管	标准管	测定管
血清	0	0	0.05
总脂标准液	0	0.05	0
浓硫酸	0	1.2	1.2
充分混匀，置于沸水中加热 10 min，使脂类水解，取出后冷水浴中冷却			
吸取上述水解液于另一试管中	0	0.2	0.2
浓磷酸	3.0	2.8	2.8
0.6%香草醛溶液	1.0	1.0	1.0

五、结果与讨论

1. 结果计算

$$血清总脂\ mg/100\ mL = \frac{测定管光密度}{标准管光密度} \times 0.05 \times 4 \times \frac{100}{0.05} = \frac{测定管光密度}{标准管光密度} \times 400$$

2. 注意事项

①血清总脂是血清中各种脂类物质的总称。本试验的显色强度与脂肪酸的饱和度有关，所以测定结果与所采用的参考标准物有关。一般认为血清中的饱和脂类与不饱和脂类之比为 3∶7，用胆固醇作为标准物，与上述情况比较接近。

②血清中脂质含量过多时，可用生理盐水稀释后再进行测定，并将结果乘以稀释倍数。

技能训练十 维生素 C 含量的测定

一、目的

通过本实验加深对 2,6-二氯酚靛酚滴定法测定果蔬中维生素 C 的原理的理解，掌握其操作要点，熟练基本操作技术。

二、原理

2,6-二氯酚靛酚是一种染料，其颜色反应表现为两种特性。一是取决于氧化还原状态，氧化态为深蓝色，还原态为无色；二是受其介质酸度的影响，在碱性介质中呈深蓝色，在酸性溶液介质中呈浅红色。

用蓝色的碱性染料标准液，滴定含维生素 C 的酸性浸出液，染料被还原为无色，到达终点时，微过量的 2,6-二氯酚靛酚染料在酸性溶液中呈浅红色即为终点。

从染料消耗量即可计算出试样中还原型抗坏血酸量。

三、器材与试剂

1. 器材

①高速组织捣碎机；②扭力天平；③小刀；④移液管；⑤烧杯；⑥胶头吸管；⑦容量瓶；⑧电炉；⑨碱式滴定管等；⑩苹果、黄瓜、卷心菜各1 000 g。

2. 试剂

①20 g/L 草酸溶液：称取 20 g 草酸，加水至1 000 mL。

②10 g/L 草酸溶液：称取 10 g 草酸，加水至1 000 mL。

③淀粉指示剂：取 1 g 可溶性淀粉，加 10 mL 冷水调成稀粉浆，倒入正在沸腾的 100 mL 水中，搅拌至透明，放冷备用。

④60 g/L 碘化钾溶液。

⑤0. 100 0 mol/L KIO_3 标准溶液：准确称取经 105℃烘干 2 h 的基准碘酸钾 3. 567 0 g(0. 356 7 g)，用水溶解并稀释至1 000 mL(100 mL)。

⑥0. 001 0 mol/L KIO_3 标准溶液。准确吸取0. 100 0 mol/L KIO_3 标准溶液 1 mL，用水稀释至 100 mL。此溶液 1 mL 相当于维生素 C 0. 088 mg。

⑦异戊醇。

四、方法与步骤

1. 维生素 C 标准使用液的配制与标定

(1)配制维生素 C 标准贮备液：精密称取 20 mg 纯 *L*-抗坏血酸，用 10 g/L 草酸溶解，并定容至 100 mL。

(2)配制维生素 C 标准使用液：吸取维生素 C 标准贮备液 5 mL 于 50 mL 容量瓶中，用草酸溶液(10 g/L)定容。

(3)标定：准确吸取上述贮备液 5.0 mL 于 50 mL 锥形瓶中，加入 0.5 mL 60 g/L碘化钾溶液，3～5 滴淀粉指示剂 (10 g/L)，混匀后用0. 001 0 mol/L 标准碘酸钾溶液滴定至淡蓝色(极淡蓝色)为终点。重复操作 3 次，取平均值计算 *L*-抗坏血酸的浓度。

$$c = \frac{V_1 \times 0.088}{V_2}$$

式中：c 为维生素 C 的浓度，mg/ mL；V_1 为滴定时消耗碘酸钾标准溶液的体积，mL；V_2 为吸取维生素 C 标准使用液的体积，mL；0. 088 为 1. 00 mL 碘酸钾标准溶液 (0. 001 0 mol/L) 相当的维生素 C 的量，mg/mL。

2. 2,6-二氯酚靛酚的配制与标定 配制：称取 52 mg 碳酸氢钠，溶解于 200 mL热蒸馏水中，然后称取 50 mg 2,6-二氯酚靛酚溶解于上述碳酸氢钠溶液中，冷却后，移入 250 mL 容量瓶中，用蒸馏水稀释定容。过滤于棕色瓶内，保存于冰箱中。每次使用前，用标准抗坏血酸标定其滴定度。

标定：吸取已知浓度的维生素 C 标准使用溶液 5.00 mL 于 50 mL 锥形瓶中，加 5 mL 10 g/L 草酸溶液，用 2,6-二氯酚靛酚溶液滴定至呈粉红色，且 15 s 不退色即为终点。同时，另取 5 mL 10 g/L 草酸溶液做空白试验。重复操作 3 次，取平均值计算 L-抗坏血酸的浓度。

$$T=\frac{c\times V}{V_1-V_2}$$

式中：T 为每毫升 2,6-二氯酚靛酚溶液相当于维生素 C 的毫克数；c 为维生素 C 标准使用液的浓度，mg/ mL；V 为标定时吸取维生素 C 标准使用液的体积，mL；V_1 为滴定抗坏血酸溶液消耗 2,6-二氯酚靛酚的溶液的体积，mL；V_2 为滴定空白所用 2,6-二氯酚靛酚溶液的体积，mL。

3. 样品处理

①去除不可食性部分：苹果去皮、核；黄瓜：清洗；

②粉碎：称取新鲜的具有代表性样品的可食部分 100.00 g，迅速置于打碎机中，用移液管准确加入 20 g/L 草酸溶液 100 mL，快速打成匀浆，转移至 500 mL 洁净的烧杯中备用。

③浸提：用 50 mL 干净、干燥的小烧杯在扭力天平上称取匀浆 20.00 g，加入适量的(10～20 mL)10 g/L 草酸，搅匀，小心转移至 100 mL 容量瓶中，用 10 g/L 草酸稀释定容，摇匀。

④过滤：用小漏斗和滤纸过滤，取中间滤液备用，用 50 mL 小烧杯承接。

4. 滴定 吸取样品处理液滤液 10.00 mL 于 50 mL 锥形瓶中，迅速用已标定过的 2,6-二氯酚靛酚溶液滴定，至溶液出现红色，15 s 不退色为终点。重复 3 次，平行误差＜0.1 mL。同时作空白试验：吸取 10.00 mL 1%草酸溶液于 50 mL 锥形瓶中，迅速用已标定过的 2,6-二氯酚靛酚溶液滴定，至溶液出现红色，15 s 不退色为终点。重复 3 次，平行误差＜0.1 mL。

五、结果与讨论

1. 结果计算

$$X=\frac{T(V-V_0)}{m\times\frac{10}{100}}\times 100$$

式中：X 为样品中还原型维生素 C 的含量，mg/100 g；T 为 1 mL 染料溶液（2，6－二氯酚靛酚溶液）相当于维生素 C 的质量，mg；V 为滴定样液时消耗染料溶液的体积，mL；V_0 为滴定空白时消耗染料溶液的体积，mL；M 为称取匀浆相当于原样品的质量，g。

2. 注意事项

①本法测定的结果为食品中的还原型 L－抗坏血酸含量，而非维生素 C 总量。此法是测定还原型 L－抗坏血酸最简便的方法，适合于大批果蔬，但对红色果蔬不太适宜。

②维生素 C 在酸性条件下较稳定，故样品处理或浸提都应在弱酸性环境中进行。

③同法作空白实验，消除系统误差。

④操作要迅速，防止还原型维生素 C 被空气中的氧氧化。滴定过程一般不超过 2 min。滴定所用的染料不应小于 1 mL 或多于 4 mL，如果样品含维生素 C 太高或太低时，可酌情增减样液用量或改变提取液稀释度。

⑤所有试剂配制最好用重蒸馏水。整个操作过程尽量避免溶液接触金属离子。

参考文献

[1] 周顺伍.动物生物化学.3版.北京:中国农业出版社,1999.
[2] 古练权.生物化学.北京:高等教育出版社,2000.
[3] 汪玉松,邹思湘,张玉静.现代动物生物化学.2版.北京:中国农业科技出版社,2002.
[4] 查锡良.生物化学.7版.北京:人民卫生出版社,2008.
[5] 张洪渊.生物化学原理.北京:科学出版社,2007.
[6] 夏未铭.动物生物化学.北京:中国农业出版社,2006.